工程建设理论与实践丛书

市政给排水管道工程
设计与施工技术

SHIZHENG JIPAISHUI
GUANDAO GONGCHENG
SHEJI YU SHIGONG JISHU

廖光磊 王 曦 王 丽 高小涛 主编

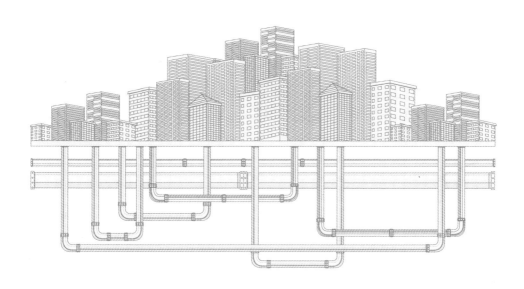

华中科技大学出版社
http://press.hust.edu.cn
中国·武汉

图书在版编目(CIP)数据

市政给排水管道工程设计与施工技术/廖光磊等主编.—武汉:华中科技大学出版社,
2023.10

ISBN 978-7-5772-0051-4

Ⅰ.①市… Ⅱ.①廖… Ⅲ.①市政工程-给水管道-管道工程-工程设计②市政工程-排
水管道-管道工程-工程设计③市政工程-给水管道-管道工程-工程施工④市政工程-排水管道-
管道工程-工程施工 Ⅳ.①TU991.36 ②TU992.23

中国国家版本馆 CIP 数据核字(2023)第 193421 号

市政给排水管道工程设计与施工技术 廖光磊 王 曦
Shizheng Jipaishui Guandao Gongcheng Sheji yu Shigong Jishu 王 丽 高小涛 主编

策划编辑:周永华
责任编辑:周怡露
封面设计:杨小勤
责任监印:朱 玢
出版发行:华中科技大学出版社(中国·武汉) 电话:(027)81321913
　　　　　武汉市东湖新技术开发区华工科技园 邮编:430223
录　排:华中科技大学惠友文印中心
印　刷:武汉科源印刷设计有限公司
开　本:710mm×1000mm 1/16
印　张:20.25
字　数:375 千字
版　次:2023 年 10 月第 1 版第 1 次印刷
定　价:98.00 元

编　委　会

前　　言

　　水是循环的、维系生命的物质。水循环可以分为自然循环和社会循环两个过程。人类社会的发展,尤其是给水排水工程技术的不断发展,使得水的社会循环体系庞大而复杂。给水排水管道是连接水的社会循环领域的各工程环节的通道和纽带,也是实现给水排水工程设施功能的关键一环。

　　市政给排水管道工程的主要作用是输送和分配工业用水及生活用水,收集和输送工业废水、生活污水及雨水,具有很强的基础性作用,因此政府对给排水管道布置设计及技术措施非常重视。给水排水管道工程的质量取决于勘察设计、建设施工、材料质量和维护管理的各个环节,因此市政给排水管道工程技术人才和一线技术人员需要掌握设计、施工、选材和运行维护的综合知识,同时还应注重在专业领域引入新技术、新工艺和新设备等,结合市政给排水工程专业的发展方向,以水的社会循环为研究对象,在水的输送、分配和水质水量调节方面,既保持专业传统,又强调与其他工程类别(如水利、道路、建筑、地下工程等)的相互协调,全面提高市政给排水管道工程设计与施工的科学性和实用性。

　　此外,市政给排水管道工程是一项极为常见的市政工程,相比建筑、桥梁、隧道等工程,其安全风险相对较低,施工安全往往容易被忽视,由此导致的安全事故也屡见不鲜。因此在施工的过程中,需要注意施工安全问题,规避施工安全风险,杜绝施工安全事故的发生。

　　本书共七章,分别从市政给排水管道工程概述、市政给水管网工程设计、市政排水管渠系统设计、市政给排水管道开槽施工技术、市政给排水管道不开槽施工技术、市政给排水管道维护和市政给排水管道工程施工现场管理入手,介绍了市政给排水管道工程设计与施工技术的内容。

　　在本书的编写过程中,编者参阅了他人编著的书籍和资料(详见参考文献),在此对作者们表示感谢! 由于编者水平有限,本书难免有疏漏之处,恳请读者们批评指正。

目　　录

第1章 市政给排水管道工程概述

1.1 市政给水工程

1.1.1 给水工程的任务及给水工程的组成

给水工程也称供水工程,从组成和所处位置上可分为室外给水工程和建筑给水工程。前者主要包括水源、水质处理和城市供水管道等;后者主要是建筑内的给水系统,包括室内给水管道、供水设备及构筑物等,俗称上水系统。

城市给水工程的任务可以概括为三个方面:一是根据不同的水源,设计、建造取水设施,并保障源源不断地取得满足一定质量的原水;二是根据原水水量和水质,设计、建造给水处理系统,并按照用户对水质的要求进行净化处理;三是按照城镇用水布局,通过管道将净化后的水输送到用水区,并向用户配水,供应各类建筑所需的生活、生产和消防等用水。

由于城镇规模和水源种类不同,给水工程任务的侧重点有所不同,但给水工程的基本组成可分为取水工程、给水处理和输配水工程。

(1)取水工程。

取水工程主要设施包括取水构筑物和一级泵站,其作用是从选定的水源(包括地表水和地下水)抽取原水,并将原水加压后送入水处理构筑物。目前,随着城镇化进程的加快以及水资源紧张形势的出现,城市饮用水取水工程除了取水构筑物和一级泵站,还包括水源选择、水源规划及保护等。所以取水工程涉及城市规划、水利水资源、环境保护和土木工程等多领域、多学科技术。

(2)给水处理。

给水处理设施包括水处理构筑物和清水池。水处理构筑物的作用是根据原水水质和用户对水质的要求,将原水加以处理,以满足用户对水质的要求。由于水源及用水水质的不同,给水处理的方法有多种选择,一般以地表水为水源的城镇用水的给水处理方法有混凝沉淀、过滤、消毒等。清水池的作用是储存和调节

一、二级泵站抽水量之间的差额水量,同时还能保障消毒剂与水充分接触。水处理构筑物和清水池常集中布置在净水处理厂(也称自来水厂)内。

(3)输配水工程。

输配水工程包括二级泵站、输水管道、配水管网、储存和调节水池(或水塔)等。二级泵站的作用是将清水池中的贮存水提升到城镇供水所需水量的高度,然后进行输送和配水。输水管道包括将原水送至水厂的原水输水管和将净化后的水送到配水管网的清水输水管。许多山区城镇供水系统的原水取水来自城镇上游水源,为降低工程和运营费用,原水输水常采用重力输水管渠。配水管网是指将清水输水管送来的水送到各个用水区的全部管道。水塔和高地水池等调节构筑物设在输配水管网中,用以储存和调节二级泵站输水量与用户用水量之间的差值。

科学技术不断进步,以及现代控制理论及计算机技术等迅速发展,提升了大型复杂系统的控制和管理水平,也使城市给水系统通过利用计算机系统进行科学调度和管理成为可能。所以采用水池、水塔等调节设施不再是城镇给水系统的主要调控手段。近年来,我国许多大型城市都构建了满足水质、水量、水压等多种要求的自来水优化调度系统,既提高了供水系统的安全性和供水公共产品的质量,又降低了能耗,获得良好的经济效益和社会效益。

1.1.2 给水系统的分类和城镇给水系统的形式

1. 给水系统的分类

在给水工程学科中,给水系统可按下列方式分类。

(1)按使用目的不同,给水系统可分为生活给水、生产给水和消防给水系统。这种分类是建筑给排水系统惯用的分类法,一般城镇的给水系统均满足生活用水、生产用水和消防用水的使用要求。

(2)按服务对象不同,给水系统可分为城镇给水系统和工业给水系统。当工业用水量占城镇总用水量的比重较大,或者工业用水水质与生活用水水质差别较大时,无论是在规划阶段还是建设阶段都需要将城镇综合用水系统与工业用水系统独立设置,以满足供水系统的安全和经济性要求。

(3)按水源种类不同,给水系统可分为地下水和地表水给水系统。根据水源不同,城市给水系统可以有多种形式,比较常见的是以地表水为水源的城镇给水系统,若以未受污染的地下水为水源,则可采用以地下水为水源的城镇给水系统,即取水设施采用管井群、集水井和取水泵站,处理工艺只有过滤和消毒。

（4）按给水方式不同,给水系统可分为自流（重力）给水、水泵（压力）给水和混合给水系统。自流给水系统一般存在于山区城镇的给水工程中,这需要水源地与供水区有足够的高差可利用,有的城镇水源高程较低,但可以将处理后的自来水输送至高地水池,配水管网可采用自流给水系统。大多数城市供水采用水泵给水系统,水泵给水系统可以通过水泵机组、变频控制柜等专业供水设备,来解决由于压力不足,水无法达到用户用水的高度或流量的问题。混合给水系统即自流给水和水泵给水两种方式结合的给水系统。

2. 城镇给水系统的形式

因城镇地形、城镇面积大小、水源状况、用户对水质的要求以及发展规划等不同,城镇给水系统可采用不同的形式,常用形式如下。

（1）统一给水系统。

统一给水系统即用统一给水系统供应生活、生产和消防等各种用水,水质应符合国家生活饮用水卫生标准。绝大多数城镇采用这种系统。

（2）分质给水系统。

在城镇给水中,工业用水所占比例较大,各种工业对水质的要求往往不同,此时可采用分质给水系统,例如生活用水采用水质较好的地下水,工业用水采用地表水。分质给水系统也可采用同一水源,经过不同的水处理过程后,送入不同的给水管网。对水质要求较高的工业,可在城市生活给水的基础上,再自行采取一些深度处理措施。

（3）分压给水系统。

当城市地形高差较大或用户对水压要求有很大差异时,可采用分压给水系统。由同一泵站内的不同水泵分别供水到低压管网和高压管网,或按照不同片区设置加压泵站以满足高压片区或高程较大片区的供水要求。对于城市中的高层建筑,则由建筑内设置的加压水泵等增压装置提供给水。

（4）分区给水系统。

为适应城市的发展,当城市规划区域比较大,需要分期进行建设时,可根据城市规划状况,将给水管网分成若干个区,分批建成通水,各分区之间设置连通管道;也可根据多个水源选择,分区建成独立给水系统,若存在各区域供水的连通条件,可将其互相连通,实施统一优化调度。这种方式符合城市近远期相结合的建设原则。

(5)区域性给水系统。

将若干城镇或工业企业的给水系统联合起来,形成一个大的给水系统,统一取水,分别供水,这样的给水系统称为区域性给水系统。该系统较适用于城镇相对集中、水源缺乏的地区。

1.1.3 用户对给水系统的要求

用户对给水系统的要求决定了城市给水工程设计标准,也是城市给水系统运营服务的目标。概括来说,城市给水工程必须保证以足够的水量、合格的水质、充裕的水压供应用户,同时系统应尽可能既要满足近期的需要,还要兼顾到今后的发展。

城市给水系统的用户一般有城市居住区、公共建筑、工矿企业等。各用户对水量、水质和水压有不同的要求,概括起来可分为如下四种用水类型。

(1)生活用水。

生活用水包括住宅、学校、部队、旅馆、餐饮等建筑内的饮用、洗涤、清洁卫生等用水,以及工业企业内部工作人员的生活用水和淋浴用水等。

生活用水量随着当地的气温、生活习惯、房屋卫生设备条件、供水压力等而不同。我国幅员辽阔,各地具体条件不同,影响用水量的因素不尽相同,设计时,可参照我国《室外给水设计标准》(GB 50013—2018)所确定的生活用水量定额。

在生活用水中,饮用水的水质关系到人体健康,必须外观无色透明、无臭无味、不含致病微生物,以及其他有害健康的物质。我国《生活饮用水卫生标准》(GB 5749—2022)从感官性状、化学指标、毒理学指标、细菌学指标和放射性指标等方面,对生活饮用水水质标准作出明确的规定。由于大多数城镇采用统一给水系统,城镇给水系统的水质应满足该标准所规定的各项指标。

建筑高度千差万别,对水压的要求也不同,作为服务整个城镇用水的供水系统,管网的水压必须达到最小服务水头的要求。最小服务水头是指配水管网在用户接管点处应维持的最小水头(从地面算起)。当按建筑层数确定生活饮用水管网的最小服务水头时:一层为 10 m,二层为 12 m,二层以上每加一层增加4 m。应当指出,在计算城市管网时,局部高层建筑物或高地处的建筑物所需的水压可不作为控制条件,一般需在建筑内设置加压装置来满足上述建筑物的供水。

工业企业内工作人员的生活用水量和淋浴用水量,应根据车间性质和卫生特征确定。

（2）生产用水。

生产用水是指工业企业生产过程中使用的水，例如火力发电厂的汽轮机、钢铁厂的炼钢炉、机械设备等冷却用水，锅炉生产蒸汽所需的用水，纺织厂和造纸厂的洗涤、空调、印染等用水，食品工业用水，铁路和港口码头用水等。根据过去的统计，在城市给水中工业用水占比很大，为了适应节能减排的发展趋势，需要不断改进生产工艺以减少生产用水量。

工业企业生产工艺多种多样，而且工艺的改革、生产技术的不断发展等都会使生产用水的水量、水质和水压发生变化。因此，在设计工业企业的给水系统时，参照以往的设计和同类型企业的运转经验，通过对当前工业用水调查获得可靠的第一手资料，以确定需要的水量、水质和水压是非常重要的。

随着城市工业布局的调整，很多大型企业从城市中心外迁，形成独立的产业园区，这给分区、分质供水提供了可能的条件。

（3）消防用水。

消防用水只在发生火警时才从给水管网的消火栓上取用。消防用水对水质没有特殊要求。城市消防用水，通常由城市给水管网提供，并按一定间距设置室外消火栓。高层建筑给水系统除由室外提供水源外，还应设置加压设备和水池，以保证足够的消防水量和水压。消防用水量、水压及火灾延续时间等应按《建筑设计防火规范》(GB 50016—2014)执行。

（4）市政用水。

市政用水包括道路清扫用水、绿化用水等。市政用水量应根据路面种类、绿化、气候、土壤以及当地条件等实际情况和有关部门的规定确定。市政用水量将随着城市建设的发展而不断增加。市政用水对水质、水压无特殊要求，随着城市雨水利用技术及废水综合应用技术的进步，市政用水也可由收集净化的雨水和中水系统提供。

1.1.4　城市给水工程规划

1. 城市给水工程规划的任务

水资源是十分重要的自然资源，是城市可持续发展的制约因素。在水的自然循环和社会循环中，水质水量因受多种因素的影响常常发生变化。为了促进城市发展，提高人民生活水平，保障人民生命财产安全，需要建设合理的城市供水系统。给水工程规划的基本任务，是按照城市总体规划目标，通过分析本地区

水资源条件、用水要求以及给排水专业科技发展水平,根据城市规划原理和给水工程原理,编制经济合理、安全可靠的城市供水方案。这个方案应能反映经济合理地开发、利用、保护水资源,达到最低的基建投资和最少的运营管理费用,满足各用户用水要求,避免重复建设。具体说来,给水工程规划一般包括以下几方面的内容。

(1)搜集并分析本地区地理、地质、气象、水文和水资源等条件。

(2)根据城市总体规划要求,估算城市总用水量和给水系统中各单项工程设计流量。

(3)根据城市的特点确定给水系统的组成。

(4)合理地选择水源,并确定城市取水位置和取水方式。

(5)制定城市水源保护及开发措施。

(6)选择水厂位置,并考虑水质处理工艺。

(7)布置城市输水管道及给水管网,估算管径及泵站提升能力。

(8)比较给水系统方案,论证各方案的优缺点和估算工程造价与年经营费,选定规划方案。

2. 城市给水工程规划的一般原则

根据城市总体规划,考虑到城市发展、人口变化、工业布局、交通运输、供电等因素,城市给水工程设施规划应遵循以下原则。

(1)城市给水工程规划应根据国家法规文件编制。

现行专业规划应执行《城市给水工程规划规范》(GB 50282—2016)和《室外给水设计标准》(GB 50013—2018)。

(2)城市给水工程规划应保证社会、经济、环境效益的统一。

①编制城市供水水源开发利用规划,应优先保证城市生活用水,统筹兼顾,综合利用,讲究效益,发挥水资源的多种功能。

②开发水资源必须进行综合、科学的考察和调查研究。

③给水工程的建设必须建立在水源可靠的基础上,尽量利用就近水源。根据当地具体情况,因地制宜地确定净水工艺和水厂平面布置,尽量不占或少占农田、少拆民房。

④城市供水工程规划应依靠科学进步,推广先进的处理工艺,提高供水水质,提高供水的安全可靠性,尽量降低能耗,降低药耗,减少水量漏失。

⑤采取有效措施保护水资源,严格控制污染,保护水资源的植被,防止水土

流失,改善生态环境。

(3)城市给水工程规划应与城市总体规划相一致。

①应根据城市总体规划所确定的城市性质、人口规模、居民生活水平、经济发展目标等,确定城市供水规模。

②根据国土规划、区域规划、江河流域规划、土地利用总体规划及城市用水要求、功能分区,确定水源数目及取水规模。

③根据总体规划中有关水利、航运、防洪排涝、污水排放等规划以及河流河床演变情况,选择取水位置及取水构筑物形式。

④根据城市道路规划确定输水管走向,同时协调供电、通信、排水管线之间的关系。

(4)城市给水工程方案选择应考虑城市的特殊条件。

①根据用户对水量、水压要求和城市功能分区,建筑分区以及城市地形条件等,通过技术经济比较,选择水厂位置,确定集中、分区供水方式,确定增压泵站、高位水池(水塔)位置。

②根据水源水质和用户类型,确定自来水厂的预处理、常规处理及深度处理方案。

③给水工程的自动化程度,应从科学管理水平和增加经济效益出发,根据需要和可能,妥善确定。

(5)给水工程应统一规划、分期实施,合理超前建设。

①根据城市总体规划方案,城市给水工程规划一般按照近期5～10年、远期20年编制,按近期规划实施,或按总体规划分期实施。

②城市给水工程规划应保证城市供水能力与生产建设的发展和人民生活的需要相适应,并且要合理超前建设,避免出现水量年年增加、自来水厂年年扩建的情况。

③城市给水工程近期规划时,应首先考虑设备挖潜改造、技术革新、更换设备、扩大供水能力、提高水质,然后再考虑新建工程。

④对于一时难以确定规划规模和年限的城镇及工业企业,城市给水工程设施规划时,应为取水、处理构筑物、管网、泵房留有发展余地。

⑤城市给水工程规划的实施要考虑城市给水投资体制与价格体制等经济因素的影响,注意投资的经济效益分析。

3.城市给水工程规划的步骤和方法

城市给水工程规划是城市总体规划的重要组成部分,因此通常由城市规划部门担任规划主体,将规划设计任务委托给水专业设计单位进行。规划设计一般按下列步骤和方法进行。

(1)明确规划设计任务。

进行给水工程规划时,首先要明确规划设计的目的与任务。其中包括:规划设计项目的性质,规划任务的内容、范围,相关部门对给水工程规划的指示、文件,以及与其他部门分工协议事项等。

(2)搜集必要的基础资料和进行现场踏勘。

城市基础资料是规划的依据,基础资料决定给水工程规划方案编制质量,因此,基础资料的搜集与现场踏勘是规划设计工作重要的一个环节,主要内容如下。

①城市和工业区规划和地形资料。资料应包括城市近远期规划、城市人口分布、工业布局、第三产业规模与分布,建筑类别和卫生设备完善程度及标准,区域总地形图资料等。

②现有给水系统概况资料。资料主要涵盖给水系统服务人数、总用水量和单项用水量、现有设备及构筑物规模和技术水平、供水成本以及药剂和能源的来源等。

③自然资料。资料包括气象及水文地质、工程地质、自然水体状况等。

④城市和工业企业对水量、水质、水压的要求等资料。

在规划设计时,为了收集上述有关资料和了解实地情况,以便提出合理的方案,一般都必须进行现场踏勘。通过现场踏勘了解和核对实地地形,增加地区概念和感性认识,核对用水要求,掌握备选水源地现况,核实已有给水系统规模,了解备选厂址条件和管线布置条件等。

(3)制定给水工程规划设计方案。

在搜集资料和现场踏勘的基础上,着手考虑给水工程规划设计方案。在给水工程规划设计时,首先确定给水工程规划大纲,包含制定规划标准、规划控制目标、主要标准参数、方案论证要求等。在具体规划设计时,通常要拟订几个可选方案,对各方案分别进行设计计算,绘制给水工程方案图。进行工程造价估算时,对方案进行技术经济比较,从而选择最佳方案。

(4)绘制城市给水工程系统图。

按照优化选择方案,绘制城市给水工程系统图,图中应包括给水水源和取水位置,水厂厂址、泵站位置,以及输水管(渠)和管网的布置等。规划总图比例采用 1∶10000～1∶5000。

(5)编制城市给水工程规划说明文本。

规划说明文本是规划设计成果的重要内容,应包括规划项目的性质、城市概况、给水工程现况、规划建设规模、方案的组成及优缺点,方案优化方法及结果、工程造价,所需主要设备材料、节能减排评价与措施等。此外规划说明文本还应附有规划设计的基础资料、主管部门指导意见等。

4. 给水工程规划的内容

城市给水系统包括水源、取水工程、给水处理和输配水管网。工程规模决定了规划的主线,而决定工程规模的依据是用水量的计算。所以规划内容首先应根据规划原理预测城市用水量。

用水量标准有居民生活用水量标准、公共建筑用水量标准、工业企业用水量标准、市政用水量标准和消防用水量标准。

城市每个居民日常生活所用的水量称为居民生活用水量标准,常用 L/(人·d)计。由于生活习惯不同、气候差异、建筑设备差异等,用水量标准也不同,居民生活用水量标准参见《室外给水设计标准》(GB 50013—2018)。居民生活用水标准与当地自然气候条件、城市性质、社会经济发展水平、给水工程基础条件、居民生活习惯、水资源充沛程度、居住条件等都有较大关系。各地规划时所采用的指标应根据当地生活用水量统计资料和水资源情况,合理确定。

公共建筑的用水标准可参见《建筑给水排水设计标准》(GB 50015—2019)中公共建筑生活用水定额表。工业企业职工生活用水标准,根据车间性质决定;淋浴用水标准,根据车间卫生特征确定。工业企业职工生活用水标准参见《建筑给水排水设计标准》(GB 50015—2019)中工业企业职工生活用水量和淋浴用水量定额表。

工业企业生产用水量,根据生产工艺过程的要求确定,可采用单位产品用水量、单位设备日用水量、万元产值用水量、单位建筑面积工业用水量等作为工业用水标准。由于生产性质、工艺过程、生产设备、政策导向等不同,工业生产用水量的变化很大。有时即使生产同一类产品,不同工厂、不同阶段的生产用水量相差也很大。一般情况下,生产用水量标准由企业工艺部门提供。当缺乏具体资料时,可参考有关同类型工业企业的用水量指标。

市政用水指标与路面种类、绿化面积、气候和土壤条件、汽车类型、路面卫生

情况等有关。其各项标准近似按以下取值:街道洒水用水量标准为 1.0～2.0 L/(m²·次),每天浇洒 2～3 次;绿化浇水用水量标准为 1.5～4.0 L/(m²·次),每天浇洒 1～2 次;汽车冲洗用水量标准为小轿车 250～400 L/(辆·d),公共汽车、载重汽车 400～600 L/(辆·d),汽车库地面冲洗用水定额为 2～3 L/m²。

消防用水量按同时发生的火灾次数和一次灭火的用水量确定,其用水量与城市规模、人口数量、建筑物耐火等级、火灾危险性类别、建筑物体积等有关。消防用水量可根据《建筑设计防火规范》(GB 50016—2014)确定。

(1)城市用水量预测与计算。

用水量计算一般采用用水量标准,城市用水有生活用水、生产用水、市政用水、消防用水。用水标准不仅与用水类别有关,还与地区差异有关。

城市用水量预测是指采用一定的理论和方法,有条件地预计城市将来某一阶段的可能用水量。用水量预测一般以过去的资料为依据,以今后用水趋向、经济条件、人口变化、资源情况、政策导向等为条件。各种预测方法是对各种影响用水的条件做出合理的假定,从而通过一定的方法求出预期水量。城市用水量预测涉及未来发展的诸多因素,在规划期难以准确确定,一般采用多种方法相互校核。不同规划阶段条件不同,所以城市总体规划和详细规划的预测与计算是不同的。

①城市总体规划用水量预测与计算。

总体规划用水量预测一般分为城市综合生活用水量预测、工业企业用水量预测和城市总体用水量预测三种类型。

a.城市综合生活用水量预测。

城市综合生活用水指城市居民生活用水和公共设施用水两部分的总量。城市综合生活用水量预测主要采用定额法,有居民用水定额、公共设施用水定额。采用定额法预测就是在确定了当地居民用水定额和规划人口后,按式(1.1)计算。

$$Q = \frac{kNq}{1000} \tag{1.1}$$

式中:Q——居民生活用水量,m³/d;k——规划期用水普及率;N——规划期末人口数,人;q——规划期限内的生活日用水量标准,L/(人·d)。

公共设施的种类和数量是按城市人口规模配置的,居民生活用水与公共设施用水之间存在一定比例关系,因此在总体规划阶段可由居民生活用水量来推导求出公共设施用水量。有时也可以直接由城市综合生活用水定额计算得到城市综合生活用水量,此时公式中的 q 应为城市综合生活用水量标准。

定额法以过去统计的若干资料为基础,进行经验分析,确定用水量标准。它只以人口为变量,忽略了影响用水的其他相关因素,预测结果可靠性较差。数学模型方法弥补了定额法的缺陷,它是依据过去若干年的统计资料,通过建立一定的数学模型,找出影响用水量变化的因素与用水量之间的关系,来预测城市未来的用水量。在城市综合生活用水量预测中常采用递增率、线性回归、生长曲线等方法。从大量的城市生活用水的统计资料来看,其增长过程一般符合生长曲线模型,可以用式(1.2)表示。

$$Q = L \cdot \exp(-be^{-kt}) \tag{1.2}$$

式中:Q——预测年限的用水量,m^3/d;L——预测用水量的上限值,m^3/d;b,k——待定系数,需要根据过去用水量统计资料,通过最小二乘法或线性规划法求出;t——预测年限。

确定城市生活用水量的上限值是生长曲线法的关键,可采用两种方法计算:一种是以城市水资源的限量为约束条件,按现有生活用水与工业用水的比值及城市经济结构发展等来确定两类用水的比例,再考虑其他用水情况,对水源总量进行分配,得到城市综合生活用水的上限值;另一种是参考其他发达国家类似工业结构的城市,判断城市生活用水量是否进入饱和阶段,从而以此作为类比,确定上限值。

b.城市工业企业用水量预测。

城市工业企业用水量在城市总用水量中占较大比例,其预测的准确性对城市用水量规划具有重要影响。因为影响城市工业企业用水量的因素较多,预测方法也比较多,常见的有比例相关法、线性回归法、单位面积指标法、万元产值指标法、重复利用率提高法、等。

比例相关法是在准确算出生活用水量之后,根据生活用水和工业用水的相关比例算出工业用水量。不同城市的比例也不相同,但可以参照部分城市的相关比例取值。

线性回归法是根据过去相互影响、相互关联的两个或多个因素的资料,利用数学方法建立相互关系,拟合成一条确定曲线或一个多维平面,然后将其外延到适当时间,得到预测值。回归曲线有线性和非线性之分,回归自变量有一元和多元之分。回归技术应用到工业用水量预测中,就是建立用水量与供水年份、工业产值、人口数及工业用水重复利用率等之间的相互关系。

c. 城市总体用水量预测。

城市总体用水量是整个城市在一定的时间内所耗用水的总量,除城市给水工程统一供水的居民生活用水、公共建筑用水、工业企业用水、市政用水及消防用水的总和外,还包括企业独立水源供水的用水量。城市用水量的预测有分类用水预测法、单位用地面积法、人均综合指标法、年递增率法、线性回归法、生长曲线法等。

分类用水预测法是分类预测城市综合生活用水、公共建筑用水、工业企业用水、市政用水、消防用水、未预见及管网漏失水量,然后进行叠加的方法。单位用地面积法就是制定城市单位建设用地的用水量指标,根据规划的城市用地规模,推导城市用水总量的方法。人均综合指标法是根据城市历年人均综合用水量的情况,参照同类城市人均用水指标,合理确定本市规划期内人均用水标准,再乘以规划人口数,得到城市用水总量的方法。年递增率法就是根据历年来供水能力的年递增率,并考虑经济发展的速度,选定供水的递增函数,再由现状供水量,推导规划期的供水量的方法。假定每年的供水量都以一个相同的速率递增,可用式(1.3)来计算。

$$Q = Q_0 \ (1 + \gamma)^n \tag{1.3}$$

式中:Q——预测年限的用水量,m^3/d;Q_0——起始年份实际的城市用水总量,m^3/d;γ——城市用水总量的年平均增长率,%;n——预测年限。

生长曲线法是把城市用水总量按 S 形曲线变化求解的方法,这符合城市的人口变化规律,即从初始发展到加速阶段,最后发展速度减缓。生长曲线有龚帕兹(B. Gompertz)的数学描述和雷蒙德·皮尔(Raymond Pearl)提出的模型,即式(1.4)。

$$Q = \frac{L}{1 + a e^{-bt}} \tag{1.4}$$

式中:Q——预测年限的用水量,m^3/d;L——预测用水量的上限值,m^3/d;a, b——待定系数。

②城市详细规划用水量计算。

在详细规划阶段,用地性质与面积、建筑密度、人口等指标都已确定,所以用水量预测可以细化计算,并为下一步管网计算作准备。

在计算时,先根据人口数、用水标准等,分别计算居民生活用水量、公共建筑用水量、工业企业用水量、市政绿化用水量、消防用水量以及未预见和漏失水量,然后叠加得到最高日用水量,再乘以时变化系数,可得给水管网设计用的最高日最大小时用水量,即式(1.5)。

$$Q_{\text{max}} = K_{\text{h}}Q/24 \qquad (1.5)$$

式中:Q_{max}——规划年限最高日最大小时用水量,m^3/h;K_{h}——时变化系数;Q——规划年限最高日用水量,m^3/d。

(2)城市水源规划。

城市水源规划是城市给水工程规划的一项重要内容,它影响到给水工程系统的布置,城市的总体布局、城市重大工程项目选址、城市的可持续发展等战略问题。城市水源规划作为城市给水排水工程规划的重要组成部分,不仅要与城市总体规划相适应,还要与流域或区域水资源保护规划、水污染控制规划、城市节水规划等相配合。

水源规划需要研究城市水资源量、城市水资源开发利用规模和可能性、水源保护措施等。水源选择关键在于对所规划水资源的认识程度,应进行认真深入的调查、勘探,结合有关自然条件、水质监测、水资源规划、水污染控制规划、城市远近期规划等进行分析、研究。通常情况下,要根据水资源的性质、分布和供水特征,从供水水源的角度对地表水和地下水资源的技术经济方面进行深入全面比较,力求经济、合理、安全可靠。选择水源时,必须在对各种水源进行全面的分析研究并掌握其基本特征的基础上进行。

城市给水水源的概念有狭义和广义之分。狭义的水源一般指清洁淡水,即传统意义的地表水和地下水,是城市给水水源的主要选择;广义的水源除了清洁淡水,还包括海水和低质水(微咸水、再生污水和暴雨洪水)等。在水资源短缺日益严重的情况下,对海水和低质水的开发利用,是解决城市用水矛盾的发展方向。

(3)取水工程规划。

取水工程是给水工程系统的重要组成部分,通常包括给水水源选择和取水构筑物的规划设计等。在城市给水工程规划中,要根据水源条件确定取水构筑物的基本位置、取水量、取水构筑物的形式等。取水构筑物位置的选择关系到整个给水系统的组成、布局、投资、运行管理、安全可靠性及使用寿命等。

地表取水构筑物位置的选择应根据地表水源的水文、地质、地形、卫生、水力等条件综合考虑,进行技术经济比较。选择地表水取水构筑物位置时,应考虑以下基本要求。

①设在水量充沛、水质较好的地点,宜位于城镇和工业的上游清洁河段。取水构筑物应避开河流的回流区和死水区,潮汐河道取水口应避免海水倒灌的影

13

响;水库的取水口应在水库淤积范围以外,靠近大坝;湖泊取水口应选在近湖泊出口处。

②具有稳定的河床和河岸,靠近主流。取水口不宜放在入海的河口地段和支流向主流的汇入口处。

③尽可能避开有泥沙、漂浮物、冰凌、冰絮、水草、支流和咸潮影响的河段。

④具有良好的地质、地形及施工条件。

⑤取水构筑物位置应尽可能靠近主要用水地区,以减少投资。

⑥应考虑天然障碍物和桥梁、码头、丁坝、拦河坝等人工障碍物对河流条件的改变。

⑦应与河流的综合利用相适应。取水构筑物不应妨碍航运和排洪,并且符合灌溉、水力发电、航运、排洪、河湖整治等部门的要求。

地下水取水构筑物的位置选择与水文地质条件、用水需求、规划期限、城市布局等都有关系。在选择时应考虑以下情况。

①取水点与城市或工业区总体规划,以及水资源开发利用规划相适应。

②取水点要求水量充沛、水质良好,应设于补给条件好、渗透性强、卫生环境良好的地段。

③取水点的布置与给水系统的总体布局相统一,力求降低取水、输水电耗和取水井及输水管的造价。

④取水点有良好的水文、工程地质、卫生防护条件,以便于开发、施工和管理。

⑤取水点应设在城镇和工矿企业的地下径流上游。

合理的取水构筑物形式,对提高取水量、改善水质、保障供水安全、降低工程造价及运营成本有直接影响。多年来根据不同的水源类型,工程界也总结了出各种取水构筑物形式供规划设计选用,同时施工技术的进步、城市基础设施建设投资的加大、先进的工程控制管理技术的运用,也为取水工程的设计提供了更广阔的创新条件。

(4)城市给水处理设施规划。

城市给水处理的目的就是利用合理的处理方法去除水中杂质,使之符合生活饮用和工业生产使用要求。不同的原水水质决定了选用的处理方法,目前主要的处理方法有常规处理(包括澄清、过滤和消毒)、特殊处理(包括除味、除铁、除锰和除氟,软化、淡化)、预处理和深度处理等。

（5）城市给水管网规划。

城市给水管网规划包含输水管渠规划、配水管网布置及管网水力计算,现代城市给水管网规划还应包括给水系统优化调度方案等。

1.2　市政排水工程

1.2.1　概述

1.排水工程及其任务

在城镇生产和生活中产生的大量污水,如从住宅、工厂和各种公共建筑中不断排出的各种各样的污水和废弃物,需要及时、妥善地排除、处理或利用。这些污水如不加控制,任意直接排入水体或地下土体,会使水体和土壤受到污染,将破坏原有的生态环境,从而引起各种环境问题。为保护环境和提高城市生活水平,现代城镇需要建设一整套工程设施来收集、输送、处理和处置雨水与污水。这种工程设施称为排水工程。雨水的收集、排除和利用是城市排水工程的基本内容。

排水工程的基本任务是保障城市生活、生产正常运转,保护环境免受污染,解决城市雨水的排除和利用,促进城市经济和社会发展。其主要内容包括:①收集各种污水并及时输送至适当地点;②将污水妥善处理后排放或再利用;③收集城市屋面、地面雨水并排除或利用。

排水工程是城市基础设施之一,在城市建设中起着十分重要的作用。

（1）排水工程的合理建设有助于保护和改善环境,消除污水的危害,为保障城市健康运转起着重要的作用。随着现代工业的发展和城市规模的扩大,污水量日益增加,污水成分也日趋复杂,城镇建设必须注意经济发展过程中造成的环境污染问题,并协调解决污水的污染控制、处理及利用问题,以减轻环境污染程度。

（2）排水工程在国民经济和社会发展中发挥着重要的作用。水是非常宝贵的自然资源,它在人们日常生活和工农业生产中都是不可缺少的。许多河川的水都不同程度地被上下游的城市重复使用,甚至有的河段的污染物已超过了水体自净能力。当水体受到严重污染时,势必降低淡水水源的使用价值或增加城

市给水处理的成本。为此,建设城市排水工程设施,可达到保护水体免受污染,使水体充分发挥其经济和社会效益的目的。同时,排水工程技术可使城市污水资源化,可重复用于城市生活和工业生产,这是节约用水和解决淡水资源短缺的一种重要途径。

(3)随着气候的变化,强降雨导致城镇水害日益严重,如何使城市雨雪水及时排除,是城市未来建设的课题。对于我国淡水资源匮乏的城市,雨水的收集与利用将成为我国城市建设不可忽视的问题之一。

总之,在城市建设中,排水工程对保护环境、促进城镇化建设具有巨大的现实意义和深远的影响。应当充分发挥排水工程在我国经济建设和社会发展中的积极作用,使经济建设、城镇建设与环境建设同步规划、同步实施、同步发展,以达到经济效益、社会效益和环境效益的统一。

2. 废水、污水的分类

城市生活和生产活动都要使用大量的水,水在使用过程中会受到不同程度的污染,其原有的化学成分和物理性质也会改变,并由完整管渠系统进行收集和输送,成为污水或废水。废水也包括雨水和冰雪融化水。

废水、污水按其来源的不同,可分为生活污水、工业废水和雨水 3 类。

(1)生活污水。

人们在日常生活中用过的水,包括从厕所、浴室、盥洗室、厨房、食堂和洗衣房等处排出的水。它来自住宅、公共场所、机关、学校、医院、商店以及工厂中的生活区部分。

生活污水含有大量腐败的有机物,如蛋白质、动植物脂肪、碳水化合物、尿素等,还含有许多人工合成的有机物,如各种肥皂和洗涤剂等,以及粪便中出现的病原微生物,如寄生虫卵和肠系传染病菌等。此外,生活污水中也含有植物生长所需的氮、磷、钾等肥分。这类污水需要经过处理后才能排入水体、灌溉农田或再利用。

从建筑排水工程来看,建筑内的淋浴、盥洗和洗涤废水的污染程度比粪便污水轻,经过处理可以作为中水回用。因此,现在有的建筑排水将粪便污水和洗涤废水独立设置,把建筑内的生活排水分成生活污水和生活废水,这是未来的发展方向。

(2)工业废水。

工业废水即在工业生产中排出的废水。由于各种工业企业的生产类别、工艺过程、使用的原材料以及用水成分不同,工业废水的水质变化很大。

工业废水按照污染程度的不同,可分为生产废水和生产污水两类。

生产废水是指在使用过程中受到轻度污染或水温稍有增高的水,如冷却水。这类水通常经简单处理后即可在生产中重复使用,或直接被排放。

生产污水是指在使用过程中受到较严重污染的水。这类污水多具有危害性。例如,有的含大量有机物,有的含氰化物、铬、汞、铅、镉等有害和有毒物质,有的含合成洗涤剂等合成有机化学物质,有的含放射性物质等。这类污水都需要经过适当处理后才能排放,或在生产中重复使用。废水中有害或有毒物质往往是宝贵的工业原料,对这种废水应尽量回收利用,同时也能减轻污水的污染。

工业废水按所含污染物的主要成分分类,可分为酸性废水、碱性废水、含氰废水、含铬废水、含汞废水、含油废水、含有机磷废水和放射性废水等。

不同工业企业的产品、原料和加工过程不同,排出的是不同性质的工业废水。

(3)雨水。

雨水一般比较清洁,但其形成的径流量大,若不及时排泄,则将积水为害,妨碍交通,甚至危及人们的生产和日常生活。目前,我国的排水体制认为雨水较为洁净,一般无须处理,直接就近排入水体。

天然雨水一般比较清洁,但初期降雨时所形成的雨水径流会携带大气中、地面和屋面上的各种污染物质,使其受到污染,所以初期径流的雨水往往污染严重,应予以控制排放。有的国家对污染严重地区雨水径流的排放做了严格要求,如工业区、高速公路、机场等处的暴雨雨水要经过沉淀、撇油等处理后才可以排放。近年来由于水污染加剧,水资源日益紧张,雨水的作用被重新认识。长期以来雨水直接径流排放,不仅加剧水体污染和城市洪涝灾害,同时也是对水资源的一种浪费,为此国内外许多城市越来越重视城市雨水的管理和综合利用的建设和研究。

3. 废水、污水的处理及处置

城镇的排水管道既接纳生活污水,也接纳工业废水。由于工业企业的废水水质差别较大,我国《污水排入城镇下水道水质标准》(GB/T 31962—2015)对工业企业污(废)水或其他废水排入城市排水系统的排水水质进行了限定,通常把

这种混合污水称为城市污水,在合流制排水系统中,还包括生产废水和截流的雨水。城市污水是一种混合污水,其性质变化很大,随各种污水的混合比例和工业废水中污染物质的特性不同而异。在某些情况下,可能生活污水占多数,而在另一些情况下又可能工业废水占多数。这类污水需经过处理后才能排入水体或再利用。

在城市和工业企业中,应当有组织地、及时地收集、处理、排除上述废水和雨水,否则有可能影响和破坏环境,影响生活和生产,威胁人们的健康。排水的收集、输送、处理和排放等工程设施以一定的方式组合成的总体称为排水系统。排水系统通常是由管道系统(或称排水管网)和污水处理系统(即污水处理厂)两大部分组成。管道系统是收集和输送废水的设施,把废水从产生处输送至污水厂或出水口,它包括排水设备、检查井、管渠、泵站等工程设施。污水处理系统是处理和利用废水的设施,它包括城市及工业企业污水处理厂(站)中的各种处理构筑物及利用设施等。

污水经处理后的最终去向:①排放水体;②灌溉农田;③重复利用。

污水经达标处理后大部分可以直接排入水体,水体具有一定的稀释能力和净化恢复能力,所以排入水体是城市污水的自然回归,是城市水循环的正常途径。灌溉农田是利用土地净化功能的一种方法。污水经处理达到无害化后排放并重复利用,是控制水污染、保护水资源的重要手段,也是节约用水的重要途径。城市污水重复利用的方式有以下几种。

(1)自然复用。一条河流往往既作为给水水源,也接纳沿河城市排放的污水。流经下游城市的河水总是掺杂了上游城市排入的污水。因而地面水源中的水,在其最后排入海洋之前,实际已被多次重复使用。

(2)间接复用。将处理后的排水或雨水注入地下补充地下水,作为给水的间接水源,也可防止地下水位下降和地面沉降。

(3)直接复用。城市污水经过人工处理后直接作为城市用水水源,这对严重缺水地区来说可能是必要的。近年来,我国也提倡采用中水及收集利用雨水,而且已有不少工程实例。如处理后的水经提升送至城市河道上游进行补水,改善城市河道水体水质,处理后的水排至城市"亲水"公园或人工湿地公园等。

1.2.2　排水系统的体制及其选择

1. 排水系统的体制

城镇和工业企业通常有生活污水、工业废水和雨水。这些废水既可采用一个管渠系统来收集与排除,又可采用两个或两个以上各自独立的管渠系统来收集和排除。废水的这种不同收集与排除方式所形成的排水系统,称作排水系统的体制。排水系统的体制,一般分为合流制和分流制两种类型。

(1)合流制排水系统。

当采用一个管渠系统来收集和排除生活污水、工业废水和雨水时,则称为合流制排水系统,也称为合流管道系统,其排水量称为合流污水量。

合流制排水系统又分为直排式(图 1.1)和截流式(图 1.2)。

直排式合流制排水系统,是将排除的混合污水不经处理直接就近排入水体,国内外很多城镇的老城区仍保留这种排水方式。但这种排除形式因污水未经处理就排放,使受纳水体遭受严重污染,所以,这也是目前乃至今后很长一段时间内老城镇改造的重要工程。

随着城市化的推进和对水域环境保护的重视,老城区及小城镇的基础设施改造,除了采用分流制排水系统,最常见的排水系统改造是采用截污工程,即截流式合流制排水系统。这种系统是在邻河岸边建造一条截流干管,同时在合流干管与截流干管相交前或相交处设置溢流井,并在截流干管下游设置污水厂。晴天和初期降雨时所有污水都送至污水厂,经处理后排入水体,随着降雨量的增加,雨水径流也增加,当混合污水的流量超过截流干管的输水能力后,部分混合污水经溢流井溢出,直接排入水体。截流式合流制排水系统比直排式排水系统在污水管理上有了很大提高,但仍有部分混合污水未经处理就直接排放,从而使水体遭受污染,这是它的不足之处。

安全合流制排水系统截流干管上不设置溢流井,管道中收集的所有混合污水统一输送至污水处理厂,完全合流制排水系统如图 1.3 所示。

(2)分流制排水系统。

当采用两个或两个以上各自独立的管渠来收集或排除生活污水、工业废水和雨水时,则称为分流制排水系统。收集并排除生活污水、工业废水的系统称为污水排水系统,收集或排除雨水的系统称为雨水排水系统,这就是常说的雨污分流形式。

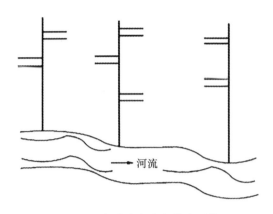

图 1.1　直排式合流制排水系统

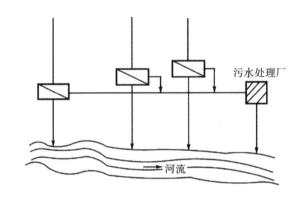

图 1.2　截流式合流制排水系统

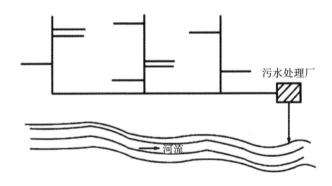

图 1.3　完全合流制排水系统

　　由于排除雨水方式的不同,分流制排水系统又分为完全分流制(图 1.4)和不完全分流制(图 1.5)两种排水系统。完全分流制排水系统同时建有独立的污水排水管道和雨水排水管道,而且一般建有污水处理厂(站)。而不完全排水系统只建有污水排水系统,未建雨水排水系统,雨水沿天然地面、街道边沟、水渠等原有渠道系统排泄,或者对原有雨水排洪沟道进行整治,来提高排水渠道系统输水能力,待城市进一步发展再修建完整的雨水排水系统。

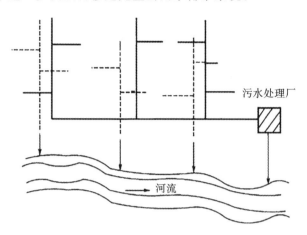

图 1.4　完全分流制排水系统

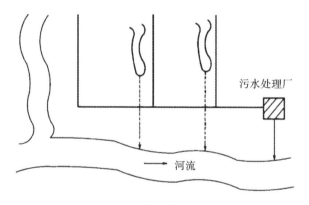

图 1.5　不完全分流制排水系统

　　工业企业一般采用分流制排水系统,然而,由于工业废水的成分和性质往往很复杂,不但不宜与生活污水混合,而且彼此之间也不宜混合,否则将加大污水厂处理污水和污泥的难度,并给废水重复利用和回收有用物质造成很大困难。所以,在多数情况下,采用分质分流、清污分流的几种管道系统来分别排除污水。但如果生产污水的成分和性质同生活污水类似,可将生活污水和生产污水用同一管道系统排放。

　　大多数城市,尤其是较早建成的城市,往往是混合制的排水系统,既有分流制,也有合流制。在大城市中,各区域的自然条件以及修建情况可能相差较大,

因此应因地制宜地采用不同的排水体制。

2. 排水系统体制的选择

合理地选择排水系统的体制，是城市排水系统规划和设计的重要问题。它不仅从根本上影响排水系统的设计、施工、维护管理，而且对城市发展和环境保护影响深远，同时也影响排水系统工程的总投资、初期投资以及维护管理费用。通常，排水系统体制的选择应满足环境保护的需要，根据当地条件，通过技术经济比较确定。而环境保护应是选择排水体制所考虑的主要问题。

（1）环境保护方面。

如果采用合流制将城市生活污水、工业废水和雨水全部截流送往污水厂进行处理，然后再排放，从控制和防止水体的污染来看，是较理想的；但按照全部截留污水量计算，则截流主干管尺寸很大，污水厂处理规模也会成倍增加，整个排水系统建设费用和运营费用也相应提高。所以采用截流式合流制时，截留倍数的确定是均衡水体环境保护和处理费用两个因素的重要指标。《室外排水设计标准》(GB 50014—2021)关于截流倍数的规定：应根据旱流污水的水质、水量、排放水体的卫生要求、水文、气候、经济和排水区域大小等因素经计算确定，宜采用 1～5 倍。

采用截流式合流制时，在暴雨径流之初，原沉淀在合流管渠的污泥被大量冲起，经溢流井溢入水体，同时雨天时有部分混合污水溢入水体。实践证明，采用截流式合流制的城市，水体污染日益严重。应考虑将雨天时溢流出的混合污水予以储存，待晴天时再将储存的混合污水全部送至污水厂进行处理，或者将合流制改建成分流制排水系统等。

分流制通过独立设置的污水管道系统将城市污水全部送至污水厂处理，是城市排水系统较为理想的做法，但初期雨水未加处理就直接排入水体，对城市水体也会造成污染。近年来，国内外对雨水径流水质的研究发现，雨水径流特别是初期雨水径流对水体的污染相当严重。分流制虽然具有这一缺点，但它比较灵活，比较容易适应社会发展的需要，一般又能符合城市卫生的要求，所以在国内外获得了广泛的应用，而且也是城市排水体制的发展方向。

（2）工程造价方面。

国外有的经验认为合流制排水管道的造价比完全分流制一般要低 20%～40%，但合流制的泵站和污水厂的造价却比分流制高。从总造价来看，完全分流制比合流制可能要高。从初期投资来看，不完全分流制因初期只建污水排水系统,因而可节省初期投资费用,又可缩短工期,发挥工程效益也快。而合流制和完全分流制的初期投资均大于不完全分流制。

(3)维护管理方面。

在合流制管渠内,晴天时污水只是部分充满管道,雨天时才形成满流,因而晴天时合流制管内流速较低,易于产生沉淀。但经验表明,管中的沉淀物易被暴雨冲走,这样合流管道的维护管理费用可以降低。但是,晴天和雨天时流入污水厂的水量变化很大,增加了合流制排水系统污水厂运行管理的复杂性。而分流制排水系统可以保持管内的流速,不致发生沉淀;同时,流入污水厂的水量和水质比合流制变化小得多,污水厂的运行易于控制。

总之,排水系统体制的选择是一项既复杂又很重要的工作。应根据城镇及工业企业的规划、环境保护的要求、污水利用情况、原有排水设施、水量、水质、地形、气候和水体状况等条件,在满足环境保护的前提下,通过技术经济比较综合确定。新建地区一般应采用分流制排水系统。但在特定情况下采用合流制可能更为有利。

1.2.3　城市排水系统的主要组成

1. 城市污水排水系统的主要组成

城市污水包括排入城镇污水管道的生活污水和工业废水。将工业废水排入城市生活污水排水系统,就组成城市污水排水系统,它由以下几个主要部分组成:①室内污水管道系统及设备;②室外污水管道系统;③污水泵站及压力管道;④污水处理厂;⑤出水口。

(1)室内污水管道系统及设备。

室内污水管道系统及设备的作用是收集生活污水,并将其送至室外居住小区的污水管道中。在住宅及公共建筑内,各种卫生设备既是人们用水的器具,也是承接污水的容器,还是生活污水排水系统的起端设备。生活污水从这里经水封管、支管、立管和出户管等室内管道系统排入室外街坊或居住小区内的排水管道系统。

(2)室外污水管道系统。

室外污水管道系统是分布在地面下,依靠重力流输送污水至泵站、污水厂或水体的管道系统。它又分为街坊或居住小区污水管道系统及街道污水管道系统。

①街坊或居住小区污水管道系统。敷设在一个街坊或居住小区内,并连接一群房屋出户管或整个小区内房屋出户管的管道系统称街坊或居住小区污水管道系统。管道系统上的附属构筑物有检查井、跌水井、倒虹管、溢流井等。

②街道污水管道系统。敷设在街道下,用以排除从居住小区管道流来的污水。在一个市区内,它由支管、干管、主干管等组成。支管承受街坊或居住小区流来的污水。在排水区界内、常按分水线划分成几个排水流域。在各排水流域内,干管汇集输送由支管流来的污水,也常称流域干管。主干管是汇集输送由两个或两个以上干管流来的污水,并把污水输送至总泵站、污水处理厂或出水口的管道。

(3)污水泵站及压力管道。

城市污水的输送一般采用重力流形式,重力流污水管道需要有足够大的敷设坡度,随着管道的延伸,排水管道埋深会逐渐增加,当埋深过大时,不仅无法排至污水处理厂或水体,还会增加管道敷设难度及施工费用,这时就需要设置排水泵站。从泵站至高地自流管道或至污水厂的承压管段,被称为污水压力管道。

(4)污水处理厂。

污水处理厂由处理和利用污水与污泥的一系列构筑物及附属设施组成。城市污水厂一般设置在城市河流的下游地段,并与居民点和公共建筑保持一定的卫生防护距离。城市污水处理厂采用集中或分散建设,应在全面的技术经济比较的基础上合理确定,一般宜建设集中的大型污水处理厂。

城市污水处理厂建设规模,一般根据城市规划,确定服务区域的服务面积、服务人口和用水量标准等有关资料再适当考虑特殊情况(如工厂等排污大户的情况),即可得出污水处理厂的建设规模。

《城镇污水处理厂污染物排放标准》(GB 18918—2002)对城镇污水厂出水水质设定了三级标准,其中一级标准分为 A 标准和 B 标准,污水处理厂处理标准应根据城镇污水处理厂排入地表水域环境功能和保护目标来确定。城市污水处理厂应选择经济技术可行的处理工艺,并根据当地的经济条件一次建成,当条件不具备时,可分期建设,分期投产。

(5)出水口。

污水排入水体的渠道和出口称为出水口,它是整个城市污水排水系统的终点设施。事故排出口是指在污水排水系统的中途,在某些易于发生故障的组成部分前面,例如在总泵站的前面,所设置的辅助性出水渠,一旦发生故障,污水就通过事故排出口直接排入水体。

2. 城市雨水排水系统的主要组成

城市雨水排水系统收集建筑屋面、庭院、街道地面等处的降雨及雪融水,通过排水管渠就近排至城市自然水体。雨水排水系统由下列几个主要部分组成。

(1)建筑物的雨水管道系统和设备,主要收集工业、公共或大型建筑的屋面雨水,并将其排入室外的雨水管渠系统中。

(2)街坊或厂区雨水管渠系统。

(3)街道雨水管渠系统。

(4)排洪沟。

(5)出水口。

收集屋面的雨水由雨水口和天沟,并经水落管排至地面;收集地面的雨水经雨水口流入街坊或厂区以及街道的雨水管道系统。从建设和设计界限来看,前述雨水排水属于建筑排水工程范畴。而这里讲的城市雨水排水系统也称室外雨水排水系统,是指雨水口、连接管、雨水排水主管道及检查井等附属构筑物,还包括城市排洪河道等构成的系统。

合流制排水系统的组成与分流制相似,同样有室内排水设备、室外居住小区以及街坊或居住小区管道系统。雨水经雨水口进入合流管道。在合流管道系统的截流干管处设有溢流井。

近年来,随着城镇化进程的加快,城市规模越来越大,地面径流条件改变,城市雨水排水系统负荷加大,城市洪涝灾害显著。另一方面,城市用水量增长,水资源紧缺,城市雨水作为低质水源利用已成为城市规划与建设的一个重要策略。强降雨引起的地面径流,将地面污染物带入城市水体,造成水体的污染。为解决传统城市排水系统的弊端,国内外许多城市开始或已经提出了许多工程和非工程措施,比如低影响开发技术等。

1.2.4　城市排水系统的规划设计

排水工程是城市和工业企业基本建设的一个重要组成部分,同时也是控制水污染、改善和保护环境的重要措施。排水工程的规划设计应在区域规划以及城市和工业企业的总体规划基础上进行。排水系统的设计规模、设计期限的确定以及排水区界的划分,应根据区域、城市和工业企业的规划方案而定。作为总体规划的组成部分,应符合总体规划所遵循的原则,并与其他工程建设密切配合。如城市道路规划、建筑物分布、竖向规划、地下设施、城市防洪规划等都对排

水工程规划设计产生影响。

1. 排水工程规划设计的原则

排水工程规划设计应遵循下列原则。

(1)符合城市总体规划,并应与城市和工业企业中其他单项工程建设密切配合,互相协调。

(2)城市污水应以点源治理与集中处理相结合,以城市集中处理为主。

(3)城市污水、雨水是重要的水资源,应考虑再生回用。

(4)所设计排水区域的水资源应考虑综合处置与利用,如排水工程与给水工程、雨水利用与中水工程等协调,以节省总投资。

(5)排水工程的设计应全面规划,按近期设计,同时为远期发展留出扩建的可能。

(6)在规划和设计排水工程时,应按照国家和地方制定的有关规范和标准进行。

2. 城市排水规划的主要任务

根据城市用水状况和自然环境条件,确定规划期内污水处理量,污水处理设施的规模与布局,布置各级污水管网系统;确定城市雨水排除与利用系统规划标准、雨水排除出路、雨水排放与利用设施的规模与布局。

3. 城市排水规划的主要内容

根据不同阶段的不同要求,在城市总体规划中城市排水规划的主要内容如下。

(1)确定排水体制。

(2)划分排水区域,估算雨水、污水总量,制定不同地区污水排放标准。

(3)进行排水管渠系统规划布局,确定雨水、污水主要泵站数量、位置,以及水闸位置。

(4)确定污水处理厂数量、分布、规模、处理排放等级以及用地范围。

(5)确定排水干管渠的走向和出口位置。

(6)提出雨水、污水综合利用措施。

城市排水规划设计内容在城市详细规划中的主要内容如下。

(1)对污水排放量和雨水量进行具体的统计计算。

（2）对排水系统的布局、管线走向、管径进行计算复核,确定管线平面位置、主要控制点标高。

（3）对污水处理工艺提出初步方案。

（4）提出雨水管理与综合利用方案。

1.3　市政管道工程

市政给水排水管道工程是输送和分配工业给水和生活饮用水及收集、输送和排放工业废水、城镇污水和雨水的管（渠）道系统工程。

给水排水管道工程是给排水系统不可分割的一部分,对整个给排水系统起着重要作用,它包括管（渠）道系统及管（渠）道系统包含的各种构筑物工程（如泵站、蓄水池、管桥、闸门井、污水检查井、雨水口等）。

1.3.1　输水管渠

1. 暗渠

暗渠是一种具有自由表面（表面上各点受大气压强的作用）水流的渠道。暗渠根据形成方式可分为天然暗渠（如天然暗河）和人工暗渠（如人工输水渠道及未充满水流的管道等）。暗渠是人为在原有河道上铺设水泥板修建而成的、在表面看不到水的渠道,暗渠水分蒸发量小,著名的新疆坎儿井就是典型的暗渠。

坎儿井是开发利用地下水的一种很古老的水平输水建筑物,适用于山麓、冲积扇缘地带,主要是截取地下潜水用于农田灌溉等。坎儿井大体上由竖井、地下渠道、地面渠道和"涝坝"（小型蓄水池）四部分组成。

2. 明渠

明渠也是一种具有自由表面（表面上各点受大气压强的作用）水流的渠道。明渠根据形成方式可分为天然明渠（如天然河道）和人工明渠（如人工输水渠道、运河及未充满水流的管道等）。南水北调中线就是以明渠为主的超大型输水工程。

明渠的特性有三点：水面一定与大气接触；水位及流量随着横断面的变化而变化；水流方向由重力决定,由高向低流动。

3. 输水管(渠)定线

输水管(渠)包括从水源到水厂的原水输水管(渠)和从水厂到配水管网的清水输水管。输水管中途一般不配水。根据地形和地质条件，原水输送可以采用重力输水管(渠)，也可以采用压力输水管；当长距离输水时，由于地形情况复杂，有可能采用重力输水管(渠)与压力输水管相结合的输水方式。清水一般采用压力输水管输送，以免在输送过程中水质受到污染。输水管(渠)定线遵循的主要原则如下。

(1)管线必须与城市规划相结合，尽量沿现有道路或规划道路敷设，以便于施工和管道维修。

(2)管线尽量短，以减少工程量及工程投资。

(3)管线应少占良田，少毁植被，并应尽量减少建筑物的拆迁量。

(4)管线应尽量避免穿越铁路、河流、沼泽、滑坡、洪水淹没地区，以及具有腐蚀性土壤的地区等。若无法避免，必须采取有效措施，以保证管道能够安全输水。

(5)输水管(渠)宜不少于两条。当输水量小、输水管(渠)长或多水源供水时，可以采用一条输水管(渠)，同时在用水区附近设调节水池。此外，双线输水管(渠)之间还可设置连通管，并装设阀门，以避免输水管(渠)局部损坏时，输水量减少过多。一般地，当输水管(渠)某段发生故障时，城镇输水管(渠)仍应可以提供 70% 以上的设计流量。连通管的间距如下：当输水管长度小于 3 km 时，连通管间距为 1.0~1.5 km；当输水管长度为 3~10 km 时，连通管间距为 2.0~2.5 km；当输水管长度为 10~20 km 时，连通管间距为 3.0~4.0 km。

(6)输水管(渠)应设置坡度，最小坡度应大于 $1:5D$ (D 为管径，mm)。当管线坡度小于 1‰ 时，应每隔 1 km 左右，在管线高处装设排气阀，在低处装设泄水阀，使输水通畅并方便检修。

(7)管线埋置深度(简称为埋深)应考虑地面荷载情况和当地冰冻线，防止管道被压坏或冻坏。

(8)应保证在各种设计工况下，输水管道系统不出现负压。

输水管(渠)定线时，有时上述原则难以兼顾，此时应进行技术经济比较，以确定最佳的输水管(渠)定线方案。

1.3.2　配水管网

1. 配水管网的布置形式

配水管网是将饮用水从净水厂输送并分配至用户的供水管道系统。

配水管网的布置形式有两种,即树状管网和环状管网。树状管网从水厂泵站到用户的管线成树枝状布置,干线向供水区延伸,管径沿供水方向减小。这种管网的供水可靠性差,且管线末端水流缓慢甚至停滞,水质容易变坏,但管网造价较低。当允许城镇管网间断供水时,可设计为树状管网,但应考虑将来连成环状管网的可能。在环状管网中,管线间连接成环状,每条管至少可由三个方向来水,断水的可能性大大减小,因此供水安全性好。环状管网还可减轻水锤作用带来的危害。但环状管网的造价明显高于树状管网。城镇配水管网宜设计成环状管网,在不允许断水的地区必须采用环状管网。一般地,在大城市建设初期,当资金不足时可采用树状管网,以后逐步连成环状管网。目前,城镇配水管网多采用环状管网与树状管网相结合的管网布置形式。

2. 附属构筑物

配水管网中还需要安装消火栓、阀门(闸阀、排气阀、泄水阀等)和检测仪表(压力、流量、水质检测等)等附属构筑物,以保证消防供水和满足生产调度、故障处理、维护保养等管理需要。

配水管网中可设置泵站作为加压设施。其功能是当水不能靠重力流动时,利用水泵对水流增加压力,以使水流具有足够的能量克服管道内壁的摩擦阻力,并在配水管道中保证符合用水要求的水压,以克服用水地点的高差及用户的管道系统与设备的水流阻力。

此外,为保证配水管网 24 h 供水并稳定供水压力,在配水管网中常设置清水池、水塔和高位水池等构筑物,以调节供水与用水的流量差,并保证消防、检修、停电和事故等情况下配水系统的供水安全可靠性。

为了避免水压过高造成管道或其他设施爆裂、漏水等,或避免用水的不舒适感,配水管网中也常设有减压阀、节流孔板等降低和稳定配水系统的专门设施。

3. 配水管网定线

配水管网包括干管、连接管、分配管和接户管。

（1）干管。

干管是敷设在各供水区的主要管线，其任务是向各分配管供水。干管定线应考虑以下几个问题。

①干管的平面布置和竖向标高，应符合城镇或工业企业的管道综合设计要求。干管应沿规划道路敷设，尽量避免在重要的交通干道和高级路面下敷设。

②干管应向水塔、水池和大用水户的方向延伸。在供水区内，沿水流方向，以最短的距离敷设一条或数条并行的干管，并应从用水量大的街区通过。干管间的距离视供水区的大小和供水情况而定，一般为 500～800 m。并行的干管数越少，投资越节省，但供水的安全性越差。

③干管的布置要考虑城镇将来的发展，可分期建设，留有充分发展的余地。

（2）连接管。

将干管与干管连接起来的管段称为连接管。设置连接管，可形成环状管网。连接管的作用是在干管局部损坏时，关闭部分管段，通过连接管重新分配流量，以缩小断水区域，保证安全供水。连接管的间距一般为 800～1000 m。

（3）分配管。

分配管是把干管输送来的水送到接户管和消火栓上的管道。分配管敷设在供水区域内的每一条街道下。分配管的直径往往由消防流量决定，最小为100 mm，大城市一般为 150～200 mm，室外消火栓的间距应不超过 120 m。

（4）接户管。

接户管是将分配管输送来的水引入用户的管道。一般的建筑物采用一条接户管；重要建筑物可采用两条接户管，并应从不同的方向接入建筑物，以提高供水的安全性。接户管的直径应经计算确定。

第2章　市政给水管网工程设计

2.1　设计用水量

设计用水量是设计给水系统的依据。取水、净水、泵站和输配水管网等设施的规模大小,均由设计用水量决定。城镇设计用水量应根据下列各种用水确定。

(1)综合生活用水(包括居民生活用水和公共建筑及设施用水)。

(2)工业企业用水。

(3)浇洒道路和绿地用水。

(4)管网漏损水量。

(5)未预见用水。

(6)消防用水。

水厂设计规模,按上述(1)~(5)项的最高日用水量之和确定,并应按远期规划、近远期结合、以近期为主的原则进行设计。近期和远期设计年限宜分别采用5~10年和10~20年。

2.1.1　用水定额

用水定额是指设计年限内达到的用水水平,是计算设计用水量的主要依据之一。综合生活用水、工业企业用水、浇洒道路和绿地用水、管网漏损水量、未预见用水、消防用水都有其各自的用水定额。

1.综合生活用水定额

(1)居民生活用水定额。

居民生活用水是指城市中居民的饮用、烹调、洗涤、冲厕和洗澡等日常生活用水。居民生活用水定额应根据各地国民经济和社会发展规划、城市总体规划和水资源充沛程度及给水工程发展的条件等因素,在现有用水定额的基础上,经综合分析后确定;在缺乏实际用水资料的情况下,根据《室外给水设计标准》(GB

50013—2018)的要求,也可采用表2.1~表2.4中的数据。

表2.1 最高日居民生活用水定额[L/(人·d)]

城市类型	超大城市	特大城市	Ⅰ型大城市	Ⅱ型大城市	中等城市	Ⅰ型小城市	Ⅱ型小城市
一区	180~320	160~300	140~280	130~260	120~240	110~220	100~200
二区	110~190	100~180	90~170	80~160	70~150	60~140	50~130
三区	—	—	—	80~150	70~140	60~130	50~120

表2.2 平均日居民生活用水定额[L/(人·d)]

城市类型	超大城市	特大城市	Ⅰ型大城市	Ⅱ型大城市	中等城市	Ⅰ型小城市	Ⅱ型小城市
一区	140~280	130~250	120~220	110~200	100~180	90~170	80~160
二区	100~150	90~140	80~130	70~120	60~110	50~100	40~90
三区	—	—	—	70~110	60~100	50~90	40~80

表2.3 最高日综合生活用水定额[L/(人·d)]

城市类型	超大城市	特大城市	Ⅰ型大城市	Ⅱ型大城市	中等城市	Ⅰ型小城市	Ⅱ型小城市
一区	250~480	240~450	230~420	220~400	200~380	190~350	180~320
二区	200~300	170~280	160~270	150~260	130~240	120~230	110~220
三区	—	—	—	150~250	130~230	120~220	110~210

表2.4 平均日综合生活用水定额[L/(人·d)]

城市类型	超大城市	特大城市	Ⅰ型大城市	Ⅱ型大城市	中等城市	Ⅰ型小城市	Ⅱ型小城市
一区	210~400	180~360	150~330	140~300	130~280	120~260	110~240
二区	150~230	130~210	110~190	90~170	80~160	70~150	60~140
三区	—	—	—	90~160	80~150	70~140	60~130

注:①超大城市指城区常住人口1000万及以上的城市;特大城市指城区常住人口500万以上1000万以下的城市;Ⅰ型大城市指城区常住人口300万以上500万以下的城市;Ⅱ型大城市指城区常住人口100万以上300万以下的城市,中等城市指城区常住人口50万以上100万以下的城市;Ⅰ型小城市指城区常住人口20万以上50万以下的城市;Ⅱ型小城市指城区常住人口20万以下的城市。以上包括本数,以下不包括本数。

②一区包括湖北、湖南、江西、浙江、福建、广东、广西、海南、上海、江苏、安徽;二区包括重庆、四川、贵州、云南、黑龙江、吉林、辽宁、北京、天津、河北、山西、河南、山东、宁夏、陕西、内蒙古河套以东和甘肃黄河以东的地区;三区包括新疆、青海、西藏、内蒙古河套以西和甘肃黄河以西的地区。

③经济开发区和特区城市,根据用水实际情况,用水定额可酌情增加。

④当采用海水或污水再生水等作为冲厕用水时,用水定额相应减少。

由于我国淡水资源缺乏,为增强城市居民的节水意识,促进节约用水和水资源持续利用,推进水价改革,我国于 2002 年 11 月 1 日开始实施《城市居民生活用水量标准》(GB/T 50331—2002),如表 2.5 所示。这一标准的指标值低于《室外给水设计标准》(GB 50013—2018)中的居民用水定额,其原因是两者的用途不同,前者为城市居民定量用水的考核依据,也是缺水城市制定超量用水加价收费的依据;而后者是城市室外给水管网的设计依据。

表 2.5 城市居民生活用水量标准

地域分区	日用水量/[L/(人·d)]	适用范围
一	80～135	黑龙江、吉林、辽宁、内蒙古
二	85～140	北京、天津、河北、山东、河南、山西、陕西、宁夏、甘肃
三	120～180	上海、江苏、浙江、福建、江西、湖北、湖南、安徽
四	150～220	广西、广东、海南
五	100～140	重庆、四川、贵州、云南
六	75～125	新疆、西藏、青海

注:①表中所列日用水量是满足人们日常生活基本需要的标准值。在核定城市居民用水量时,各地应在标准值区间内直接选定。

②城市居民生活用水考核不应以日作为考核周期,日用水量指标应作为月度考核周期计算水量指标的基础值。

③指标值中的上限值是根据气温变化和用水高峰月变化参数确定的,一个年度当中对居民用水可分段考核,利用区间值进行调整使用。上限值可作为一个年度当中最高月的指标值。

④家庭用水人口的计算,由各地根据当地的实际情况自行制定管理规则或办法。

⑤以此用水量标准为指导,各地视本地情况可制定地方标准或管理办法组织实施。

(2)公共建筑及设施用水定额。

公共建筑及设施用水是指城市中娱乐场所、宾馆、浴室、商业、学校和机关办公楼等的用水,但不包括城市浇洒道路和绿地等的用水。在计算居住小区给水干管的设计流量时,要用到公共建筑及设施的生活用水定额,该定额应按现行的《建筑给水排水设计标准》(GB 50015—2019)执行。

2. 工业企业用水定额

工业企业用水包括工业企业的生产用水和工作人员生活用水。

生产用水是指工业企业在生产过程中使用的水,如冷却用水、原料用水、制造和加工用水、洗涤用水及空调用水等。由于工业企业的种类很多,生产用水量

各不相同，即使生产同一类产品，如果生产工艺不同，其生产用水量也有可能不同。因此，各个行业一般有各自的行业用水定额。

生产用水定额一般以万元产值用水量表示；也可以按单位产品用水量表示，例如每生产一吨钢、一辆汽车需要多少水；或按每台设备每天用水量表示。

工作人员生活用水包括工业企业的管理人员生活用水、车间工人生活用水和淋浴用水。管理人员生活用水定额可取 30～50 L/(人·班)；车间工人生活用水定额应根据车间性质确定，一般宜采用 30～50 L/(人·班)，用水时间为 8 h，小时变化系数为 1.5～2.5。工业企业建筑的淋浴用水定额应根据《工业企业设计卫生标准》(GBZ 1—2010)中车间的卫生特征分级确定，一般可采用 40～60 L/(人·次)，延续供水时间为 1 h。

3. 浇洒道路和绿地用水定额

浇洒道路和绿地用水量应根据路面、绿化、气候和土壤等条件确定。浇洒道路用水可按浇洒面积以 2.0～3.0 L/(m²·d)计算；浇洒绿地用水可按浇洒面积以 1.0～3.0 L/(m²·d)计算。

4. 管网漏损水量定额

管网漏损水量宜按综合生活用水、工业企业用水、浇洒道路和绿地用水三项用水量之和的 10%～12%计算，当单位管长供水量小或供水压力高时可适当增加。

5. 未预见用水定额

未预用水应根据用水量预测时难以预见因素的程度确定，一般可按综合生活用水、工业企业用水、浇洒道路和绿地用水及管网漏损水量四项用水量之和的 8%～12%计算。

6. 消防用水定额

消防用水只在发生火灾时使用，但它在城镇用水量中所占的比例较大，尤其是在中小城镇。消防用水量、水压及火灾延续时间等，应按国家现行标准《建筑设计防火规范》(GB 50016—2014)等设计防火规范执行。

城镇或居住区的消防用水量，应按同一时间内的火灾次数和一次灭火用水量确定，并不应小于表 2.6 的规定。

表 2.6　城镇、居住区室外消防用水量

人数/万人	同一时间内的火灾次数/次	一次灭火用水量/(L/s)	人数/万人	同一时间内的火灾次数/次	一次灭火用水量/(L/s)
≤1.0	1	10	≤40.0	2	65
≤2.5	1	15	≤50.0	3	75
≤5.0	2	25	≤60.0	3	85
≤10.0	2	35	≤70.0	3	90
≤20.0	2	45	≤80.0	3	95
≤30.0	2	55	≤100	3	100

注：城镇的室外消防用水量应包括居住区、工厂、仓库（含堆场、储罐）和民用建筑的室外消火栓用水量。当工厂、仓库和民用建筑的室外消火栓用水量按表 2.8 计算的结果与按本表计算的结果不一致时，应取较大值。

　　工厂、仓库和民用建筑的室外消防用水量，应按同一时间内的火灾次数和一次灭火用水量确定，并不应小于表 2.7 和表 2.8 的规定。

表 2.7　工厂、仓库和民用建筑同一时间内的火灾次数

建筑物名称	基地面积/hm²	附有居住区人数/万人	同一时间内的火灾次数/次	备注
工厂	≤100	≤1.5	1	按需水量最大的一座建筑物（或堆场、储罐）计算
		>1.5	2	工厂、居住区各一次
	>100	不限	2	按需水量最大的两座建筑物（或堆场、储罐）计算
仓库、民用建筑	不限	不限	1	按需水量最大的一座建筑物（或堆场、储罐）计算

注：采矿、选矿等工业企业，如各分散基地有单独的消防给水系统时，可分别计算。

表 2.8　建筑物室外消火栓用水量(L/s)

耐火等级	建筑物名称及类别		建筑物体积/m³					
			≤1500	1501~3000	3001~5000	5001~20000	20001~50000	>50000
一、二级	厂房	甲、乙	10	15	20	25	30	35
		丙	10	15	20	25	30	40
		丁、戊	10	10	10	15	15	20

续表

耐火等级	建筑物名称及类别		建筑物体积/m³					
			≤1500	1501~3000	3001~5000	5001~20000	20001~50000	>50000
一、二级	库房	甲、乙	15	15	25	25	—	—
		丙	15	15	25	25	35	45
		丁、戊	10	10	10	15	15	20
	民用建筑		10	15	15	20	25	30
三级	厂房或库房	乙、丙	15	20	30	40	45	—
		丁、戊	10	10	15	20	25	35
	民用建筑		10	15	20	25	30	
四级	丁、戊类厂房或库房		10	15	20	25	—	—
	民用建筑		10	15	20	25		

注：①室外消火栓用水量应按消防需水量最大的一座建筑物或一个防火分区计算。成组布置的建筑物应按消防需水量较大的相邻两座计算。②火车站、码头和机场的中转库房，其室外消火栓用水量应按相应耐火等级的丙类物品库房确定。③国家级文物保护单位的重点砖木结构和木结构建筑物的室外消防用水量，按三级耐火等级民用建筑物消防用水量确定。

随着我国经济的不断发展和人民生活水平的不断提高，城市的用水量一般逐年增加，但可利用水资源的情况却不容乐观，许多城市处于缺水或严重缺水的状态，因此，综合生活用水、工业企业用水及浇洒道路和绿地用水定额应根据各地区的具体情况确定，提倡采用耗水量少的先进生产工艺及提高废水重复利用率的节约用水措施等，降低用水量，以保证生活、生产的正常运行。

2.1.2 用水量计算

1. 用水量变化

无论是生活用水量还是生产用水量，一般都是逐日逐时变化的。在同一地区，生活用水量随着人们的生活习惯和季节不同而变化，例如节假日比平日高，夏季比冬季高，一日之内一般早晚用水量大。生产用水量的变化情况与生产用水的性质有关，例如冷却用水、空调用水及某些产量随季节而变化的工业用水，其用水量一年之中变化较大；而其他工业用水量，一年之中比较均匀。

用水定额只是一个平均值,在计算用水量时,还需考虑用水量的变化情况。在设计规定的年限内,用水量最大一天的用水量,称为最高日用水量,它一般用于确定给水系统中各类给水设施(如取水构筑物、一级泵站、净水构筑物等)的规模。在最高日内,用水量最大一小时的用水量称为最高时用水量,它是确定城镇给水管网管径的基础。最高日用水量与平均日用水量的比值,称为日变化系数(K_d);在最高日内,最高时用水量与平均时用水量的比值,称为时变化系数(K_h)。在确定新建城市用水日变化系数和时变化系数时,应根据城市性质、规模、国民经济与社会发展和城市供水系统的情况,结合类似城市的现状用水曲线,经分析后确定;对于扩建的给水工程,应进行深入的实地调查,根据用水量变化情况,确定变化系数;在缺乏实际用水资料时,城市综合用水(包括综合生活用水、工业企业用水、浇洒道路和绿地用水、管网漏损水量和未预见用水等)的日变化系数宜采用 1.1～1.5,时变化系数宜采用 1.2～1.6,超大城市、特大城市和大城市宜取下限,中小城市宜取上限,个别小城镇还可适当加大。

除最高日用水量和最高时用水量外,用水量变化曲线也是设计给水系统的重要依据。各城市的用水量变化曲线一般均不相同,且大城市与小城市存在较大差异。一般来说,用水人数较少、卫生设备不够完善、集体生活者较多时,用水比较集中,时变化系数较大;用水人数较多、卫生设备较完善、多目标供水时,各用水高峰可以错开,因此用水较均匀,时变化系数较小。

2. 设计用水量计算

城市用水量包括设计年限内给水系统应供应的全部用水量。设计年限应以近期为主,但应兼顾城市远期规划。

(1)城市最高日用水量。

城市最高日用水量 Q_d(m³/d)包括城市最高日综合生活用水量、工业企业生产用水和工作人员生活用水量、浇洒道路和绿地用水量、管网漏损水量和未预见用水量。

①城市最高日综合生活用水量。

城市最高日综合生活用水量 Q_1(m³/d)可按式(2.1)计算。

$$Q_1 = qNf \tag{2.1}$$

式中:q——最高日综合生活用水定额,m³/(d·人);N——设计年限内计划人数,人;f——自来水普及率,%。

整个城市的综合生活用水定额应按一般居民生活水平确定;若城市各区采

用不同的生活用水定额,城市最高日生活用水量应等于各区用水量之和,即式(2.2)。

$$Q_1 = \sum q_i N_i f_i \qquad (2.2)$$

式中:q_i——某区最高日综合生活用水定额,$m^3/(d \cdot 人)$;N_i——某区设计年限内计划人数,人;f_i——某区自来水普及率,%。

在计算城市或某一居住区最高日综合生活用水量时,也可根据居民生活用水定额和公共建筑及设施生活用水定额计算,即式(2.3)。

$$Q_1 = q'N' + \sum q_j N_j \qquad (2.3)$$

式中:q'——最高日居民生活用水定额,$m^3/(d \cdot 人)$;N'——设计年限内计划用水人数,人;q_j——各公共建筑及设施最高日生活用水定额,$m^3/(d \cdot 人)$;N_j——各公共建筑及设施的用水单位数(人、床等)。

②工业企业生产用水和工作人员生活用水量。

工业企业生产用水和工作人员生活用水量 $Q_2(m^3/d)$ 可按式(2.4)计算。

$$Q_2 = \sum (Q_I + Q_{II} + Q_{III}) \qquad (2.4)$$

式中:Q_I——各工业企业的生产用水量,m^3/d,由生产工艺要求确定;Q_{II}——各工业企业的工作人员生活用水量,m^3/d;Q_{III}——各工业企业的工人淋浴用水量,m^3/d。

Q_{II} 和 Q_{III} 应根据用水人数和用水定额(见工业企业用水定额)经计算确定。

当工业企业生产用水量不能由工艺确定时,也可用以下方法估算,见式(2.5)。

$$Q = qB(1-n) \qquad (2.5)$$

式中:q——城市工业企业万元产值用水量,$m^3/万元$;B——城市工业企业总产值,万元$/d$;n——工业用水重复利用率。

③浇洒道路和绿地用水量。

浇洒道路和绿地用水量 $Q_3(m^3/d)$ 应根据路面、绿化、气候和土壤等情况,参照相应的用水定额确定,即式(2.6)。

$$Q_3 = \sum q_L N_L \qquad (2.6)$$

式中:q_L——浇洒道路和绿地用水定额,$m^3/(m^2 \cdot d)$;N_L——每日浇洒道路和绿地的面积,m^2。

④管网漏损水量。

管网漏损水量 $Q_4(m^3/d)$ 可按式(2.7)计算。

$$Q_4 = (0.10 \sim 0.12)(Q_1 + Q_2 + Q_3) \tag{2.7}$$

⑤未预见用水量。

未预见用水量 Q_5（m^3/d）可按式(2.8)计算。

$$Q_5 = (0.08 \sim 0.12)(Q_1 + Q_2 + Q_3 + Q_4) \tag{2.8}$$

因此，城市最高日用水量 Q_d（m^3/d）可按式(2.9)计算。

$$Q_d = Q_1 + Q_2 + Q_3 + Q_4 + Q_5 \tag{2.9}$$

(2)城市最高时用水量。

根据城市最高日用水量 Q_d 和城市综合用水时变化系数 K_h，可按式(2.10)计算城市最高时设计用水量 Q_h（m^3/h）。

$$Q_h = K_h Q_d / 24 \tag{2.10}$$

(3)消防用水量。

消防用水量应根据同一时间内火灾次数和一次灭火用水量确定，不计入城市最高日用水量和最高时用水量。

2.2　给水系统各部分的流量及水压关系

2.2.1　给水系统各部分的流量关系

给水系统中的取水构筑物、净水构筑物和输配水系统之间存在着密切联系，但它们的设计流量并不一定相同。

1.取水构筑物、净水构筑物及一级泵站的设计流量

一级泵站的作用是将取水构筑物取到的原水送到净水构筑物中进行净化处理。为了减小一级泵站和这些构筑物的设计规模，并使构筑物稳定运行，一般大中城市自来水厂的一级泵站均采用三班制即 24 h 均匀供水，只有小型自来水厂才采用一班制或两班制运转。因此，取水构筑物、净水构筑物和一级泵站的设计流量 Q_I（m^3/h）按最高日平均时流量计算，即式(2.11)。

$$Q_I = \alpha \frac{Q_d}{T} \tag{2.11}$$

式中：T——一级泵站每天的工作小时数，h；α——水厂自用水量（即输水管漏损、沉淀池排泥、滤池冲洗等用水）系数，其值取决于水源种类、原水水质、水处理工艺及构筑物类型等因素，以地表水为水源时一般取 $1.05 \sim 1.10$，以地下水

为水源且只需消毒处理而无须其他处理时取 1.0；Q_d——最高日用水量，m^3。

从水源到水厂的原水输水管的设计流量也应按 Q_1 来确定。

2. 二级泵站及管网的设计流量

二级泵站、从二级泵站到配水管网的清水输水管及配水管网的设计流量，应根据用水量变化曲线和二级泵站供水曲线确定。

（1）二级泵站的设计流量。

二级泵站的设计流量与管网中是否设置水塔有关。

当管网内不设置水塔时，任何小时内二级泵站的供水量应大于或等于用水量，否则就会出现供水不足现象。因此，二级泵站的最大供水量应按最高日最高时用水量考虑。二级泵站内应设置并配合使用流量大小不同的水泵及变频调速泵，以满足不同时段内的用水量要求，并最大限度地减少水的浪费。水泵工作时应在其高效区内运行。

当管网内设置水塔时，由于它们能够调节二级泵站供水量和用水量之间的差值，二级泵站每小时的供水量可以不等于用水量。二级泵站的供水曲线应根据用水量变化曲线确定，总的原则是采用分级供水，各级供水曲线应尽量接近用水曲线，以减小水塔容积；分级数一般应不多于三级，以便于对水泵机组进行管理；分级数和分级流量还应考虑能否选到在高效区内运行的、合适的水泵。

（2）清水输水管的设计流量。

当管网内无水塔时，清水输水管的设计流量应按最高日最高时用水量确定。当管网末端设有水塔（称为对置水塔或网后水塔）或网中设有水塔时，清水输水管的设计流量应按二级泵站最大一级供水量确定。当管网起端设有水塔（称为前置水塔或网前水塔）时，泵站到水塔的清水输水管的设计流量应按二级泵站最大一级供水量确定；水塔到管网的清水输水管的设计流量应按最高日最高时用水量确定。

（3）配水管网的设计流量。

若管网内无水塔或设有前置水塔，管网的设计流量应与最高日最高时用水量相同。若管网内设有对置水塔，在最高用水量时，由二级泵站和水塔从两面向管网供水，管网中间出现供水分界线。因此，应根据最高时从二级泵站和水塔送入管网的流量进行管网计算。设有对置水塔时，管网中的大部分管线的流量比只由一方供水时小，故管径可能减小，管网投资可以降低。

2.2.2　清水池和水塔的容积计算

清水池和水塔统称为调节构筑物。清水池一般设置在水厂内,其作用是调节一级泵站和二级泵站供水量之间的差额。水塔的作用是调节二级泵站供水量和用水量之间的差额。由于水塔造价较高,调节容积有限,用水量较均匀的大中城市往往不设水塔,而用水泵调节流量。若城市中有合适的高地,可建造高地水池来代替水塔,以降低造价。给水系统中设置调节构筑物除可调节流量外,还在一定程度上提高了给水系统供水的安全可靠性。

清水池和水塔的调节容积之间有着密切联系。当一级泵站和二级泵站每小时供水量接近时,清水池容积较小,但水塔容积将会增大;而当二级泵站每小时供水量接近用水量时,水塔容积较小,而清水池容积增大。

清水池和水塔调节容积的计算,一般采用两种方法:一种方法是根据 24 小时的供水量和用水量变化曲线求得;另一种方法是在缺乏用水量变化规律的资料时,凭经验数据估算。

1. 根据供水量和用水量变化曲线计算调节容积

根据供水量和用水量变化曲线计算调节容积时,首先应根据用水量变化曲线拟定二级泵站的供水曲线,在此基础上,再进行调节构筑物容积的计算。

清水池调节容积计算简图参见图 2.1。在该图中,20:00—次日 5:00,一级泵站供水量大于二级泵站供水量,多余的水量储存在清水池中;而在 5:00—20:00,一级泵站供水量小于二级泵站供水量,需取用清水池中的存水,以满足二级泵站的供水要求。但在一天之内,取用的水量应刚好等于储存的水量,即清水池的调节容积应等于图 2.1 中 A 部分面积或 B 部分面积,也就是等于累计取用的水量或累计储存的水量。

水塔的调节容积应根据二级泵站供水曲线和用水量变化曲线确定。

清水池和水塔调节容积的计算参见表 2.9。该表中(2)～(4)项数据分别根据用水量变化曲线、二级泵站输水曲线和一级泵站输水曲线得到。(5)项为(2)、(4)项之差;(6)项为(3)、(4)项之差;(7)项为(2)、(3)项之差。将(5)～(7)项中的累计正值或累计负值分别相加,其值即为清水池或水塔的调节容积,以最高日用水量的百分数表示。不设水塔时,清水池容积为 17.78%;设水塔时,清水池容积为 12.5%,水塔容积为 6.55%,总调节容积为 12.5%＋6.55%＝19.05%,略大于不设水塔时的调节容积。是否设水塔,应经过技术经济比较后确定。

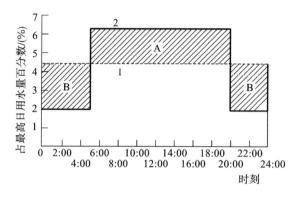

图 2.1　清水池调节容积计算简图

注:1——一级泵站供水曲线;2——二级泵站供水曲线

表 2.9　调节容积计算

供水时刻	用水量/(%)	二级泵站输水量/(%)	一级泵站输水量/(%)	清水池调节容积/(%)		水塔调节容积/(%)
				无水塔时	有水塔时	
(1)	(2)	(3)	(4)	(5)	(6)	(7)
0:00—1:00	1.70	2.78	4.17	−2.47	−1.39	−1.08
1:00—2:00	1.67	2.78	4.17	−2.50	−1.39	−1.11
2:00—3:00	1.63	2.78	4.16	−2.53	−1.38	−1.15
3:00—4:00	1.63	2.78	4.17	−2.54	−1.39	−1.15
4:00—5:00	2.56	2.78	4.17	−1.61	−1.39	−0.22
5:00—6:00	4.35	5.00	4.16	0.19	0.84	−0.65
6:00—7:00	5.14	5.00	4.17	0.97	0.83	0.14
7:00—8:00	5.64	5.00	4.17	1.47	0.83	0.64
8:00—9:00	6.00	5.00	4.16	1.84	0.84	1.00
9:00—10:00	5.84	5.00	4.17	1.67	0.83	0.84
10:00—11:00	5.07	5.00	4.17	0.90	0.83	0.07
11:00—12:00	5.15	5.00	4.16	0.99	0.84	0.15
12:00—13:00	5.15	5.00	4.17	0.98	0.83	0.15
13:00—14:00	5.15	5.00	4.17	0.98	0.83	0.15
14:00—15:00	5.27	5.00	4.16	1.11	0.84	0.27
15:00—16:00	5.52	5.00	4.17	1.35	0.83	0.52

续表

供水时刻	用水量 /（%）	二级泵站 输水量 /（%）	一级泵站 输水量 /（%）	清水池调节容积 /（%）		水塔调节 容积/（%）
				无水塔时	有水塔时	
（1）	（2）	（3）	（4）	（5）	（6）	（7）
16:00—17:00	5.75	5.00	4.17	1.58	0.83	0.75
17:00—18:00	5.83	5.00	4.16	1.67	0.84	0.83
18:00—19:00	5.62	5.00	4.17	1.45	0.83	0.62
19:00—20:00	4.80	5.00	4.17	0.63	0.83	−0.20
20:00—21:00	3.39	2.78	4.16	−0.77	−1.39	0.62
21:00—22:00	2.69	2.78	4.17	−1.48	−1.39	−0.09
22:00—23:00	2.58	2.78	4.17	−1.59	−1.39	−0.20
23:00—24:00	1.87	2.78	4.16	−2.29	−1.38	−0.91
累计	100.00	100.00	100.00	0	0	0

　　清水池中除储存调节水量外，还应储存消防用水、水厂生产用水，并应满足消毒的接触时间要求，因此，清水池的有效容积 W（m³）可按式（2.12）计算。

$$W = W_1 + W_2 + W_3 + W_4 \tag{2.12}$$

　　式中：W_1——调节容积，m³；W_2——消防用水储存容积，m³，按火灾延续 2 h 计算；W_3——水厂生产用水储存容积，m³，按最高日用水量的 5%～10% 计算；W_4——安全储量，m³。

　　水塔中一般储存调节水量和消防水量，其有效容积 W'（m³）可按式（2.13）计算。

$$W' = W_1 + W_2 \tag{2.13}$$

　　式中：W_1——调节容积，m³；W_2——消防用水储存容积，m³，按 10 min 室内消防用水量计算。

　　工业用水的清水池和水塔的有效容积，应根据调度、事故和消防等要求确定。

2. 按经验确定清水池和水塔的有效容积

　　当缺乏用水量变化规律的资料时，可以凭经验数据确定清水池和水塔的有效容积。

当水厂外无调节构筑物时，清水池的有效容积可按最高日设计水量的10%～20%计算。当二级泵站采用分级供水时，水塔的有效容积可为最高日用水量的2.5%～6%。对上述数据，小城市采用高值，大城市采用低值。

此外，为保证清水池检修或清洗时不间断供水，清水池的个数或分格数不得少于两个，并能单独工作和分别泄空；如果有特殊措施能保证安全供水，也可只设一个。

2.2.3 给水系统各部分的水压关系

给水系统必须保持足够的压力，以便将水送到各个用水点，以满足用户对水量和水压的要求。

1. 城市给水管网的最小服务水头和控制点

最小服务水头即给水管网上用户接管处管网应为用户提供的最小水压力。我国《室外给水设计标准》(GB 50013—2018)规定：当按直接供水的建筑层数确定给水管网水压时，其用户接管处的最小服务水头从地面算起，一层为 10 m (0.1 MPa)，二层为 12 m (0.12 MPa)，二层以上每增高一层增加 4 m (0.04 MPa)。一般应根据各城市规定的标准层数来确定管网的最小服务水头，而不应将市内个别或少量高层建筑所需的水压作为城市给水管网的设计依据，否则将导致投资和运行费用的巨大浪费。

控制点即管网中控制水压的点。该点一般位于距水厂最远或地形最高处，只要该点的压力在最高用水时能够达到城市管网的最小服务水头的要求，整个管网各供水点的水压就均能满足要求。

2. 一级泵站扬程

无论处于何种情况，水泵扬程 H_p 均可由静扬程 H_0 与水头损失之和 $\sum h$ 表示，即式(2.14)。

$$H_p = H_0 + \sum h \tag{2.14}$$

只是在不同的情况下，H_0 及 $\sum h$ 所表达的含义不尽相同。

一级泵站的作用是将原水送到净水构筑物中，其水泵扬程 H_p(m)的计算见式(2.15)。

$$H_p = H_0 + h_s + h_c \tag{2.15}$$

式中：H_0——静扬程，m，即水厂第一个水处理构筑物（一般为混合池或配水井）的最高水位与水泵吸水井最低水位的高程差；h_s 和 h_c 分别为由一级泵站输水量 Q_1 确定的水泵吸水管和水泵压水管（从水泵到水厂的第一个水处理构筑物）的水头损失，m。

3. 二级泵站扬程和水塔高度

二级泵站的作用是从清水池中抽取清水，加压后通过管网直接送入用户或水塔。有些管网中设置水塔，有些则不设，因此二级泵站扬程的计算也有些差异。

（1）管网中不设置水塔。

当管网中不设置水塔时，由二级泵站直接向用户送水。如果二级泵站能够将水送到控制点，并能满足最小服务水头的要求，就可满足整个管网的水压要求。二级泵站扬程的计算见式（2.16）。

$$H_p = Z_C + H_C + h_s + h_c + h_n \qquad (2.16)$$

式中：Z_C——控制点 C 的地面标高与清水池最低水位的高程差，m；H_C——控制点 C 要求的最小服务水头，m；h_s——最高时用水量下的水泵吸长管的水头损失，m；h_c——最高时用水量下的输水管的水头损失，m；h_n——最高时用水量下的管网水头损失，m。

（2）管网中设置前置水塔。

当管网中设置前置水塔时，二级泵站将水送到水塔中，由水塔向管网供水。水塔的设置高度应满足控制点的水压要求。水塔的水柜底面高于地面的高度 H_t（m），应按式（2.17）计算。

$$H_t = (Z_C - Z_t) + H_C + h_n \qquad (2.17)$$

式中：Z_C——控制点 C 的地面标高，m；Z_t——水塔的地面标高，m；H_C——控制点 C 要求的最小服务水头，m；h_n——按最高时水量计算的从水塔到控制点的管网的水头损失，m。

从式（2.17）可以看出，水塔的地面标高越大，则水塔的高度越小，建造水塔的费用越低，这就是水塔要建造在高地的原因。

二级泵站扬程 H_p（m）应保证将水送到水塔，即式（2.18）。

$$H_p = Z_t + H_t + H_0 + h_s + h_c \qquad (2.18)$$

式中：Z_t——水塔的地面标高与清水池最低水位的高程差，m；H_t——水塔的水柜底面高于地面的高度，m；H_0——水塔水柜的水深，m；h_s——二级泵站在

最大一级供水时水泵吸水管的输水管中的水头损失,m;h_c——二级泵站在最大一级供水时二级泵站到水塔的输水管中的水头损失,m。

（3）管网中设置对置水塔。

当管网中设置对置水塔时,管网在最高供水时,由二级泵站和水塔同时向管网供水,两者有各自的供水区,形成供水分界线。在供水分界线上,水压最低。设 C 点为供水分界线上水压最低点,即控制点,则二级泵站扬程可按无水塔管网的公式计算,水泵吸水管、输水管和管网中的水头损失均应按水泵最大一级供水时的流量计算。水塔高度计算与前置水塔时相同,但式中的 h_n 为最高供水时由水塔供水量引起的水塔到分界线上 C 点的水头损失。

在设置对置水塔时,若二级泵站供水量大于用水量,则多余的水量通过整个管网流入水塔,这种流量称为转输流量。在最大转输流量时,输水距离长,水头损失大,有可能要求二级泵站的扬程比最高用水时大,因此,设置对置水塔时,必须进行最大转输流量时水泵扬程的校核。最大转输流量时水泵扬程 H'_p（m）可按式（2.19）计算。

$$H'_p = Z_t + H_t + H_0 + h_s + h_c + h_n \tag{2.19}$$

式中:Z_t——水塔处地面标高与清水池最低水位的高程差,m;H_t——水塔的水柜底面高于底面的高度,m;H_0——水塔水柜的水深,m;h_s——最大转输流量时水泵吸水管的水头损失,m。H_c——最大转输输流量时输水管的水头损失,m;h_n——最大转输流量时管网的水头损失,m。

（4）管网中设置网中水塔。

当城市中部地形较高或有大用水户时,可在管网中间设置水塔,这种水塔称为网中水塔。根据水塔距二级泵站距离的远近,网中水塔管网供水又分为两种情况:一种情况是二级泵站供水量超过其与水塔间管网的需水量,此时这部分管网均由二级泵站供水,因此不会出现供水分界线;另一种情况是二级泵站的供水量不能满足其与水塔间管网的需水量,此时这部分管网需由二级泵站与水塔同时供水,管网中会出现供水分界线,如同对置水塔的情况。水塔后的管网则由水塔供水。管网的最不利点可能在二级泵站与水塔之间,也可能在水塔后的最高最远点,因此,二级泵站扬程和水塔高度应根据具体情况,参照前置水塔和对置水塔的有关公式进行计算。

（5）二级泵站扬程的校核。

输、配水管网的管径和二级泵站扬程是按设计年限内最高日最高时的水量和水压要求确定的,但还应满足特殊情况下的水量和水压要求。因此,在特殊供水情况下,应对管网的管径和二级泵站扬程进行校核,以确保供水安全。通过校核,当二级泵站扬程不能满足特殊供水要求时,有时需将管网中个别管段的直径放大,有时则需另选合适的水泵或设专用水泵。

特殊供水情况主要有三种,即消防时、最大转输时和最不利管段发生故障时。在这三种情况下,管网中的流量发生了变化,有可能使管网的水头损失增加,从而使二级泵站扬程增大,因而需要进行校核。校核时,二级泵站扬程仍可按前述方法计算,只是需要注意控制点的位置,并重新确定管网中的流量。具体校核方法详见 2.3.6 节的内容。

2.3　给水管网的水力计算

给水管网水力计算的任务:在最高时用水情况下,计算各管段的流量;确定各管段的管径和水头损失;进行整个管网的水力计算;确定水泵扬程和水塔高度;并在特殊用水情况下,对管网管径和水泵扬程进行校核。

输配水管网在整个给水工程投资中所占比例很大,一般为 $60\% \sim 80\%$,因此必须重视管网的布置、定线和管网的水力计算,以使管网更加经济合理,降低工程造价。

城镇给水管网的水力计算一般仅限于干管和连接管。对于改建和扩建管网,为简化计算,往往需要将实际管网进行适当简化,保留主要干管,略去一些次要的、管径较小的管段。但简化后的管网应基本能反映实际用水情况。

2.3.1　沿线流量和节点流量

城市给水管网由许多管段组成,沿线流量和节点流量是计算各管段流量的基础。

1. 沿线流量

城市给水管网的干管和分配管上连接着许多用户。这些用户既有工厂、机关、学校和宾馆等大量用水的单位,又有数量很多但用水量较小的居民,干管配水情况如图 2.2 所示。

图 2.2 中,干管除供沿线两旁为数较多的居民生活用水 q_1、q_2、q_3 等外,还要供给分配管流量 Q_1、Q_2、Q_3 等,还有可能给大用水户供应集中流量 Q_{J1}、Q_{J2} 等。

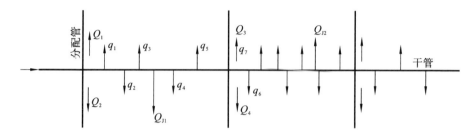

图 2.2　干管配水情况

用水点较多,用水量经常变化,按实际情况进行管网计算是非常繁杂的,而且在实际工程中也无必要。因此,在城市给水管网计算中用水情况被简化,假定居民生活用水总量均匀分布在全部干管中,由此算出单位管线长度上应流出的流量,该流量称为比流量,其计算公式见式(2.20)。

$$q_s = \frac{Q - \sum Q_J}{\sum l} \tag{2.20}$$

式中:q_s——比流量,L/(s·m);Q——管网总用水量,L/s;$\sum Q_J$——大用户集中用水量总和,L/s;$\sum l$——配水干管的有效长度(不包括穿越广场、公园等无建筑物地区的管线;只向一侧供水的管线,长度按一半计算),m。

最高用水时和最大转输时管网的总用水量是不同的,因而比流量也不同,应分别计算。此外,若城市内各区人口密度相差较大,也应根据各区的用水量和干管长度,分别计算其比流量。

根据比流量,就可计算供给某一管段两侧用户所需的流量,该流量称为沿线流量,其计算公式见式(2.21)。

$$q_l = q_s l \tag{2.21}$$

式中:q_l——该管段的沿线流量,L/s;q_s——比流量,L/(s·m);l——该管段的长度,m。

上述计算比流量和沿线流量的方法比较简单,但存在着一定的缺陷,即没有考虑到沿线供水人数的多少和用水量的差别,因此,计算出来的配水量可能与实际配水量存在一定差异。为接近实际配水情况,比流量也可按单位供水面积计算,其计算公式见式(2.22)。

$$q'_s = \frac{Q - \sum Q_J}{\sum A} \tag{2.22}$$

式中:q'_s——按单位面积计算的比流量,L/(s·m²);Q——管网总用水量, L/s;$\sum Q_J$——大用户集中用水量总和,L/s;$\sum A$——供水面积的总和,m²。

某一管段的沿线流量等于比流量与该管段供水面积的乘积。管段供水面积 可按划分等分角线的方法来计算。如图 2.3 所示,管段 1—2 负担的面积为 A_1 $+A_2$,管段 2—负担的面积为 A_3+A_4。一般地,在街区长边上的管段,其两侧供 水面积均为梯形;在街区短边上的管段,其两侧供水面积均为三角形。用面积比流 量法计算沿线流量虽然比较准确,但计算过程较复杂。对于干管分布比较均匀、干 管距离大致相等的管网,往往采用长度比流量法计算沿线流量,以简化计算。

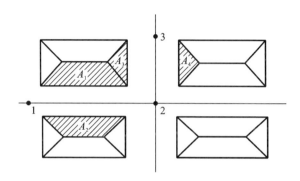

图 2.3　按等分角线划分供水面积

2. 节点流量

管网中任一管段的流量都由两部分组成:一部分是沿该管段配水的沿线流 量 q_1,另一部分是通过该管段输水到下游管段的转输流量 q_t。转输流量沿整个 管段不变;沿线流量由于沿线配水而沿水流方向逐渐减小,到管段末端,沿线流 量为零,如图 2.4 所示。管段中的流量是变化的(如果按计算比流量的假定,沿 线流量应为直线变化),故很难计算管径和水头损失。为简化计算,可将沿线流 量折算成从节点流出的集中流量,即节点流量。这样,沿管段不再有流量流出, 即管段中的流量不再沿线变化,就可根据这个不变的流量确定管径。

将沿线流量化成节点流量的原理是找到一个假想的沿线不变的折算流量 q,使它产生的水头损失与变流量所产生的水头损失相等(图 2.4)。这个不变的 折算流量 q 称为管段的计算流量,可用式(2.23)表示。

$$q = q_t + \alpha q_1 \tag{2.23}$$

式中:α——折算系数。

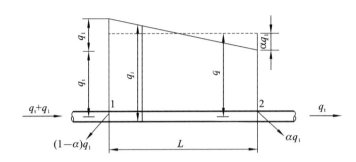

图 2.4　沿线流量折算成节点流量

注:L 为流量变化的管段

管段在管网中的位置不同,α 值也不同。通过推算,α 值在 0.5 左右。为便于计算,工程中通常统一采用 $\alpha=0.5$,即将沿线流量折半后作为管段两端的节点流量。

管网任意节点的节点流量 q_i 按式(2.24)计算。

$$q_i = \alpha \sum q_1 = 0.5 \sum q_1 \tag{2.24}$$

即任一节点 i 的节点流量等于与该节点相连各管段的沿线流量总和的一半。

在城市管网中,可将大用水户的接入点作为节点,将其所需的流量直接作为节点流量。这样,在管网计算图上就只有节点流量,包括由沿线流量折算的节点流量和大用水户的集中流量。

2.3.2　管段计算流量

在将沿线流量折算成节点流量后,就可根据各节点流量对各管段进行流量分配,并计算各管段通过的流量,即管段计算流量。在不同用水情况下,各节点流量是不同的,因而管段计算流量也不同。在设计中,应根据最高日最高时的管段计算流量确定管径。

在单水源的树状管网中,从水源供水到各节点只有一个流向,如果任一管段发生故障,该管段以后的地区就会断水,因此任一管段的流量等于该管段以后所有节点流量的总和。图 2.5 中,管段 2—3 和管段 4—8 的流量分别可用式(2.25)和式(2.26)计算。

$$q_{2-3} = q_3 + q_4 + q_5 + q_7 + q_8 + q_9 + q_{10} + Q_5 + Q_9 \tag{2.25}$$

$$q_{4-8} = q_8 + q_9 + q_{10} + Q_9 \tag{2.26}$$

可见,树状管网各管段的流量非常容易确定,不用人为进行分配,并且各管段只有唯一的流量值。

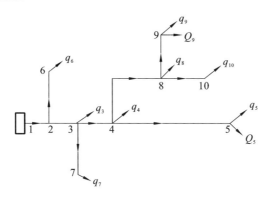

图 2.5　树状管网管段流量计算

环状管网的情况比较复杂。各管段流量与以后各节点流量没有直接关系,因而当管网形状和各节点流量确定后,为了满足各节点的水量要求,通过各管段的流量可以有许多分配方案。分配流量时,必须满足节点流量平衡关系(实际上,树状管网也满足此平衡关系),即流入某节点的流量必须等于流出该节点的流量,用公式表示为式(2.27)。

$$q_i + \sum q_{ij} = 0 \tag{2.27}$$

式中:q_i——节点 i 的节点流量(包括节点处的集中流量),L/s;q_{ij}——i、j 节点间的管段流量,L/s。

式(2.27)中流入和流出流量的符号可以任意假定,本书假定流出节点的流量为正,流入节点的流量为负,以图 2.6 中的节点 1 和节点 5 为例,则有式(2.28)和式(2.29)。

$$-Q + q_1 + q_{1-2} + q_{1-4} = 0 \tag{2.28}$$

$$q_5 + Q_5 + q_{5-6} + q_{5-8} - q_{2-5} - q_{4-5} = 0 \tag{2.29}$$

对于节点 1 来说,流入管网的总流量 Q 和节点流量 q_1 是已知的,但管段流量 q_{1-2} 和 q_{1-4} 可以有不同的分配方法,例如,两个流量相同,或一个很大、一个很小。其他管段流量分配也是如此。

管段流量分配的方案不同,所得各管段的管径就有可能不同,整个管网的工程总造价也会有所差异。研究表明,在流量分配时,为使环状管网中某些管段的流量为零,将环状管网改成树状管网,才能得到最经济的流量分配,即管网工程造价最低,但树状管网供水的安全可靠性差。因此,环状管网在进行流量分配

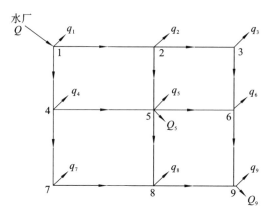

图 2.6　环状管网流量分配

时,应同时考虑经济性和可靠性。经济性是指在一定年限内管网的工程总造价和管理费用最小。可靠性是指能够不间断地向用户供水,并保证应有的水量、水压和水质。经济性和可靠性是一对矛盾,一般只能在满足可靠性的前提下,力争得到最经济的管径。在综合考虑经济性和可靠性后,可按如下步骤进行环状管网流量分配。

(1)选定整个管网的控制点,按照管网的主要供水方向,初步拟定各管段的水流方向。

(2)在二级泵站到控制点之间选定几条主要的平行干管,在它们中尽量均匀地分配流量,并满足节点流量平衡关系。这样,当其中一条干管损坏时,其他干管中的流量不会增加过多,可以保证安全供水。

(3)连接管的主要作用是将各干管连通,有的就近供水且平时流量不大,因而可分配较少的流量。但在干管损坏时连接管要传输较大的流量,因此管径不可过小。

对于多水源管网,应根据管网中各节点流量和每一水源的供水量,初步确定各水源的供水范围和供水分界线。然后从各水源开始,沿供水主流方向进行流量分配。供水分界线上各节点的流量,往往由几个水源同时提供。流量分配仍应满足节点流量平衡关系,并综合考虑可靠性和经济性。

管网进行流量分配后即可得出各管段的计算流量。

2.3.3　管径计算

给水管网计算的主要任务之一是确定管网中各管段的管径。管网中各管段

的管径应根据各管段的最高日最高时的计算流量来确定,见式(2.30)和
式(2.31)。

$$q_{ij} = Av = \frac{\pi}{4}D^2 v \tag{2.30}$$

$$D = \sqrt{\frac{4q_{ij}}{\pi v}} \tag{2.31}$$

式中:q_{ij}——最高日最高时的计算流量,$\mathrm{m^3/s}$;A——管段断面面积,$\mathrm{m^2}$;
v——流速,$\mathrm{m/s}$;D——管段直径,m。

从式(2.31)可知,管径的大小不仅与管段的计算流量有关,而且还与流速有
关,只知道流量是无法确定管径的,因此必须首先选定流速。

为防止管网因水锤现象而损坏,一般最大设计流速不超过 $3.0\ \mathrm{m/s}$;为避免
在管内沉积杂质,最小流速不小于 $0.6\ \mathrm{m/s}$。由此可见,在技术上允许的流速范
围是较大的,但还应从经济的角度,在上述范围内选择合适的流速。

从管径与流量、流速的关系式中可以看出:在流量不变的情况下,流速减小,
则管径增大,管网的造价提高,但管段中的水头损失减小,水泵的扬程也减小,日
常的输水电费可以降低;反之,流速增大,管径虽可减小,管网造价可降低,但管
段中的水头损失增加,水泵的日常输水费用增加。因此,应综合考虑管网造价和
日常输水费用,采用优化方法,求得流速的最优解,即求出在一定年限内(称为投
资偿还期)管网造价和管理费用(主要为输水电费)之和为最小的流速,该流速称
为经济流速。

设 C 为一次投资的管网造价;M 为每年管理费用,包括电费 M_1 及折旧大修
费 M_2,因 M_2 与管网造价有关,故可按管网造价的百分数计,表示为 $\dfrac{p}{100}C$,那么
在投资偿还期 t 年内的总费用 W_t 见式(2.32)。

$$W_t = C + tM = C + \left(M_1 + \frac{p}{100}C\right)t \tag{2.32}$$

式中:p——管网的折旧和大修费率,以管网造价的百分数计。

式(2.32)除以投资偿还期 t,则得年折算费用 W,即式(2.33)。

$$W = \frac{C}{t} + M = \left(\frac{1}{t} + \frac{p}{100}\right)C + M_1 \tag{2.33}$$

管网造价和管理费用都与管径有关,当流量已知时,流速的大小决定了管径
的大小,因此,管网造价和管理费用既可以用管径 D 的函数表示,也可以用流速
v 的函数表示。管网造价、管理费用及年折算费用与管径和流速的关系分别如

图 2.7 和图 2.8 所示。

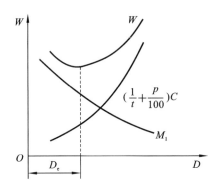

图 2.7 年折算费用与管径的关系

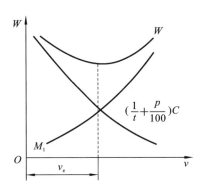

图 2.8 年折算费用与流速的关系

从图 2.8 中可以看出,年折算费用 W 值随管径和流速的改变而变化,均为下凹曲线,曲线中年折算费用值的最低点所对应的管径和流速分别为经济管径 D_e 和经济流速 v_e。

影响经济流速的因素很多,例如电费、管材价格、设计使用年限、折旧大修费的折算率等。我国各地区的电价、管材价格和施工费用等各不相同,因而经济流速也不同,不能盲目照搬其他地区的数据。此外,管网中每个管段的经济流速也是不相同的,这与该管段的流量、管网总流量、管网形状、该管段在管网中的位置等因素有关。因此,经济流速和管网的技术经济计算是相当复杂的。在实际工作中常采用平均经济流速来选择管径,选出的管径是近似的经济管径。平均经济流速的值:当 $D=100\sim400$ mm 时,$v_e=0.6\sim0.9$ m/s;当 $D\geqslant400$ mm 时,$v_e=0.9\sim1.4$ m/s。

一般大管径可取较大值,小管径可取较小值。

上述由经济流速确定经济管径的方法是指水泵供水时应采用的方法。重力供水时,由于水源水位可以满足给水区最不利点所需的水压,水在管内靠重力流动,不存在动力费用问题,因此求经济管径时,应充分利用现有水压(位置水头),使管网通过设计流量时的水头损失之和等于或略小于可以利用的水位差,这样可以使管网的造价最低。在水泵供水的管网中,非计算管路(相当于水压已知)的管径也应按此方法确定。当然在重力(或水压已知)供水时,管径的确定还应满足最大流速和最小流速的要求。

2.3.4　管道水头损失的计算

管道水头损失的计算是管网计算的主要任务之一。当各管段的设计流量和管径确定后,就可计算管道的水头损失。

1. 管(渠)道总水头损失

管(渠)道总水头损失可按式(2.34)计算。

$$h_z = h_y + h_j \tag{2.34}$$

式中:h_z——管(渠)道总水头损失,m;h_y——管(渠)道沿程水头损失,m;h_j——管(渠)道局部水头损失,m。

管(渠)道沿程水头损失和局部水头损失的计算公式分别为式(2.35)和式(2.36)。

$$h_y = il \tag{2.35}$$

$$h_j = \sum \zeta \frac{v^2}{2g} \tag{2.36}$$

式中:i——管(渠)道单位长度的水头损失或水力坡度;l——管段长度,m;ζ——管(渠)道局部水头损失系数;v——流速;g——重力加速度,m/s^2。

管(渠)道局部水头损失与管线的水平及竖向平顺等情况有关。根据国内几项大型输水工程的调查结果,《室外给水设计标准》(GB 50013—2018)条文说明中指出:一些工程在可行性研究阶段,根据管线的敷设情况,管(渠)道局部水头损失可按沿程水头损失的5%～10%计算。

配水管网水力平差计算中,配件和附件的局部水头损失比沿程水头损失小很多,因此,一般不考虑局部水头损失,只考虑沿程水头损失。但在配件和附件较多的地方,应计算局部水头损失,如水泵站内。

2. 管(渠)道沿程水头损失的计算方法

由式(2.35)可计算管(渠)道沿程水头损失,其中管段长度是已知的,因此只要知道水力坡度就可计算水头损失。水力坡度值应根据管材的具体情况选择相应的水力计算公式。

改革开放以来,我国给水工程所用管材发生了很大变化。灰口铸铁管已逐步被淘汰,塑料管材(如热塑性的聚氯乙烯管和聚乙烯管,以及热固性的玻璃纤维增强树脂夹砂管等)在给水工程中得到了广泛的应用。近年来,我国成功引进了大口径预应力钢筒管道生产技术,该种管材已广泛应用于输水工程中。此外,为防止腐蚀,应用历史较长的钢管已较普遍地采用水泥砂浆和涂料作为内衬。因此,《建筑给水排水设计标准》(GB 50015—2019)明确采用海曾-威廉公式作为各种管材的水力计算公式。而且,各种塑料管技术规程也规定了相应的水力计算公式。欧美国家采用的水力计算公式和配水管网计算软件,多采用海曾-威廉公式。该公式也在国内的一些给水工程实践中应用,效果较好。

根据国内外有关水力计算公式的应用情况和国内常用管材的种类与水流流态的状况,并考虑与相关规范(标准)在水力计算方面的协调,《室外给水设计标准》(GB 50013—2018)制定了三种类型的水力计算公式。

(1)塑料管及内衬与内涂塑料的钢管。

塑料管及内衬与内涂塑料的钢管的沿程水头损失通常按达西-魏斯巴赫公式计算,即式(2.37)。

$$h_y = \lambda \frac{l}{d_j} \frac{v^2}{2g} \tag{2.37}$$

式中:λ——沿程阻力系数[与管道的相对当量粗糙度(Δ/d_j)和雷诺数(Re)有关,其中 Δ 为管道当量粗糙度,mm];l——管段长度,m;d_j——管道计算内径,m;v——管道断面水流平均流速,m/s;g——重力加速度,m/s²。

达西-魏斯巴赫公式是一个半理论半经验的水力计算公式,适用于各种流态的管道和明渠。沿程阻力系数 λ 的计算,应根据不同情况选择相应的计算公式。《埋地硬聚氯乙烯给水管道工程技术规程》(CECS 17—2000)规定 λ 按布拉修斯公式计算,即式(2.38)。

$$\lambda = \frac{0.304}{Re^{0.239}} \tag{2.38}$$

《埋地塑料给水管道工程技术规程》(CJJ 101—2016)规定 λ 按柯尔勃洛克-怀特公式计算,即式(2.39)。

$$\frac{1}{\sqrt{\lambda}} = -2\lg\left(\frac{2.51}{Re\sqrt{\lambda}} + \frac{\Delta}{3.72d_j}\right) \tag{2.39}$$

Δ 值如表 2.10 所示。在层流中，$\lambda = 64/Re$，即 λ 仅与雷诺数有关，与管道粗糙度无关。

表 2.10　各种管道沿程水头损失水力计算参数(n、C_n、Δ)值

管道种类		粗糙系数 n	海曾-威廉系数 C_n	当量粗糙度 Δ/mm
钢管、铸铁管	水泥砂浆内衬	0.011~0.012	120~130	
	涂料内衬	0.0105~0.0115	130~140	—
	旧钢管、旧铸铁管（未做内衬）	0.014~0.018	90~100	
混凝土管	预应力混凝土管	0.012~0.013	110~130	
	预应力钢筒混凝土管	0.011~0.0125	120~140	
矩形混凝土管（渠）道（现浇）		0.012~0.014	—	—
化学管材（聚乙烯管、聚氯乙烯管、玻璃纤维增强树脂夹砂管等）内衬与内涂塑料的钢管		—	140~150	0.010~0.030

(2)混凝土管(渠)及采用水泥砂浆内衬的金属管道。

混凝土管(渠)及采用水泥砂浆内衬的金属管道的沿程水头损失通常根据谢才提出的均匀流公式(谢才公式)计算。谢才公式见式(2.40)和式(2.41)。

$$v = C\sqrt{Ri} \tag{2.40}$$

$$i = \frac{v^2}{C^2 R} = \frac{\lambda}{d_j}\frac{v^2}{2g} \tag{2.41}$$

其中

$$\lambda = 8g/C^2 \tag{2.42}$$

式中：v——管道断面水流平均流速，m/s；C——谢才系数，是反映沿程阻力变化规律的系数,通常由经验公式计算;R——管道的水力半径(圆管为 $R=d_j/4$),m;i——管道单位长度的水头损失;λ——阻力系数,依管材性质而定;d_j——管道计算内径,m;g——重力加速度,m/s^2。

水力坡度 i 也可用流量 q 表示,即式(2.43)。

$$i = \frac{v^2}{C^2 R} = \frac{q^2}{\left(\frac{\pi}{4} d_j{}^2\right)^2 C^2 \frac{d_j}{4}} = \frac{64}{\pi^2 C^2 d_j{}^5} q^2 = aq^2 \tag{2.43}$$

其中

$$a = \frac{64}{\pi^2 C^2 d_j^5} \tag{2.44}$$

式中:a——管道比阻。

因此,沿程水头损失公式可表示为式(2.45)。

$$h = alq^2 = sq^2 \tag{2.45}$$

其中

$$s = al \tag{2.46}$$

式中:s——管道摩阻,s^2/m^5。

沿程水头损失的一般公式为式(2.47)。

$$h = alq^n = sq^n \tag{2.47}$$

式中:n——指数,谢才公式中取指数 $n=2$,故可得式(2.45)。

谢才公式中的谢才系数 C 可按巴甫洛夫斯基的经验公式计算,即式(2.48)和式(2.49)。

$$C = \frac{1}{n} R^y \tag{2.48}$$

$$y = 2.5\sqrt{n} - 0.13 - 0.75(\sqrt{n} - 0.1)\sqrt{R} \tag{2.49}$$

式中:n——管壁粗糙系数,见表 2.10;R——水力半径;y——指数。

式(2.49)适用于 $0.1 \leqslant R \leqslant 3.0$ 且 $0.011 \leqslant n \leqslant 0.040$ 的情况。

进行管道水力计算时,y 也可采用 1/6,即 C 值按以下曼宁公式计算,见式(2.50)。

$$C = \frac{1}{n} R^{\frac{1}{6}} \tag{2.50}$$

在设计中,混凝土管(渠)及采用水泥砂浆内衬的金属管道一般按曼宁公式计算。混凝土管和钢筋混凝土管的 n 值常采用 $0.012 \sim 0.013$,因此,根据式(2.50)和式(2.43)可得出以下公式。

当 $n=0.013$ 时,有式(2.51)。

$$\left.\begin{array}{c} i = 0.001743 \dfrac{q^2}{d_j^{5.33}} \\[3mm] a = \dfrac{0.001743}{d_j^{5.33}} \end{array}\right\} \tag{2.51}$$

当 $n=0.012$ 时,有式(2.52)。

$$\left.\begin{array}{c} i = 0.001482 \dfrac{q^2}{d_j^{5.33}} \\[3mm] a = \dfrac{0.001482}{d_j^{5.33}} \end{array}\right\} \tag{2.52}$$

式中:i——管道单位长度的水头损失;q——管道设计流量,m^3/s;d_j——管道计算内径,m;a——管道阻比。

上述公式中的管道比阻 a 值可根据不同的 n 值和 d_j 值列成表格,水力计算时可通过查表直接求出 a 值。

谢才公式本身适用于管道和明渠的各阻力区的水力计算。但是如果应用式(2.48)和式(2.50)计算谢才系数,这两个公式中不包含流速和黏滞系数,即与雷诺数无关,因此,谢才公式就仅适用于紊流阻力平方区。输配水管道的水流大多处于紊流状态。

(3)输配水管道、配水管网水力平差计算。

输配水管道、配水管网水力平差计算均可采用海曾-威廉公式,即式(2.53)。

$$i = \frac{10.67 q^{1.852}}{C_n^{1.852} d_j^{4.87}} \tag{2.53}$$

式中:C_n——海曾-威廉系数,与管道材料有关,如表 2.10 所示。其余符号意义同前。

按照海曾-威廉公式,$h_y = il = alq^{1.852} = sq^{1.852}$,即沿程水头损失,一般式(2.47)中的 $n=1.852$。

2.3.5　树状管网的水力计算

城镇配水管网宜设计成环状,当允许间断供水时,可设计为树状。多数小城镇和工业企业在建设初期往往采用树状给水管网,随着城市及企业的发展和用水量的提高,根据需要再逐步连接成环状管网。

由单一水源供水的树状管网,流向任一节点的水流方向只有一个,任何管段的流量也只有一个,因此其水力计算比较简单。树状管网水力计算的步骤如下。

（1）计算比流量和各节点流量。

（2）从距二级泵站最远的管网末梢的节点开始，利用节点流量平衡关系，逐个向二级泵站推算每个管段的流量。

（3）确定管网的最不利点，从最不利点到二级泵站的管路为主干线（或称为计算管路）。有时最不利点不明显，可初选几个点作为管网的最不利点。

（4）根据管段流量和经济流速，选出主干线上各管段的管径，并计算各管段的水头损失。

（5）计算整个主干线的总水头损失，并计算二级泵站所需扬程或水塔所需高度（若初选了几个点作为最不利点，则使二级泵站所需扬程最大的管路为主干线，相应的点为最不利点）。

（6）主干线计算完成后，进行各支线管路水力计算。主干线上各节点（包括接出支线处节点）的水压标高（等于节点处地面标高加服务水头，可由最不利点起逐点推算出）已知，因此，支线计算属于起点水压和终点水压（等于终点地面标高加最小服务水头）均已知的类型。计算时将支线起点和终点的水压标高差除以支线长度，即可得支线的水力坡降，再根据支线每一管段的流量并参照该水力坡降选定相近的标准管径。

以上为整个管网的终点水压已知而起点水压未知的树状管网的计算步骤。若起点水压也已知，则计算方法与上述支线计算方法相同。

2.3.6 环状管网的水力计算

1. 环状管网的计算原理

（1）环状管网计算的基础方程。

①管段数、节点数和基环数之间的关系。

对于任何环状管网，管段数 P、节点数 J（包括泵站、水塔、高地水池等水源节点）和基环数 L 之间存在下列关系，见式（2.54）。

$$P = J + L - 1 \qquad (2.54)$$

如图 2.9(a) 所示的环状管网，$P=13$，$J=10$，$L=4$，符合式（2.54）的关系。在图 2.9(b) 中，高峰供水时，由泵站和水塔同时向管网供水，计算时可增加虚节点 0 和虚管段 0—1，0—10，并构成虚环 V，此时 $P=15$，$J=11$，$L=5$，仍符合式（2.54）的关系。

对于树状管网，因环数 $L=0$，故 $P=J-1$。

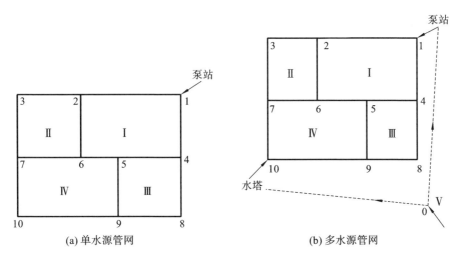

(a) 单水源管网　　　　　　　(b) 多水源管网

图 2.9　环状管网的管段数、节点数和基环数

②环状管网计算的基础方程。

环状管网计算时必须满足质量守恒定律和能量守恒定律。由这两个定律得出的连续性方程和能量方程是环状管网计算的基础方程。

连续性方程是指对任一节点来说,流向该节点的流量必须等于流出该节点的流量,即应满足式(2.27)表达的节点流量平衡关系。若某个管网有 J 个节点,因其中任一节点的连续性方程可由其他方程导出,故可写出 $J-1$ 个独立的连续性方程,即有式(2.55)。

$$
\left.
\begin{aligned}
\left(q_i + \sum q_{ij}\right)_1 &= 0 \\
\left(q_i + \sum q_{ij}\right)_2 &= 0 \\
&\cdots \\
\left(q_i + \sum q_{ij}\right)_{J-1} &= 0
\end{aligned}
\right\}
\tag{2.55}
$$

式中:下标 ij 表示从节点 i 到节点 j 的管段;1,2,…,J 表示各节点编号。

能量方程是指在环状管网的任一闭合环内各管段水头损失的代数和等于零,即式(2.56)。

$$
\sum h_{ij} = 0 \tag{2.56}
$$

本书规定,水流沿顺时针方向的管段,水头损失为正;沿逆时针方向的管段,水头损失为负。若某个管网有 L 个环,则可列出 L 个能量方程,见式(2.57)。

$$\left.\begin{array}{c} \sum (h_{ij})_{I} = 0 \\ \sum (h_{ij})_{II} = 0 \\ \cdots \\ \sum (h_{ij})_{L} = 0 \end{array}\right\} \tag{2.57}$$

式中：Ⅰ，Ⅱ，…，L 分别为管网中各环的编号。

根据水头损失与流量的关系式(2.47)，能量方程还可写为式(2.58)。

$$\sum (s_{ij}q_{ij}^{n}) = 0 \tag{2.58}$$

式(2.58)中，对于谢才公式 $n=2$，对于海曾-威廉公式 $n=1.852$。

(2)环状管网计算的基本方法和原理。

环状管网计算时，节点流量、管段长度、管径和阻力系数等均已知，需要求解的是管网各管段的流量和水头损失(或节点水压)。求解时可采用解环方程组、解节点方程组和解管段方程组三种方法。

①解环方程组法。

解环方程组法是以管网中每环的校正流量为未知变量进行求解的方法。

该法首先对管网进行初步流量分配，分配后各节点已满足连续性方程，但由初步分配的管段流量所求出的管段水头损失并不一定同时满足 L 个环的能量方程，即各环的水头损失代数和不一定等于零，这样各环就产生了水头损失闭合差(即水头损失的代数和)Δh。为此，必须调整各管段的流量，方法是求出各环的校正流量 Δq，将环中原来流量小(水头损失小)的管段增加 Δq，原来流量大(水头损失大)的管段减少 Δq。流量调整后再计算检验各环是否满足能量方程(即每个环中顺时针和逆时针方向各管段中的水头损失之和趋于相等)。若不满足，则再求出各环的第二次校正流量 Δq，如此反复调整，直至各环满足能量方程(Δh 小于规定的数值)，从而得出各管段的流量和水头损失。

由于环数少于节点数和管段数，环方程数目较节点方程和管段方程数目少。解环方程组法是手工计算的主要方法，而哈代-克罗斯法是其中最常用的一种方法，这种方法将在后面详细介绍。

②解节点方程组法。

解节点方程组法是以管网中各节点水压值为未知数进行求解的一种方法。节点水压求出后，就可求出两节点间管段的水头损失，再根据流量和水头损失之间的关系求出各管段流量。其解题思路如下。

列出 $J-1$ 个节点连续性方程，流量和水头损失及节点水压之间存在下列关系（设 $n=2$），见式（2.59）。

$$\left.\begin{array}{l} h_{ij} = H_i - H_j \\ h_{ij} = s_{ij} q_{ij}^2 \end{array}\right\} \tag{2.59}$$

故有式（2.60）。

$$q_{ij} = \left(\frac{h_{ij}}{s_{ij}}\right)^{\frac{1}{2}} = \left(\frac{H_i - H_j}{s_{ij}}\right)^{\frac{1}{2}} \tag{2.60}$$

可将 $J-1$ 个连续性方程中的管段流量 q_{ij} 用管段两端的节点水压 H_i 和 H_j 表示，这样，在 $J-1$ 个连续性方程中就只含有 $J-1$ 个节点水压未知数（在 J 个节点中，必有一个节点的水压是已知的，如控制点或水源点），解此方程组，就可得出各节点水压值，从而求出各管段水头损失和管段流量。

由于上述 $J-1$ 个节点方程是非线性的，无法直接求解，实际求解时往往采用逐步逼近法，工程上常用的方法为哈代-克罗斯法，其具体步骤如下。

a. 根据已知的控制点的水压标高（或泵站的水压标高），假定其他各节点的初始水压，并应满足能量方程。假定的初始水压越接近实际水压，则计算时收敛越快。

b. 根据 $h_{ij} = H_i - H_j$ 和 $h_{ij} = s_{ij} q_{ij}^2$ 的关系，求出管段流量，即式（2.60）。

c. 假定流入节点的流量为负，流出节点的流量为正，验算每一节点的流量是否满足连续性方程 $q_i + \sum q_{ij} = 0$，若不等于零，则按式（2.61）求出节点 i 的水压校正值 ΔH_i。

$$\Delta H_i = \frac{-2\Delta q_i}{\sum \dfrac{1}{\sqrt{s_{ij} h_{ij}}}} = \frac{-2\left(q_i + \sum q_{ij}\right)}{\sum \dfrac{1}{\sqrt{s_{ij} h_{ij}}}} \tag{2.61}$$

式中：Δq_i——任一节点 i 的流量闭合差。其余符号意义同前。

d. 除水压已定的节点外，其他各节点均按各自的 ΔH_i 校正水压。根据新的水压，重复上述计算步骤，直到所有节点满足连续性方程，即 Δq_i 达到预定的精度为止。

应用计算机求解给水管网时，往往采用解节点方程组法，程序设计可参考其他有关书籍。

③解管段方程组法。

解管段方程组法是以管网中各管段流量为未知数进行求解的一种方法。其解题思路是，同时列出 $J-1$ 个连续性方程和 L 个能量方程，共计 P 个方程，含有 P 个未知的管段流量，解此联立方程组，即可求出管网中 P 个管段的流量。

由各管段流量可求出各管段的水头损失。

因连续性方程是线性方程,而能量方程是非线性方程,故上述联立方程组无法直接求解,为此,可用线性理论法先将 L 个能量方程转化为线性方程,方法是设管段的水头损失 h_{ij} 近似表示为式(2.62)。

$$h_{ij} = \{ s_{ij} [q_{ij}^{(0)}]^{n-1} \} q_{ij} = c_{ij} q_{ij} \tag{2.62}$$

式中:s_{ij}——管段摩阻;$q_{ij}^{(0)}$——管段的初始假设流量;c_{ij}——系数;q_{ij}——待求的管段流量。

联立求解 $J-1$ 个连续性方程和已线性化的能量方程,可求出各管段的待求流量 $q_{ij}^{(1)}$,重新计算各管段的 c_{ij} 和 h_{ij},检查是否符合能量方程(即检查各环的 $\sum h_{ij} = \sum s_{ij} [q_{ij}^{(1)}]^{n}$ 是否等于零或小于允许的误差),若不符合,则以 $q_{ij}^{(1)}$ 为新的初始流量,求待求流量 $q_{ij}^{(2)}$,如此反复计算,直到各环的闭合差达到要求的精度或前后两次计算所得的管段流量之差小于允许误差时为止,即得各管段流量。该方法可设全部初始流量 $q_{ij}^{(0)} = 1$。此外,经过两次迭代后,初始流量可采用前两次解的平均值。如果 $q_{ij}^{(2)}$ 求出后,仍不满足能量方程,则以 $[q_{ij}^{(1)} + q_{ij}^{(2)}]/2$ 作为新的初始流量去求待求流量 $q_{ij}^{(3)}$。

解管段方程组法涉及的方程数目多,故宜用计算机进行计算。

2.环状管网的水力计算方法

下面主要介绍解环方程组法。

(1)环状管网的计算步骤。

①环状管网定线后,确定管网节点和节点间各管段的计算长度。按照最高日最高时流量计算管网的集中流量、比流量、沿线流量和节点流量。

②初步拟定环状管网各管段的水流方向,应使传输流量沿最短路线供至最远地区。根据输入管网的总流量,并考虑供水可靠性要求,对整个管网进行流量分配,此时各节点应满足节点流量平衡关系。

③根据初步分配的流量,按平均经济流速,也可按界限流量或经济管径与流量的关系式,选择市售标准规格的管径。此外,确定管径时还应满足消防、事故和传输时的水量、水压,因此某些管段的管径要适当放大。

④进行管网水力计算,即解环方程组,也就是在按初步分配流量确定管径的基础上,计算各管段的水头损失,若各环不能同时满足能量方程,则应重新分配各管段的流量,反复计算,直到同时满足连续性方程和能量方程时为止。这一计

算过程称为环状管网平差。环状管网平差是环状管网计算的中心工作,通过平差可以求得各管段的真实流量。环状管网平差的具体步骤如下。

　　a. 根据每一管段的管径、流量和管长,计算每一管段的水头损失 h_{ij}。

　　b. 按照水头损失正负号的规定(水流顺时针时为正,逆时针时为负),计算各环水头损失闭合差 $\sum h_{ij}$。

　　c. 当某个环的 $\sum h_{ij} \neq 0$ 时,说明原来假定的管段流量有误差,必须进行修正。根据 $\sum h_{ij}$ 的大小和正负号,计算每一环流量的修正值 Δq。

　　d. 重新计算每个管段修正后的流量。

　　e. 在管径不变的基础上(若管径选得不合理时可以改变),重复上述步骤,直到每个环的闭合差达到要求。一般手工计算时,小环的闭合差小于 0.5 m,大环的闭合差小于 1.0 m。计算机计算时,闭合差可以达到任何要求的精度,但通常采用 0.01~0.05 m。

　　⑤根据平差的最后结果,计算各管段的水头损失,并计算水泵扬程、水塔高度,画出管网等水压线图。

　　(2)解环方程组的常用方法。

　　①哈代-克罗斯法。

　　哈代-克罗斯法又称为洛巴切夫法,是渐进法的应用。下面以图 2.10 为例,说明哈代-克罗斯法的计算方法。

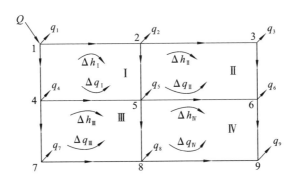

图 2.10　环状管网的校正流量计算

　　设管网中各节点流量已确定,各管段初步分配的流量 q_{ij} 已拟定,并根据 q_{ij} 求得了所有管段的管径和管段摩阻 s_{ij}。取水头损失公式 $h = sq^n$ 中的 $n=2$,计算各环中水头损失的闭合差 Δh,见式(2.63)。

$$\left. \begin{aligned} \Delta h_{\text{I}} &= s_{1-2} q_{1-2}^2 + s_{2-5} q_{2-5}^2 - s_{1-4} q_{1-4}^2 - s_{4-5} q_{4-5}^2 \\ \Delta h_{\text{II}} &= s_{2-3} q_{2-3}^2 + s_{3-6} q_{3-6}^2 - s_{2-5} q_{2-5}^2 - s_{5-6} q_{5-6}^2 \\ \Delta h_{\text{III}} &= s_{4-5} q_{4-5}^2 + s_{5-8} q_{5-8}^2 - s_{4-7} q_{4-7}^2 - s_{7-8} q_{7-8}^2 \\ \Delta h_{\text{IV}} &= s_{5-6} q_{5-6}^2 + s_{6-9} q_{6-9}^2 - s_{5-8} q_{5-8}^2 - s_{8-9} q_{8-9}^2 \end{aligned} \right\} \tag{2.63}$$

若各环的 $\Delta h \neq 0$，表明分配的流量不能满足能量方程；若 $\Delta h > 0$，表明顺时针方向的流量分配过多；若 $\Delta h < 0$，表明逆时针方向的流量分配过多。这样在 $\Delta h \neq 0$ 的环内就必须引入校正流量 Δq 来校正环内各管段的流量。校正流量 Δq 的方向应与水头损失闭合差 Δh 的方向相反，校正后应使 $\Delta h = 0$。

现假设四个环的校正流量分别为 Δq_{I}、Δq_{II}、Δq_{III} 和 Δq_{IV}，方向均与各环的 Δh 相反。对各管段的流量进行修正：在流量过大的管段上减去校正流量，在流量过小的管段上加上校正流量。两环相邻的共有管段应同时考虑两环的校正流量。流量校正后，列出四个环的能量方程，即式(2.64)。

$$\left. \begin{aligned} &s_{1-2}(q_{1-2} - \Delta q_{\text{I}})^2 + s_{2-5}(q_{2-5} - \Delta q_{\text{I}} + \Delta q_{\text{II}})^2 \\ &\quad - s_{1-4}(q_{1-4} + \Delta q_{\text{I}})^2 - s_{4-5}(q_{4-5} + \Delta q_{\text{I}} - \Delta q_{\text{III}})^2 = 0 \\ &s_{2-3}(q_{2-3} - \Delta q_{\text{II}})^2 + s_{3-6}(q_{3-6} - \Delta q_{\text{II}})^2 \\ &\quad - s_{2-5}(q_{2-5} + \Delta q_{\text{II}} - \Delta q_{\text{I}})^2 - s_{5-6}(q_{5-6} + \Delta q_{\text{II}} - \Delta q_{\text{IV}})^2 = 0 \\ &s_{4-5}(q_{4-5} - \Delta q_{\text{III}} + \Delta q_{\text{I}})^2 + s_{5-8}(q_{5-8} - \Delta q_{\text{III}} + \Delta q_{\text{IV}})^2 \\ &\quad - s_{4-7}(q_{4-7} + \Delta q_{\text{III}})^2 - s_{7-8}(q_{7-8} + \Delta q_{\text{III}})^2 = 0 \\ &s_{5-6}(q_{5-6} - \Delta q_{\text{IV}} + \Delta q_{\text{II}})^2 + s_{6-9}(q_{6-9} - \Delta q_{\text{IV}})^2 \\ &\quad - s_{5-8}(q_{5-8} + \Delta q_{\text{IV}} - \Delta q_{\text{III}})^2 - s_{8-9}(q_{8-9} + \Delta q_{\text{IV}})^2 = 0 \end{aligned} \right\} \tag{2.64}$$

将式(2.64)按二项式定理展开，并略去 $\Delta q_i \Delta q_j$ 项和 Δq_i^2 项，整理后的环 I 的能量方程如式(2.65)所示。

$$\begin{aligned} &(s_{1-2} q_{1-2}^2 + s_{2-5} q_{2-5}^2 - s_{1-4} q_{1-4}^2 - s_{4-5} q_{4-5}^2) \\ &\quad + 2 \sum (sq)_{\text{I}} \Delta q_{\text{I}} - 2 s_{2-5} q_{2-5} \Delta q_{\text{II}} - 2 s_{4-5} q_{4-5} \Delta q_{\text{III}} = 0 \end{aligned} \tag{2.65}$$

式(2.65)括号内为在初步分配流量时，在环 I 中产生的水头损失闭合差 Δh_{I}。因此，各环的能量方程整理如式(2.66)所示。

$$\left. \begin{aligned} \Delta h_{\text{I}} + 2 \sum (sq)_{\text{I}} \Delta q_{\text{I}} - 2 s_{2-5} q_{2-5} \Delta q_{\text{II}} - 2 s_{4-5} q_{4-5} \Delta q_{\text{III}} = 0 \\ \Delta h_{\text{II}} + 2 \sum (sq)_{\text{II}} \Delta q_{\text{II}} - 2 s_{2-5} q_{2-5} \Delta q_{\text{I}} - 2 s_{5-6} q_{5-6} \Delta q_{\text{IV}} = 0 \\ \Delta h_{\text{III}} + 2 \sum (sq)_{\text{III}} \Delta q_{\text{III}} - 2 s_{4-5} q_{4-5} \Delta q_{\text{I}} - 2 s_{5-8} q_{5-8} \Delta q_{\text{IV}} = 0 \\ \Delta h_{\text{IV}} + 2 \sum (sq)_{\text{IV}} \Delta q_{\text{IV}} - 2 s_{5-6} q_{5-6} \Delta q_{\text{II}} - 2 s_{5-8} q_{5-8} \Delta q_{\text{III}} = 0 \end{aligned} \right\} \tag{2.66}$$

式中：$\sum(sq)_i$——该环内各管段的 $|sq|$ 值总和。

解上述方程组，就可求出待求的校正流量 Δq_i，但当环数目较多时，计算是很烦琐的。哈代-克罗斯法采用以下逐次渐进法，求得 Δq_i 值。

为简化计算，忽略环与环之间的相互影响，即每环调整流量时，不考虑邻环校正流量的影响，即将式(2.66)中的后两项忽略，这样可得到基环的校正流量公式，见式(2.67)。

$$\left.\begin{aligned}
\Delta q_{\text{I}} &= -\frac{\Delta h_{\text{I}}}{2\sum(s_q)_{\text{I}}}\\[6pt]
\Delta q_{\text{II}} &= -\frac{\Delta h_{\text{II}}}{2\sum(s_q)_{\text{II}}}\\[6pt]
\Delta q_{\text{III}} &= -\frac{\Delta h_{\text{III}}}{2\sum(s_q)_{\text{III}}}\\[6pt]
\Delta q_{\text{IV}} &= -\frac{\Delta h_{\text{IV}}}{2\sum(s_q)_{\text{IV}}}
\end{aligned}\right\} \tag{2.67}$$

则通式为式(2.68)。

$$\Delta q_i = -\frac{\Delta h_i}{n\sum|sq^{n-1}|_i} \tag{2.68}$$

在式(2.68)中，对于谢才公式 $n=2$，对于海曾-威廉公式 $n=1.852$。

根据初步分配的流量和各环的水头损失闭合差，可以得到第一次的校正流量 $\Delta q_i^{(0)}$，据此调整各管段的流量，凡是流向和校正流量方向相同的管段，加上校正流量，否则减去校正流量。每次调整流量后，可以自动满足节点流量平衡关系。第一次校正后的管段流量 $q_{ij}^{(1)}$ 为式(2.69)。

$$q_{ij}^{(1)} = q_{ij}^{(0)} + \Delta q_{\text{s}}^{(0)} - \Delta q_{\text{n}}^{(0)} \tag{2.69}$$

式中：$q_{ij}^{(0)}$——某管段初次分配的流量；$\Delta q_{\text{s}}^{(0)}$——本环的初次校正流量；$\Delta q_{\text{n}}^{(0)}$——邻环的初次校正流量。

按 $q_{ij}^{(1)}$ 再进行计算，如果闭合差仍未达到要求的精度，则再求出第二次的校正流量，反复计算，直到每环的闭合差达到要求为止。

环状管网平差完成后，根据控制点的地形标高和要求的最小服务水头，可计算出控制点的水压标高，再根据各管段的水头损失，可逐一推出各节点的水压标高。根据各节点的水压标高，可在管网平面图上用插值法按比例绘出等水压线。由各节点的水压标高减去地面标高得到各节点的自由水压标高，在管网平面图上也可绘出等自由水压线。

②最大闭合差的环校正法。

最大闭合差的环校正法与哈代-克罗斯法的不同之处在于,不必逐环平差,而选闭合差大的环或构成大环进行平差。应用该法可以减少平差工作量。

该法首先按初步分配的流量求出各环闭合差的大小和方向,然后选择闭合差大的一个环或将闭合差较大且方向相同的相邻基环连成大环进行平差。对于环数较多的管网,有时可以连成几个大环进行平差。平差后,与大环闭合差异号的各邻环闭合差会同时减小,这样可以加快平差速度。但要注意的是,不能将闭合差方向不同的几个基环连成一个大环,否则将出现与大环闭合差方向相反的基环的闭合差反而增大的情况,致使计算不能收敛。

以图 2.11 为例,各基环闭合差方向如图所示。假设环Ⅰ、Ⅱ、Ⅳ的闭合差较大,由于它们的方向相同,可连成一个大环进行平差。大环闭合差的方向与这几个小环相同,为顺时针方向,闭合差值等于这几个小环闭合差值之和,即式(2.70)。

$$\Delta h_{大} = h_{1-2} + h_{2-3} + h_{3-7} + h_{6-10} - h_{6-7} - h_{9-10} - h_{5-9} - h_{1-5}$$
$$= \Delta h_{Ⅰ} + \Delta h_{Ⅱ} + \Delta h_{Ⅳ} \tag{2.70}$$

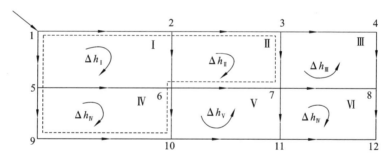

图 2.11 最大闭合差的环校正法

校正流量值 $\Delta q_{大}$ 可按式(2.68)求解,有经验者可凭经验拟定。$\Delta q_{大}$ 与 $\Delta h_{大}$ 方向相反,所以为逆时针方向。应在大环的顺时针方向管段减去校正流量,逆时针方向管段加上校正流量。流量调整后,大环闭合差将减小,相应地环Ⅰ、Ⅱ、Ⅳ的闭合差随之减小。同时,与大环相邻的、闭合差与大环相反的环Ⅲ、Ⅴ,因受到大环流量校正的影响,流量也将发生变化。例如,环Ⅲ中的管段 3—7 减小了校正流量,环Ⅴ中的管段 6—7 增加了校正流量,管段 6—10 减小了校正流量,其结果是环Ⅲ、Ⅴ的闭合差都减小,因而环状管网平差工作量减小。如果第一次校正后各环的闭合差仍未达到要求,则按校正后的闭合差大小和方向重新选择大环继续计算,直到各环闭合差达到要求为止。

3. 多水源管网的计算

以上主要讨论了单水源管网的计算方法。对于供水区域不大、供水安全性要求不高的地区可采用单水源供水。但对于大中城市,若有不止一个可利用的水源,应尽量采用多水源供水,以加强供水的安全性。

(1)多水源供水的特点及虚环概念。

多水源(包括水塔、高地水池等)管网与单水源管网的计算基本方程是相同的,即应满足连续性方程和能量方程,但同时多水源管网又有其特殊性:每一水源的供水量,不仅取决于管网所需水量,还随各水源的水压及管网中的水头损失而变化,因而各水源之间存在流量分配问题。这样在多水源供水时,就可能存在以下两种工作情况(以设置对置水塔的图 2.12 为例)。

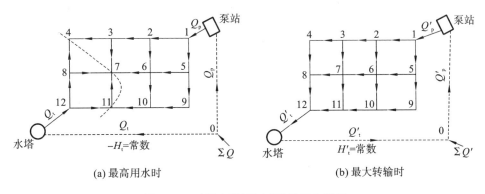

图 2.12　对置水塔(两水源)的工作情况

①在最高用水时,由几个水源同时向管网供水,各水源有各自的供水区,形成供水分界线。假定沿线流量都在节点出流,所以供水分界线必须通过节点。在供水分界线上水压最低,因此,供水分界线上的节点流量,一部分由泵站供给,一部分由水塔供给。在图 2.12(a)中,虚线为供水分界线。

②在设置对置水塔时,由于一天内有若干小时二级泵站的供水量大于用水量,多余的水通过整个管网转输入水塔储存,形成最大转输供水情况,这时两水源管网成为单水源管网,不存在供水分界线,如图 2.12(b)所示。

无论何种工作情况,都可应用虚环的概念将多水源管网转化为单水源管网。所谓虚环就是首先设置一个虚节点(位置可任意选定),假设它为各水源供水量的汇合点,然后将各水源与虚节点用虚线连接成环。在图 2.12 中,虚环由虚节点 0、0 点到泵站和水塔的虚管段以及泵站到水塔之间的实管段(泵站—1—5—

9—10—11—12—水塔的管段)组成。这样多水源管网就可看成是只从虚节点 0 供水的单水源管网。

从图 2.12 中看出,两水源供水时可形成一个虚环。一般地,虚环数等于水源数减去 1。

(2)虚环计算。

虚环计算应满足下列条件。

①满足连续性方程。

在最高用水时,泵站和水塔均向管网供水。因此,从虚节点流向泵站的流量即为泵站的供水量 Q_p,从虚节点流向水塔的流量即为水塔的供水量 Q_t。在最大传输时,泵站的供水量 Q_p 除满足管网的需求外,多余的水量 Q'_t 成为传输流量进入水塔,并经虚管段流向虚节点 0。无论何种工作情况,虚节点都应满足节点流量平衡关系,即满足连续性方程。设流量正负号的规定与前面的规定一致,则两种工作情况下虚节点 0 的流量平衡方程如下。

a.最高用水时,有式(2.71)。

$$Q_p + Q_t = \sum Q \tag{2.71}$$

式中:Q_p 和 Q_t 分别为最高用水时水泵和水塔的供水量;$\sum Q$——最高用水时管网用水量。

b.最大传输时,有式(2.72)。

$$Q'_p = Q'_t + \sum Q' \tag{2.72}$$

式中:Q'_p——最大传输时泵站的供水量;Q'_t——最大传输时进入水塔的流量(即转输流量);$\sum Q'$——最大传输时管网用水量。

②满足能量方程。

虚管段中实际上没有流量,因此不考虑摩阻,只考虑按某一基准面算起的水泵扬程和水塔水压。水压符号规定如下:流入虚节点的管段,水压为正;流出虚节点的管段,水压为负。两种工作情况时虚管段的水压符号如图 2.12 所示,虚环应满足的能量方程如下。

a.最高用水时,有式(2.73)或式(2.74)。

$$-(-H_p) - \sum h_p + \sum h_t + (-H_t) = 0 \tag{2.73}$$

$$H_p - \sum h_p + \sum h_t - H_t = 0 \tag{2.74}$$

式中:H_p——最高用水时的泵站水压,kPa,随泵站的供水量而变化;

$\sum h_p$——从泵站到供水分界线上控制点的任意一条管线的总水头损失，kPa；

$\sum h_t$——从水塔到供水分界线上控制点的任意一条管线的总水头损失，kPa；

H_t——水塔的水位标高，kPa。

b. 最大传输时，有式（2.75）。

$$H'_p - \sum h' - H'_t = 0 \qquad (2.75)$$

式中：H'_p——最大转输时的泵站水压，kPa；$\sum h'$——最大传输时从泵站到水塔的总水头损失，kPa；H'_t——最大转输时的水塔水位标高，kPa。

③满足各水源供水至供水分界线处的水压应相同。

各水源供水至供水分界线处的水压应相同是指各水源到分界线上节点间的水头损失之差应等于水源的水压差，如式（2.74）和式（2.75）所示。

以上介绍了虚环计算时应满足的条件。多水源管网计算时应把虚环和实环作为一个管网整体，即虚环和实环同时计算。多水源管网闭合差和校正流量的计算方法同单水源管网。

2.3.7　输水管计算

输水管有原水输水管（渠）和清水输水管两种。

输水管的基本任务是保证不间断输水。因此，输水管一般需平行敷设两条，或敷设一条输水管同时设置有一定容量的蓄水池。允许间断供水或多水源供水的管网，可以只设一条输水管。

原水输水管（渠）的设计流量，应按管网最高日平均时用水量加水厂自用水量确定。远距离输水时，输水管（渠）的设计流量还应考虑管渠漏失水量。

清水输水管的设计流量，当管网内无调节构筑物时，应按最高日最高时用水量确定；当管网内有调节构筑物时，应按最高日最高时用水条件下，由水厂所供应的水量确定。

输水管的计算就是要确定管径、水头损失及输水管的分段数。当输水量确定后，应根据水源位置、供水可靠性要求、地形和地质条件以及输水管上应设置的附属构筑物等因素，经技术经济比较后，确定输水管的条数，进而确定管（渠）断面尺寸，并求出管道的水头损失。本节主要介绍输水管分段数的计算方法。

1. 重力供水时的压力输水管

水源在高地时，若水源水位与水厂内第一个水处理构筑物水位的高差足以克服两者之间管道的水头损失,则可利用水源水位向水厂重力供水。下面讨论重力供水时由几条平行管线组成的压力输水管系统。

设水源水位标高为 Z_1,水厂内第一个水处理构筑物的水位标高为 Z_2,两者的水位差 $H=Z_1-Z_2$。H 称为位置水头,用以克服输水管的水头损失。平行敷设的管道为 n 条,管道之间互不连通,正常输水时的水量为 Q,若各管道直径相同,则正常输水时每条管道的流量为 Q/n。若每条管道的长度也相同,并且沿程水头损失按式(2.45)计算,则该输水系统的水头损失 h 为式(2.76)。

$$h = s \left(\frac{Q}{n}\right)^2 = \frac{s}{n^2}Q^2 \tag{2.76}$$

式中:s——每条管道的摩阻。

设 Q_a 为管道损坏时须保证的流量或允许的事故流量,那么当一条管道损坏时,该系统中其余 $n-1$ 条管道的水头损失 h_a 为式(2.77)。

$$h_a = s \left(\frac{Q_a}{n-1}\right)^2 = \frac{s}{(n-1)^2}Q_a^2 \tag{2.77}$$

因为重力输水系统的位置水头已定,为充分利用该水头,正常输水和事故输水时的水头损失均应等于位置水头,即 $h=h_a=H$。因此,由式(2.76)和式(2.77)可得事故时的流量为式(2.78)。

$$Q_a = \left(\frac{n-1}{n}\right)Q = \alpha Q \tag{2.78}$$

式中:α——事故流量与正常供水量的比值。

若只有一条输水管,$n=1$,$\alpha=0$,则 $Q_a=0$,事故时就要断水,一般需同时设置一定容量的蓄水池。若有两条输水管,$n=2$,$\alpha=0.5$,则事故时的流量只有正常供水量的一半。城市给水系统的事故水量规定为设计水量的 70%,因而两条输水管不能满足事故时的输水要求。若再设置一条输水管,则要增加给水系统的造价。

在实际工程中,为提高供水的可靠程度,同时又不使工程造价增加过多,往往采用在平行的输水管线之间设置连通管,把管道分成若干段的方法。当管道某段损坏时,只需用阀门将该管段关闭进行检修,而无须将整条管道全部关闭,这样可以提高事故发生时的通水量。

假设有两条平行的输水管,它们的管材、直径和长度均相同,在它们之间设两条连通管,这样就把每条输水管分成了三段。设每段输水管的摩阻为 s,则正常工作时输水管系统的水头损失计算见式(2.79)。

$$h = 3s \left(\frac{Q}{2} \right)^n = 3 \times \left(\frac{1}{2} \right)^n sQ^n \tag{2.79}$$

若忽略连通管的水头损失（因其长度与输水管相比很短），则当一段输水管损坏时，输水管系统的水头损失计算见式（2.80）。

$$h_a = 2s \left(\frac{Q_a}{2} \right)^n + s \left(\frac{Q_a}{2-1} \right)^n = \left[2 \times \left(\frac{1}{2} \right)^n + 1 \right] sQ_a^n \tag{2.80}$$

由式（2.79）和式（2.80）得出事故时和正常工作时输水管的流量比例为式（2.81）。

$$\frac{Q_a}{Q} = \alpha = \left[\frac{3 \times \left(\frac{1}{2} \right)^n}{2 \times \left(\frac{1}{2} \right)^n + 1} \right]^{\frac{1}{n}} \tag{2.81}$$

水力计算如果采用谢才公式，指数 $n = 2$，则由式（2.81）可得到 $\alpha = 0.707$；如果采用海曾-威廉公式，$n = 1.852$，则 $\alpha = 0.713$。

Q_a 为 Q 的 70%，已满足城市的事故水量要求，因此为保证输水管损坏时的事故流量，当采用重力下的压力供水时，应设置两条平行的输水管，并设置两条连通管将其分成三段。

2. 水泵供水时的压力输水管

（1）水泵的特性曲线和特性方程。

水泵供水时，流量与扬程之间存在着一定的关系，如图 2.13 所示，该曲线称为水泵的特性曲线。一般用近似的抛物线方程表示水泵流量和扬程的关系（设流量指数 $n = 2$），称为水泵的特性方程，如式（2.82）所示。

$$H_p = H_b - sQ^2 \tag{2.82}$$

式中：H_p——水泵扬程；H_b——水泵流量为零时的扬程；s——水泵摩阻；Q——水泵流量。

为确定 H_b 和 s 值，可在离心泵特性曲线上的高效区内任选两点，如图 2.13 中的 1、2 两点，将这两点所对应的 Q_1、Q_2、H_1、H_2 和流量为零时的水泵扬程 H_b 值代入式（2.82）中，得式（2.83）和式（2.84）。

$$H_1 = H_b - sQ_1^2 \tag{2.83}$$

$$H_2 = H_b - sQ_2^2 \tag{2.84}$$

由式（2.83）和式（2.84）解得式（2.85）和式（2.86）。

$$s = \frac{H_1 - H_2}{Q_2^2 - Q_1^2} \tag{2.85}$$

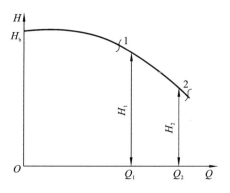

图 2.13　水泵的特性曲线

$$H_b = H_1 + sQ_1^2 = H_2 + sQ_2^2 \tag{2.86}$$

当几台离心泵并联工作时,应绘制并联水泵的特性曲线,并根据该曲线求出并联时的 s 和 H_b 值。

(2)水泵供水时压力输水管的分段数计算。

图 2.14 为水泵特性曲线 $Q-H_p$ 和输水管特性曲线 $Q-\sum h$ 的联合工作情况,水泵的实际流量应由这些曲线决定。Ⅰ 为输水管正常工作时的特性曲线。输水管任意一段损坏都会使输水管的阻力增大,事故时输水管的特性曲线如Ⅱ所示,两种特性曲线的交点从正常工作时的 b 点移到 a 点,Q_a 为事故时的流量。为保证事故时水的流量,水泵供水时输水管的分段数计算方法如下。

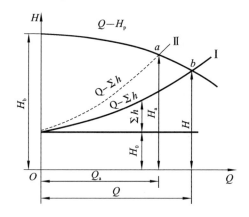

图 2.14　水泵和输水管的特性曲线

设输水管将水送入网前水塔,此时,输水管的损坏只影响进入水塔的水量,直到水塔的水流空后,才影响管网用水量。

设两条不同直径的输水管用连接管分成 n 段。输水管正常工作时的流量和水压(水泵扬程)关系用 $Q-\sum h$ 特性方程表示为式(2.87)。忽略连接管的水头损失,则任意一段输水管损坏时的流量和水压关系为式(2.88)。

$$H = H_0 + (s_p + s_d)Q^2 \qquad (2.87)$$

$$H_a = H_0 + \left(s_p + s_d - \frac{s_d}{n} + \frac{s_1}{n}\right)Q_a^2 \qquad (2.88)$$

式中:H——输水管正常工作时水泵的扬程;H_0——水泵静扬程,等于水塔水面与泵站吸水井水面的高差;s_p——泵站内部管线的摩阻;s_d——两条输水管的当量摩阻;Q——正常工作时的流量;H_a——事故时水泵的扬程;s_1——每条输水管的摩阻;n——输水管的分段数;Q_a——事故时的流量。

当水头损失公式(2.47)中指数 $n=2$ 时,当量摩阻的计算公式如式(2.89)和式(2.90)所示。

$$\frac{1}{\sqrt{s_d}} = \frac{1}{\sqrt{s_1}} + \frac{1}{\sqrt{s_2}} \qquad (2.89)$$

$$s_d = \frac{s_1 s_2}{\left(\sqrt{s_1} + \sqrt{s_2}\right)^2} \qquad (2.90)$$

式中:s_1、s_2——每条输水管的摩阻,其中 s_d——未损坏输水管的摩阻。

在正常情况下,水泵的特性曲线方程为式(2.91)。

$$H_p = H_b - sQ^2 = H \qquad (2.91)$$

在事故时,水泵的特性曲线方程为式(2.92)。

$$H_p = H_b - sQ_a^2 = H_a \qquad (2.92)$$

将式(2.87)和式(2.88)分别代入式(2.91)和式(2.92),得正常工作时水泵的输水量 Q 和事故时的水泵输水量 Q_a,分别见式(2.93)和式(2.94)。

$$Q = \sqrt{\frac{H_b - H_0}{s + s_p + s_d}} \qquad (2.93)$$

$$Q_a = \sqrt{\frac{H_b - H_0}{s + s_p + s_d + (s_1 - s_d)\frac{1}{n}}} \qquad (2.94)$$

由式(2.94)和式(2.93)得到事故时和正常工作时的流量比例为式(2.95)。

$$\frac{Q_a}{Q} = \alpha = \sqrt{\frac{s + s_p + s_d}{s + s_p + s_d + (s_1 - s_d)\frac{1}{n}}} \qquad (2.95)$$

α 一般取 0.7,因此,为保证事故用水量所需的分段数为式(2.96)。

$$n = \frac{(s_1 - s_d)\alpha^2}{(s + s_p + s_d)(1 - \alpha^2)} \approx \frac{0.96(s_1 - s_d)}{s + s_p + s_d} \qquad (2.96)$$

当水塔为对置水塔时,输水管的分段数可近似地按式(2.97)计算。

$$n = \frac{(s_1 - s_d)\alpha^2}{(s + s_p + s_d + s_c)(1 - \alpha^2)} \qquad (2.97)$$

式中:s_c——管网的当量摩阻。

2.4　给水管道材料、管网附件和附属构筑物

给水管网是给水工程的重要组成部分,它由众多水管和管网附件等连接而成,其投资占给水工程总投资的 $60\% \sim 80\%$。因此,合理选用给水管道材料和管网附件是降低工程造价、保证安全供水的重要措施。

2.4.1　给水管道材料和管网附件

给水管道材料(简称给水管材)可分为金属和非金属两大类。管道材料的选择,取决于水管承受的内外荷载、埋管的地质条件、管材的供应情况及价格等因素。

1.金属管道

给水工程中使用的金属管道主要为铸铁管和钢管。其他如铜管、合金管等多用于建筑给水的小口径管道。

(1)铸铁管。

铸铁管按材质可分为灰铸铁管和球墨铸铁管。

a.灰铸铁管有较强的耐腐蚀性,价格低廉,过去在我国被广泛应用于埋地管道。灰铸铁管的缺点是质地较脆,抗冲击和抗震能力较差,因而事故发生率较高,主要事故有接口漏水,管道断裂及爆管事故也占有一定比例。管道损坏不但造成了水的大量浪费,也造成了相当大的经济损失,例如某大城市的一次爆管事故就造成了约 700 万元的损失。灰铸铁管的另一个缺点是重量大,其重量约为同规格钢管的 2 倍。为防止管道损坏带来的经济损失,今后以球墨铸铁管代替灰铸铁管已成必然趋势,但从价格因素考虑,小口径管道还可采用柔性接口的灰铸铁管,或选用较大一级壁厚的管道。

b.球墨铸铁管的机械性能较灰铸铁管有很大提高,其强度是灰铸铁管的数

倍,抗腐蚀性能远高于钢管,且重量较轻,价格低于钢管。据国内调查统计,球墨铸铁管的事故发生率远小于灰铸铁管和钢管。在日本、德国等国家,球墨铸铁管已被广泛应用,是主要给水管材。近些年,我国球墨铸铁管的使用率也有很大提高,尤其是用在中等口径的给水管道上。大口径和小口径的球墨铸铁管价格相对较高,特别是大口径的管道,它的生产工艺较复杂,国内的生产厂家不多,应用尚不普遍。目前,在实际工程中,应用的球墨铸铁管的较大口径是 1600 mm 左右。例如,呼和浩特市"引黄供水工程"中的一段原水输水管采用了口径1600 mm 的球墨铸铁管。

球墨铸铁管有承插式和法兰式两种接口形式。

承插式接口适用于埋地管线。安装时将插口插入承口内,两口间的空隙用接口材料填充。接口材料可采用石棉水泥、膨胀水泥或橡胶圈,在有特殊要求或在紧急维修工程中也可采用青铅接口。橡胶圈接口不但安装省时省力,水密性好,而且因每根管子都是柔口连接,可挠性强,抗震性能好。橡胶圈接口可采用推入式梯唇形胶圈接口,即在承口内嵌入橡胶圈,插口管端部切削出坡口,安装时用力把插口推入承口即可。球墨铸铁管采用推入式楔形橡胶圈接口。此外,还有 T 形推入式橡胶圈接口和机械式接口。

法兰式接口在管口间垫上橡胶垫片,然后用螺栓上紧,这种接口接头严密、便于拆装。法兰式接口一般用于泵站或水处理车间等明装管线的连接。

为了适应管线转弯、变管径、分出支管以及与其他附属设备的连接及管线维修等,球墨铸铁管线上须采用各种标准铸铁管配件。例如,管线转弯处须根据情况采用各种角度的弯管,变管径处采用渐缩管,接出分支管处采用丁字管或十字管,改变接口形式处采用承盘短管或插盘短管,连接消火栓和管道维修也有专门的配件。

(2)钢管。

钢管可分为焊接钢管和无缝钢管两种。无缝钢管一般用于高压管道。钢管强度高,承受水压大,抗震性能好,重量较铸铁管轻,单管长度大、接头少,易于加工安装;但其抗腐蚀性差,内外壁均须做防腐处理,造价较高。由于钢管抗腐蚀性差,水质容易受到污染,一些发达国家已明确规定普通镀锌钢管不再用于生活给水管网;我国相关部门要求在全国城镇新建住宅给水管道中禁止使用冷镀锌钢管,逐步限时禁止使用热镀锌钢管。因此,钢管在给水管道中的使用将受到一定程度的限制,小口径管道尽量不使用钢管,只在大口径、水压高处或穿越铁路、河谷及地震区时采用钢管,而且必须做好防腐处理。

钢管接口一般采用焊接或法兰式接口。管线上的各种配件一般由钢板卷焊而成,也可选用标准铸铁配件。

2. 非金属管道

为节省工程造价,在给水管网中,条件允许时应以非金属管道代替金属管道。常用的非金属管道有以下几种。

(1)预应力钢筋混凝土管和预应力钢筒钢筋混凝土管。

预应力钢筋混凝土管的特点是耐腐蚀、不结垢,管壁光滑、水力条件好,采用柔性接口、抗震性能强,爆管率低,价格较低;但其重量大,运输不方便。目前,这种非金属管材在我国应用较广泛,主要用于大口径的输水管线,口径可达2000 mm。

预应力钢筒钢筋混凝土管是在预应力钢筋混凝土管内放入钢筒,这种管材集中了钢管和预应力钢筋混凝土管的优点,但钢含量只有钢管的1/3,价格与灰铸铁管相近。在美国、法国等国家,这种管材被广泛应用于大口径管道上,目前世界上已有长1900 km、管径4000 mm的大型长距离输水管线采用这种管道。在我国的实际工程中,预应力钢筒钢筋混凝土管的口径已达2000 mm。

预应力钢筋混凝土管采用承插式接口,接口材料采用特制的橡胶圈。预应力钢筒钢筋混凝土管的接口形式也为承插式,只是承口环和插口环均用扁钢压制,与钢筒焊成一体。这两种管道在阀门、转弯、排气和放水等处,须采用钢制配件。

除上述两种钢筋混凝土管外,还有自应力钢筋混凝土管,最大管径为600 mm,因管壁材质较脆,重要管线已不再采用。若管道质量可靠,这种管材可用在农村等水压不高的次要管线上。

(2)玻璃钢管。

玻璃钢管全称为玻璃纤维增强热固性塑料管,玻璃钢管耐腐蚀、不结垢,管内非常光滑、水头损失小,重量轻,只有同规格钢管的1/4、钢筋混凝土管的1/10~1/5,因此便于运输和安装;但其价格高,几乎与钢管相同,可在强腐蚀性土壤中采用。目前,我国实际工程中应用的玻璃钢管口径已达1600 mm。

(3)塑料管。

塑料管耐腐蚀、不易结垢,管壁光滑、水头损失小,重量轻,加工和接口方便,价格较便宜;但其强度较低,且膨胀系数较大,易受温度影响。在我国,随着镀锌钢管的逐步淘汰,推广新型塑料给水管道已提上日程。目前,在小区给水中,塑料管的应用已越来越多,且较大口径的塑料给水管也在不断推出。

塑料管的种类很多,例如硬聚氯乙烯塑料管、聚乙烯管、聚丙烯管、共聚丙烯管以及铝塑复合管、钢塑复合管和铜塑复合管等。作为城市给水管道材料,硬聚氯乙烯塑料管的应用历史长,且由于其强度高、刚性大、价格低,目前仍被广泛使用。其他管道材料的发展速度也很快,例如,聚乙烯管由于其优异的环保性能,近年来在欧洲的应用得到快速发展,有些地区应用聚乙烯管的数量已超过硬聚氯乙烯塑料管。此外,为加强塑料管的耐压和抗冲击能力,各种金属、塑料复合管的开发和应用也越来越多,例如不锈钢内衬增强共聚丙烯管等。

塑料管可采用胶黏剂黏接、热熔连接,以及接口材料为橡胶圈的承插式连接、法兰式连接等,各种连接配件均为塑料制品。

2.4.2　给水管网附件

为保证管网的正常运行、消防和维修管理,管网上必须设置各种管网附件,例如阀门、止回阀、排气阀和泄水阀、消火栓等。

1. 阀门

阀门是用来调节和控制管网水流及水压的重要设备。阀门的布置应使水流调度灵活、管网维修方便。一般地,应在主要管线和次要管线交界处的次要管线上设置阀门;承接消火栓的水管上设置阀门;输水管道和配水管网应根据具体情况设置分段和分区检修阀门,配水管网上的阀门间距应不超过 5 个消火栓的布置长度。

阀门的口径一般与管道直径相同,因阀门价格较高,当管径较大时,为降低造价,可安装口径为 80% 水管直径的阀门,但这将使水头损失增大,因而应从管网造价和运转费用综合考虑,以确定阀门口径。

阀门的种类很多,选用时,应从安装目的、使用要求、水管直径、水温水质情况、工作压力、阀门造价及维修保养等方面认真考虑。

(1)闸阀。

闸阀是给水管网中常用的阀门。闸阀由闸壳内的闸板上下移动来控制或截断水流,传统的闸阀为楔式或平行双闸板式闸阀。这两种闸阀存在着阀体内可能积存渣物、闸门关闭不严导致漏水的问题。近年来,国内不少厂家生产了软密封闸阀。这种闸阀采用衬胶阀板,闸阀底部无凹坑,不积存杂物,关闭严密;软密封衬胶阀板尺寸统一,互换性强。若能够保证生产质量,这种闸阀将是给水管网

中常用的一种阀门。

按照闸阀使用时阀杆是否上下移动,闸阀可分为明杆式和暗杆式两种。明杆式闸阀的阀杆随闸板的启闭而升降,便于观察闸门的启闭程度,适于安装在泵站等明装管道上。暗杆式闸阀的阀杆当闸阀开启时并不随之上移,因而适于安装在地方狭小之处。

大型闸阀的过水断面积很大,承受很大的水压,手工开启或关闭很困难。因此,大型闸阀在主闸侧部附设一个小闸阀,连通主闸两侧管线,称为跨闸(或旁通闸)。开启主闸前,先开启跨闸,以减小单面水压力,使开闸省力;关闭闸门时,则后关闭跨闸。经常启闭的大型阀门也可采用电动阀门,但应限定开启和关闭的时间长度,以免启闭过快造成水锤现象,导致水管损坏。

闸阀还有立式和卧式之分。大口径立式闸阀的高度较大,影响管道覆土深度;卧式闸阀占据的水平面积较大,影响其他管线的布置,因此选择阀门时应考虑这两个因素。

(2)蝶阀。

蝶阀是一种旋转启闭式的闸阀,具有结构简单、阻力小、开启方便、旋转90°即可全开或全关的优点。蝶阀的宽度和高度较闸阀小,因此,在给水管网中,为了降低管道覆土深度,一般口径较大的管道可以选用蝶阀。蝶阀的主要缺点是蝶板占据了管道一定的过水断面,增大了管道的水头损失。此外,蝶阀全开时,闸板占据管道的位置,因此蝶阀不能紧贴闸阀安装。近年来,国内阀门的使用情况表明,蝶阀出现故障的概率大于闸阀,所以蝶阀最好用在中、低压管线上。

(3)球阀。

球阀常称为截止阀,靠一个类似于塞子作用的部件来控制水的流动。球阀具有结构简单、密封可靠、维修及操作方便等优点,但其价格较高,一般用于中、小口径管道上。随着制造成本的降低,可以考虑制造较大口径的球阀。

2. 止回阀

止回阀又称为单向阀或逆止阀,用来限制给水管道中水流的流动方向,水只能通过它向一个方向流动。止回阀一般安装在水泵的出水管线上,以防止因断电或其他事故造成突然停泵而使产生的水流倒流和水锤冲击力传到水泵内部,导致水泵损坏。

止回阀的种类较多,比如有旋启式单瓣止回阀。这种阀门的闸板可绕轴旋转,当水流方向相反时,闸板因自重和水压作用而自动关闭。这种阀关闭迅速,容易产生水锤。为降低水锤危害,可采用旋启式多瓣止回阀,该阀由多个小阀瓣组成,关闭时各阀瓣并不同时闭合,因而可以延缓关闭时间,减轻水锤的冲击力。

除旋启式止回阀外,还有微阻缓闭式止回阀和液压式缓冲止回阀,它们都可减弱水锤造成的危害。

3. 排气阀和泄水阀

在输水管道和配水管网隆起点和平直管段的适当位置,应装设排气阀,以便在管线投产和检修后通水时,放出管内空气。平时管道隆起处也会积存水中释放的气体,这些气体减小了管道的过水断面,增大了管道的阻力,应通过排气阀排出,以使管网能够正常运行。排气阀阀体应垂直安装在管线上。

排气阀阀口有单口及双口之分。单口排气阀一般安装在管径不大于350 mm 的给水管上;双口排气阀一般安装在管径不小于 400 mm 的给水管上。排气阀口径与管道直径之比一般采用 1∶12～1∶8。

为满足管道检修时放空管道内的存水、排泥以及管道冲洗的需要,在管线的低处应设置泄水阀。如果地形高程允许,排水可直接排至河道、沟谷;如果地形高程不能满足直接排放的要求,可建湿井或集水井,再用水泵将水抽出。若排出的水水质较好,可以用来进行绿化等。

排气阀和泄水阀的数量及直径应在设计中通过计算确定,计算方法可参考其他书籍。

4. 消火栓

消火栓有地上式和地下式两种。地上式消火栓目标明显,易于寻找,但有时妨碍交通,一般用于气温较高的地区。地下式消火栓装设于消火栓井内,使用不如地面式方便,一般用于气温较低的地区及不适宜安装地面式消火栓的地方。

消火栓一般布置在交通路口、绿地、人行道旁等消防车可以靠近、便于寻找的地方,距建筑物 5 m 以上。两个消火栓的间距一般应不超过 120 m。

除上述各种常用附件外,还有可降低压力的减压阀、保证管道压力不超过某一限定压力的安全阀、控制水池和水塔水位的浮球阀等附件,详见有关书籍和设计手册。

2.4.3　给水管网附属构筑物及管道敷设

除管网附件外,给水管网上还有很多附属构筑物,例如,保护阀门、消火栓的

倒虹吸管一般敷设两条,按一条停止工作而另一条仍能通过设计流量考虑。倒虹吸管内的流速应大于不淤流速,通常直径小于上下游管线的直径。倒虹吸管的设置位置应尽量避开锚地,并应选在河床、河岸不受冲刷的地段;两岸设置检查井,井内设有阀门、排气阀和泄水阀等;一般管顶距河床底面的距离不小于 0.5 m,在航道线范围内不得小于 1 m。倒虹吸管一般选用钢管,并须做好防腐处理,当管径较小、距离较短时,也可采用铸铁管,但应采用柔性接口。

当无桥梁可利用或水管直径过大架设在桥下有困难时,可建造水管桥,架空穿越河道,但不能影响航运。架空管一般采用钢管或铸铁管,为便于检修,铸铁管可采用青铅接口;也可采用预应力钢筋混凝土管。在架空管的最高点应设排气阀,水管两端设置伸缩接头,在冰冻地区应采取适当的防冻措施。

(3)调节构筑物。

管网内的调节构筑物有水塔和水池等,主要用来调节管网内的流量,水塔和水池还可保证和稳定管网的水压。

①水塔。

水塔主要由水柜(即水箱)、管道、塔架及基础组成。进、出水管可以分开设置,也可以合用一条管道,到上部再分开。进水管口应设在水柜最高水位附近,出水管口可靠近柜底,以保证水柜内的水流循环。若进、出水管合用一条管道,则出水分支管上应设置止回阀。此外,为防止水柜溢水,应设置溢流管,管上不设阀门,管径同进水管;为检修时排空水柜存水,在水柜底应设置排水管,管上装设阀门。溢流管和排水管在下部合为一条管道。进、出水管和溢、排水管上均应设置伸缩接头,以防止水塔基础沉陷时损坏管道。水柜中应装设浮球阀或其他能够控制进水的配件及观测水柜水位的配件。水塔顶应设避雷装置。

水柜一般为圆筒形,高度和直径之比为 0.5~1.0。水柜过高时,不但增加了水泵的扬程,还会使管网压力波动较大。塔体的作用为支承水柜,常用钢筋混凝土、砖石或钢材建造,以钢筋混凝土水塔较多。近年来,装配式水塔也得到采用。塔体形状有圆筒式和支柱式。

水塔设在寒冷地区时,不但要对管道采取保温措施,对水柜也应采取防冻保温措施,以防止水柜出现裂缝而漏水。根据当地的气候条件,可采取不同的水柜保温措施,例如,在水柜壁上贴砌 8~10 cm 的泡沫混凝土等保温材料,或在水柜外再加保温外壳,外壳与水柜壁的净距不小于 0.7 m,内填保温材料。

②水池。

水池可以建在地下或高地上。地下水池的作用为调节水量,高地水池的作

用与水塔相同。水池可用砖石砌成,但比较常见的为钢筋混凝土或预应力钢筋混凝土水池。近年来,装配式钢筋混凝土水池也得到采用。水池的平面形状为圆形或矩形。

水池上的管路设置要求基本与水塔相同。水池应有单独的进水管和出水管,它们的安装位置应保证池水的循环流动。溢流管的上端设有喇叭口。排水管应从集水坑底的侧面接出,管径一般按 2 h 内将池水放空计算。池中也应装设观测水位的配件。为防止池水污染,水池均建成封闭式,池盖上设有多个高出池顶覆土面的通风帽,以保证池内的自然通风。池盖上开有检修孔,容积在 1000 m³ 以上的水池至少应设两个检修孔。当水池储存消防用水时,还应采取消防用水平时不被动用的措施。为保温防冻,池顶应覆土,池周边应培土,覆土厚度根据当地室外平均气温而定,一般为 0.5～1.0 m。当地下水位较高、水池埋深较大时,覆土厚度应按抗浮要求确定。

2. 管道的敷设及支墩

(1)管道的敷设。

敷设在地下的给水管道的埋深,应根据外部荷载(包括静荷载和汽车等动荷载)、冰冻情况、管道强度及与其他管道交叉等因素确定。一般情况下,金属管道的管顶覆土厚度不小于 0.7 m;非金属管道的管顶覆土厚度应大于 1 m。在冰冻地区,管顶覆土厚度还应考虑土壤的冰冻线深度。

各种给水管道均应敷设在污水管道上方。当给水管道与污水管道平行敷设时,管外壁净距应不小于 1.5 m。给水管道相互交叉时,其净距应不小于 0.15 m。给水管道与建筑物、铁路及其他管道的最小水平净距、最小垂直净距应符合《城市工程管线综合规划规范》(GB 50289—2016)的要求。给水管定线和敷设中的其他规定详见《室外给水设计标准》(GB 50013—2018)。

管道明设时,要避开滚石、滑坡地带;为减小温度影响,管道中应设置伸缩器,并应根据当地情况,采取一定的防冻保温措施。

为防止管道下沉,引起管道破裂,管道应有适当的基础。在土壤耐压力较高和地下水位较低处,管道的敷设可不做基础处理,将管道直接埋在经整平的未扰动的天然地基上。在岩石或半岩石地基处,需要铺砂找平、夯实,采用砂基。金属管和塑料管的砂垫层厚度应不小于 100 mm;非金属管道的砂垫层厚度不小于 200 mm。当地基土壤松软时,应采用混凝土基础。在流砂或沼泽地区,若地基承载能力达不到要求,还要采用桩基。

（2）管道的支墩。

承插式接口的管道在水平或垂直方向转弯处、三通处、管端盖板处等均会产生外推力，有可能使接口松动漏水，因此，应设置支墩以保证输水安全。但当管径不大于 300 mm 或转弯角度小于 10°，且水压力不超过 980 kPa 时，可不设支墩。支墩材料一般采用混凝土，尺寸参见标准图。

2.5　给水泵站

2.5.1　给水泵站的分类

泵站分类的方式有多种，按照机组设置位置与地面的相对标高关系，泵站可分为地面式泵站、地下式（地下部分的深度大于或等于泵房总深度的 1/2）泵站与半地下式（地下部分的深度小于泵房总深度的 1/2）泵站。按照操作条件及方式，泵站可分为人工手动控制泵站、半自动化泵站、全自动化泵站和遥控泵站。在半自动化泵站中，开始的指令由人工按动电钮使电路闭合或切断，以后的各操作程序利用各种继电器来控制。在全自动化泵站中，一切操作程序都由相应的自动控制系统来完成。遥控泵站的一切操作均在远离泵站的中央控制室中进行。在给水工程中，通常按在给水系统中的作用将给水泵站分为取水泵站、送水泵站、加压泵站及循环水泵站四种。

1. 取水泵站

取水泵站在水厂中又称为一级泵站。在地面水水源中，取水泵站一般由吸水井、泵房及阀门井（又称为阀门切换井）三部分组成。取水泵站具有靠江临水的特点，所以河道的水文、水运、地质以及航道的变化等都会直接影响到取水泵站本身的埋深、结构形式以及工程造价。我国西南和中南地区以及丘陵地区的河道，水位涨落悬殊，设计最大洪水位与设计最低枯水位相差常为 10～20 m，为保证泵站能在最低枯水位抽水，以及保证在最高洪水位时，泵房筒体不被淹没进水，整个泵房的高度常常很大，这是一般山区河道取水泵站的共同特点。这一类泵房一般采用圆形钢筋混凝土结构。这类泵房的平面面积对整个泵站的工程造价影响甚大，所以取水泵房的设计有"贵在平面"的说法。机组及各辅助设施的布置，应尽可能充分利用泵房内的面积，水泵机组及电动闸阀的控制可以集中在

泵房顶层集中管理,底层尽可能做到无人值班,仅定期下去抽查。

设计取水泵房时,在土建结构方面应考虑河岸的稳定性,在泵房筒体的抗浮、抗裂、防倾覆、防滑坡等方面均应进行认真的计算。在施工过程中,应考虑争取在河道枯水位时施工;若要抢季节施工,应有比较周全的施工组织计划。泵房投产后,在运行管理方面必须很好地使用通风、采光、起重、排水以及水锤防护等设施。此外,取水泵站的扩建比较困难,所以在新建给水工程时,应充分地认识到它的"百年大计,一次完成"的特点,泵房内机组的配置,可以近远期相结合,机组的基础、吸水管和压水管的穿墙嵌管以及电气容量等都应该考虑到远期扩建的可能性。

在近代的城市给水工程中,由于城市水源的污染、市政规划的限制等诸多因素的影响,水源取水点常常远离市区,取水泵站成为远距离输水的工程设施,水锤的防护问题、泵站的节电问题、远距离沿线管道的检修问题以及与调度室的通信问题等都是必须注意的。

当采用地下水作为生活饮用水水源而水质又符合饮用水卫生标准时,取水井的泵站可直接将水送到用户。在工业企业中,有时同一泵站内可能安装有输水给净水构筑物的水泵和直接将水输送给某些车间的水泵。

2. 送水泵站

送水泵站(配水泵站)在水厂中又称为二级泵站。送水泵站通常建在水厂内,它抽送的是清水,所以又称为清水泵站。净水构筑物处理后的出厂水,由清水池流入吸水井,送水泵站中的水泵从吸水井中吸水,通过输水干管将水输往管网。送水泵站的供水情况直接受用户用水情况的影响,其出厂流量与水压在一天内各个时段中是变化的。送水泵站的吸水井,应既有利于水泵吸水管道的布置,也有利于清水池的维修。吸水井形状取决于吸水管道的布置要求,因送水泵房一般都为矩形,故吸水井一般也为矩形。

吸水井形式有分离式吸水井和池内式吸水井两种。分离式吸水井是邻近泵房吸水管一侧设置的独立构筑物。其平面布置一般分为独立的两格,中间隔墙上安装阀门或闸板,阀门口径应足以通过邻格最大的吸水流量,以便当进水管切断时泵房内各机组仍能工作。分离式吸水井对提高泵站运行的安全度有利。池内式吸水井是在清水池的一端用隔墙分出一部分容积作为吸水井。吸水井分成两格,一格在隔墙上装阀门,另一格在隔墙上装闸板,两格均可独立工作。吸水井一端接入来自另一个清水池的旁通管。当主体清水池需清洗时,可关闭壁上的进水阀(或闸板),吸水井暂由旁通管供水,泵房仍能维持正常工作。

送水泵站吸水水位变化范围小,通常为 3～4 m,因此泵站埋深较浅,一般可建成地面式或半地下式。送水泵站为了适应管网中用户水量和水压的变化,往往设置多种不同型号和台数的水泵机组,从而导致泵站建筑面积较大,运行管理复杂。因此,水泵的调速运行在送水泵站中尤其重要。

3. 加压泵站

若城市给水区面积较大,输配水管线很长,或给水区内地形起伏较大,通过技术经济比较,可以在城市管网中增设加压泵站。在近代大中型城市给水系统中实行分区分压供水时,设置加压泵站已十分普遍。加压泵站的工况取决于加压所采用的手段,一般有以下两种方式。

(1)采用在输水管线上直接串联加压的方式。采用这种方式,水厂内送水泵站和加压泵站将同步工作。这种方式一般用于水厂位置远离城市管网的长距离输水。

(2)采用清水池及泵站加压供水方式(又称为水库泵站加压供水方式),即水厂内送水泵站将水输入远离水厂、接近管网起端处的清水池内,由加压泵站将水输入管网。采用这种方式,城市用水负荷可借助于加压泵站的清水池调节,从而使水厂的送水泵站工作比较均匀,有利于调度管理。

4. 循环水泵站

在某些工业企业中,生产用水可以循环使用或经过简单处理后复用。在循环系统的泵站中,一般设置输送冷、热水的两组水泵。热水泵将生产车间排出的废热水送到冷却构筑物进行降温,冷却后的水再由冷水泵抽送到生产车间使用。如果冷却构筑物的位置较高,冷却后的水可以自流进入生产车间供生产设备使用,则可免去一组冷水泵。有时生产车间排出的废水温度并不高,但含有一些机械杂质,需要把废水先送到净水构筑物进行处理,然后再用水泵打回车间使用,这种情况就不设热水泵。有时生产车间排出的废水既升高了温度,又含有一定量的机械杂质。

大型工业企业往往设有多个循环给水系统。循环水泵站的供水特点是其供水对象所要求的水压比较稳定,水量亦仅随气温的季节性改变而有所变化,循环水泵站对供水安全性的要求一般都较高,因此,需保证水泵具有良好的吸水条件并方便管理。水泵通常为自灌式工作,水泵顶的标高低于吸水井的最低水位,因

此循环水泵站大多是半地下式的。而且,循环水泵站的水泵备用率较大,水泵台数较多,有时一个循环泵站冷、热水泵有 20～30 台。在确定水泵台数和流量时,要考虑到一年中水温的变化,因此,可选用多台同型号水泵,不同季节开动不同台数的泵来调节流量。

循环水泵站通常位于冷却构筑物或净水构筑物附近。

2.5.2　水泵的选择

1. 选泵的主要依据

选泵的主要依据是所需的流量、扬程以及其变化规律。

(1)一级泵站的设计流量、设计扬程。

①一级泵站的设计流量。

一级泵站的设计流量有以下两种基本情况。

a.泵站将水输送到净水构筑物。在以地表水为水源的给水系统中,为了减小取水构筑物、输水管道和净水构筑物的尺寸,节约基建投资,通常要求一级泵站中的水泵在全部工作时间内均匀工作,因此,泵站的设计流量应为式(2.98)。

$$Q_r = \frac{\alpha Q_d}{T} \tag{2.98}$$

式中:Q_r——一级泵站中水泵所供给的流量,m^3/h;α——计及输水管漏损和净水构筑物自身用水的系数,一般取 1.05～1.1;Q_d——供水对象最高日设计用水量,m^3;T——一级泵站在一昼夜内工作小时数,h。

b.泵站将水直接供给用户或送到地下集水池。当采用地下水作为生活饮用水水源,而水质又符合卫生标准时,就可将水直接供给用户。在这种情况下,实际上一级泵站起二级泵站的作用。

若送水到集水池,再由二级泵站将水供给用户,由于给水系统中没有净水构筑物,此时泵站的流量为式(2.99)。

$$Q_r = \frac{\beta Q_d}{T} \tag{2.99}$$

式中:Q_r——一级泵站中水泵所供给的流量,m^3/h;Q_d——供水对象最高日设计用水量,m^3;T——一级泵站在一昼夜内工作小时数,h;β——给水系统中自身用水系数,一般取 1.01～1.02。

对于供应工厂生产用水的一级泵站,水泵的流量应视工厂生产给水系统的性能而定。对于直流给水系统,当泵站的流量变化时,可采取开动不同台数泵的方法予以调节。对于循环给水系统,一级泵站的设计流量(即补充新鲜水量)可按平均日用水量计算。

②一级泵站的设计扬程。

一级泵站中水泵的扬程是根据所采用的给水系统的工作条件来决定的。

当泵站送水至净水构筑物,或向循环生产给水系统补充新鲜水时,泵站所需的扬程按式(2.100)计算。

$$H = H_{ST} + \sum h_s + \sum h_d \tag{2.100}$$

式中:H——泵站的扬程,m;H_{ST}——静扬程,从吸水井的最低枯水位(或最低动水位)到净水构筑物或集水池进口水面的标高差(当泵站直接向用户供水时,H_{ST}为从吸水井最低水位到管网控制点所需最小服务水头相应液面的标高差),m;$\sum h_s$——吸水管路的水头损失,m;$\sum h_d$——输水管路的水头损失,m。

此外,选泵时还应考虑增加一定的安全水头,一般为 1~2 m。

当直接向用户供水时,例如用深井泵抽取深层地下水供城市居民、工厂生活饮用水或生产冷却用水时,水泵扬程仍按式(2.100)计算,但式中 H_{ST} 为从水源井中枯水位(或最低动水位)到给水管网中控制点所要求的最小服务水头的标高差。

(2)二级泵站的选泵依据。

通常,小城市的给水系统用水量不大,大多数采用泵站均匀供水方式,即泵站的设计流量按最高日平均时用水量计算。这样,虽然水塔的调节容积占全日用水量的百分比较大,但其绝对值不大,在经济上还是合适的。

大城市的给水系统有的采取无水塔、多水源、分散供水系统,通常泵站的设计流量按最高日最高时设计用水量计算,而运用多台同型号或不同型号的水泵的组合来适应用水量的变化。

中等城市的给水系统中二级泵站的设计流量应视给水管网中有无水塔而定。当管网中无水塔时,泵站的设计流量按最高日最高时用水量确定;当管网中有水塔时,二级泵站依据最高日内用水量的逐时变化采用分级供水,故设计流量需按照最高一级供水量确定,并考虑其他各级供水量下水泵能有适当的组合。

2. 选泵要点

选泵就是要确定水泵的型号和台数。对于各种不同功能的泵站,选泵时考

虑问题的侧重点也有所不同,一般可归纳如下。

(1)大小兼顾,调配灵活,型号整齐,便于管理。

对于送水泵站而言,因为给水系统中的用水量通常是逐年、逐日、逐时地变化的,给水管道中水头损失又与用水量大小有关,故所需的压力也是相应地变化的;对于取水泵站来说,水泵所需的扬程还将随着水源水位的涨落而变化。因此,选泵时不能仅仅只满足最大流量和最高水压时的要求,还必须全面顾及水量、水位的变化。

(2)充分利用各水泵的高效段。

单级双吸式离心泵是给水工程中常用的一种离心泵(如 Sh 型、SA 型)。它们的经济工作范围(即高效段)一般在 $0.85\,Q_p \sim 1.15\,Q_p$(Q_p 为水泵铭牌上的额定流量值)。选泵时应充分利用各水泵的高效段。

(3)近远期相结合。

近远期相结合在选泵过程中应得到重视。对于分期建设的给水工程,其泵站的建设通常是土建施工一次完成,设备分期安装。当然,泵站的选择也可采用近期用小泵大基础、近期发展换大泵轮以增大水量、远期换大泵的措施。

(4)进行选泵方案比较。

对大型泵站,需进行选泵方案比较。

3. 选泵时尚需考虑的其他因素

选泵时尚需考虑的其他因素有以下几点。

(1)水泵的构造形式对泵房的大小、结构形式和泵房内部布置等有影响,因而影响泵站造价。例如,当水源水位很低,必须建造很深的泵站时,选用立式泵可使泵房面积减小,造价降低。又如,单吸式垂直接缝的水泵和双吸式水平接缝的水泵在泵站内吸、压水管的布置上有很大不同。

(2)应保证水泵的正常吸水条件。在确保不发生气蚀的前提下,充分利用水泵的允许吸上真空高度,以减少泵站的埋深,降低工程造价。同时,应避免泵站内各泵安装高度相差太大,致使各泵的基础埋深不同或整个泵站埋深增加。

(3)应选用效率较高的水泵,例如尽量选用大泵,因为一般大泵的效率较高。

(4)根据供水对象对供水可靠性的不同要求,选用一定数量的备用泵,以满足在事故情况下的用水要求:在不允许减少供水量的情况下(例如冶金工厂的高炉与平炉车间的供水),应有两套备用机组;在允许短时间内减少供水量的情况下,备用泵只保证供应事故用水量;在允许短时间内中断供水的情况下,可只设一台备用泵。城市给水系统中的泵站,一般宜设 1～2 台备用泵。通常,备用泵的型号和泵站中最大的工作泵相同。当管网中无水塔且泵站内机组较多时,也可考虑增设一台备用泵,它的型号和最常运行的工作泵相同。如果给水系统中具有足够大容积的高地水池或水塔,可以部分或全部代替泵站进行短时间供水,则泵站中可不设备用泵,仅在仓库中储存一套备用机组即可。

备用泵和其他工作泵一样,应处于随时可以启动的状态。

(5)选泵时应尽量结合地区条件优先选择当地制造的成系列生产的、性能良好的产品。

4. 选泵后的校核

在泵站水泵选好之后,还必须按照其他供水情况校核泵站的流量和扬程是否满足要求。

以一级泵站的消防校核为例,一级泵站须在规定的时间内向清水池中补充必要的消防储备用水,由于供水强度小,一般可不另设专用的消防水泵,而是在补充消防储备用水时间内,开动备用水泵以加强泵站的工作。

因此,备用泵的流量可用式(2.101)进行校核。

$$Q = \frac{2\alpha(Q_f + Q') - 2Q_r}{t_f} \qquad (2.101)$$

式中:Q——备用泵的流量,$\mathrm{m^3/h}$;Q_f——设计的消防用水量,$\mathrm{m^3/h}$;Q'——最高用水日连续最高 2 h 的平均用水量,$\mathrm{m^3/h}$;Q_r——一级泵站正常运行时的流量,$\mathrm{m^3/h}$;t_f——补充消防用水的时间,范围是 24～48 h,由用户的性质和消防用水量的大小决定,参见《建筑设计防火规范》(GB 50016—2014);α——计及净水构筑物本身用水的系数。

就二级泵站来说,消防属于紧急情况,消防用水的总量一般占整个城市或工厂供水量的比例不一定很大,但因消防期间供水强度突然加大,会使整个给水系统负担突然加重。因此,应将消防用水作为一种特殊情况在泵站中加以考虑。

例如,一个拥有 10 万人口的城镇,采用一、二层混合建筑,其最高日生活用水量按 140 L/(人·d)计为 $Q=162$ L/s,设工业生产用水按生活用水量的 30% 计算,则 $Q'=0.3 \times 162 \approx 49$ L/s,合计 $\sum Q = 211$ L/s。消防时,按两处同时着火计,$Q_f=70$ L/s,使泵站负荷增加 1/3。

因此,虽然城市给水系统常采用低压消防制,消防给水水压要求不高,但由于消防用水的供水强度大,即使开动备用泵有时也不能满足消防所需的流量。

在这种情况下,可增加一台水泵。若因扬程不足,泵站中正常运行的水泵在消防时不能使用,而另选适合消防时扬程的水泵,则流量将为消防流量与最高时用水量之和,这样势必使泵站容量大大增加,在低压制条件下,这是不合理的。对于这种情况,最好适当调整管网中个别管段的直径,使消防扬程不至过高。

二级泵站除需进行消防校核外,还应根据管网具体设计情况进行最不利管段事故和最大转输时的校核。

归纳起来,选泵时应注意以下几点。

(1)在满足最大工况要求的条件下,应尽量减少能量的浪费。

(2)合理地利用各水泵的高效段。

(3)尽可能选用同型号泵,使水泵型号整齐,互为备用。

(4)尽量选用大泵,但也应按实际情况考虑大小兼顾,灵活调配。

(5)$\sum h$ 值变化大,则可选不同型号泵搭配运行。

(6)保证吸水条件,照顾基础平齐,减少泵站埋深。

(7)考虑必要的备用机组。

(8)进行其他用水时的校核。

(9)考虑泵站的发展,实行近远期相结合。

(10)尽量选用当地成批生产的水泵。

2.5.3 水泵安装高度的确定

安装离心泵的泵房,其水泵及吸水管的充水有自灌式与非自灌式两种。

(1)对于大型水泵以及启动要求迅速的水泵和供水安全要求高的泵房,宜采用自灌式充水。采取自灌式充水,水泵轴心安装高度应满足泵壳顶点低于吸水井的最低水位。

(2)离心泵可利用允许吸上真空高度的特性,采用非自灌式充水,提高水泵的安装高度,降低泵房土建造价。采取非自灌式充水的泵房布置如图 2.15 所示,此时,水泵轴线的安装高度应满足式(2.102)的要求。

$$Z_s = H_s - \frac{v_1^2}{2g} - \sum h_s \qquad (2.102)$$

式中:Z_s——水泵的安装高度,对于一般卧式离心泵而言,指吸水井最低水位到泵轴的标高差,m;H_s——水泵吸水地形高度,m;v_1——水泵进口 1—1 断面处的流速,m/s;$\sum h_s$——吸水管路总水头损失,m。

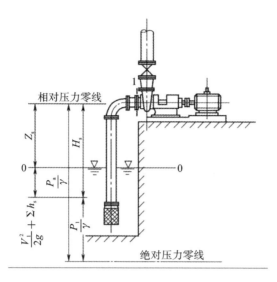

图 2.15 安装高度计算

注:P_a为吸水水面压力,Pa;P_1为饱和蒸汽压力,Pa;γ为容重,即单位体积的重量。

如果水泵实际工况与标准状况不一致,则式(2.102)中的 H_s 需按式(2.103)
修正为 H_s'。

$$H_s' = H_s - (10.33 - h_a) - (h_{va} - 0.24) \qquad (2.103)$$

式中:h_a——当地大气压,mH_2O;h_{va}——实际温度水的饱和蒸汽压,mH_2O。

大型水泵的安装高度 Z_s 值,应以吸水井水面至叶轮入口边最高点的距离来
计算。

实际应用中,安装高度 Z_s 通常比计算值小 $0.4 \sim 0.6$ m。

2.5.4 水泵机组的布置与基础

1. 水泵机组的布置

水泵机组的排列是泵站内平面布置的重要内容,它决定泵房建筑面积的大
小。水泵机组间距以不妨碍操作和维修的需要为原则。机组布置应保证运行安
全,装卸、维修和管理方便,管道总长度最短、接头配件最少、水头损失最小,并应
考虑泵站有扩建的余地。水泵机组的排列形式有以下三种。

(1)纵向排列。

水泵机组的纵向排列(图 2.16),即各机组轴线单排并列布置,适用于单级

单吸式离心泵(如 IS 型)。因为单级单吸式离心泵系轴向进水,采用纵向排列能使吸水管保持顺直状态(图 2.16 中泵 1)。如果某泵房中兼有侧向进水和侧向出水的离心泵(图 2.16 中泵 2 均为 S 型、Sh 型或 SA 型泵),则纵向排列的方案就值得商榷。如果 Sh 型泵占多数,纵向排列方案(见图 2.16)就不可取。例如,采用 20Sh－9 型泵,纵向排列时,泵宽加上吸压水口的大小头和两个 90°弯头长度,共计 3.9 m。如果做横向排列,则泵宽为 4.1 m,其宽度并不比纵排增加多少,但进出口的水力条件却大为改善,在长期运行中可以节省大量电耗。

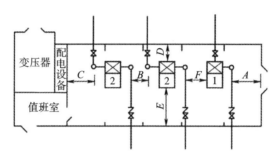

图 2.16　水泵机组纵向排列

图 2.16 所示纵向排列图中,机组之间各部尺寸应符合下列要求。

①泵房大门口要通畅,既能容纳最大的设备(水泵或电机),又留有操作余地。其场地宽度一般用水管外壁和墙壁的净距 A 值表示。A 等于最大设备的宽度加 1 m,但不得小于 2 m。

②水管与水管之间的净距 B 值应大于 0.7 m,以保证工作人员能较为方便地通过。

③水管外壁与配电设备应保持一定的安全操作距离 C。当为低压配电设备时,$C \geqslant 1.5$ m;当为高压配电设备时,$C \geqslant 2$ m。

④水泵外形凸出部分与墙壁的净距 D,须满足管道配件安装的要求。但是,为了便于就地检修水泵,D 值宜不小于 1 m。如果水泵外形不凸出基础,D 值则表示基础与墙壁的距离。

⑤电机外形凸出部分与墙壁的净距 E,应保证电机转子在检修时能拆卸,并适当留有余地。E 值一般为电机轴长加 0.5 m,但宜不小于 3 m。如果电机外形不凸出基础,则 E 值表示基础与墙壁的净距。

⑥水管外壁与相邻机组的凸出部分的净距 F 应不小于 0.7 m。当电机容量大于 55 kW 时,F 应不小于 1 m。

（2）横向排列。

侧向进、出水的水泵，如单级双吸卧式离心泵 S 型、Sh 型、SA 型，采用横向排列（见图 2.17）方式较好。横向排列虽然稍增加泵房的长度，但跨度可减小，进出水管顺直，水力条件好，节省电耗，故被广泛采用。横向排列的各部尺寸应符合下列要求。

①水泵凸出部分到墙壁的净距 A_1 与上述纵向排列的第①项要求相同。如果水泵外形不凸出基础，则 A_1 表示基础与墙壁的净距。

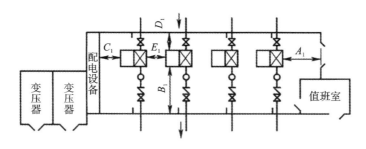

图 2.17　水泵机组横向排列

②出水侧水泵基础与墙壁的净距 B_1 应按水管配件安装的需要确定。但是，考虑到水泵出水侧是管理操作的主要通道，故 B_1 宜不小于 3 m。

③进水侧水泵基础与墙壁的净距 D_1，也应根据管道配件的安装要求决定，但不小于 1 m。

④电机凸出部分与配电设备的净距，应保证电机转子在检修时能拆卸，并保持一定安全距离，其值要求为 C_1＝电机轴长＋0.5 m。但是，对于低压配电设备，$C_1 \geq 1.5$ m；对于高压配电设备，$C_1 \geq 2.0$ m。

⑤水泵基础之间的净距 E_1 值与 C_1 要求相同，即 $E_1＝C_1$。如果电机和水泵凸出基础，E_1 值表示凸出部分的净距。

⑥为了减小泵房的跨度，也可考虑将吸水阀门设置在泵房外面。

横向双行排列更为紧凑，可节省建筑面积。泵房中机组较多的圆形取水泵站，采用这种布置可节省较多的基建造价。应该指出，这种布置形式中两行水泵的转向从电机方向看去是彼此相反的，因此，在水泵订货时应向水泵厂特别说明，以便水泵厂配置不同转向的轴套止锁装置。

2.水泵机组的基础

机组（水泵和电动机）安装在共同的基础上。基础的作用是支承并固定机组,使其运行平稳,不致发生剧烈震动,更不允许产生基础沉陷。因此,基础应满足如下要求。

(1)坚实牢固,除能承受机组的静荷载外,还能承受机械震动荷载。

(2)宜浇制在较坚实的地基上,不宜浇制在松软地基或新填土上,以免发生基础下沉或不均匀沉陷。

卧式水泵均为块式基础,其尺寸大小一般均按所选水泵安装尺寸确定。如果无上述资料,对带底座的小型水泵可按以下方法选取基础尺寸(m)。

基础长度:L＝底座长度 L_1＋(0.15～0.20)。

基础宽度:B＝底座螺孔间距(在宽度方向上)b_1＋(0.15～0.20);

基础高度:H＝底座地脚螺钉的长度 l_1＋(0.15～0.20)。

对于不带底座的大、中型水泵的基础尺寸,可根据水泵或电动机(取其宽者)地脚螺孔的间距加上 0.4～0.5 m,以确定其长度和宽度。基础高度确定方法同上。

基础的高度还需用下述方法进行校核。基础重量应大于机组总重量的 2.5 倍。在已知基础平面尺寸的条件下,根据基础的总重量可以计算其高度。基础高度一般应不小于 50 cm。基础一般用混凝土浇筑,混凝土基础应高出室内地坪 10～20 cm。

基础在室内地坪以下的深度还取决于邻近的管沟深度,并不得小于管沟的深度。由于水能促进振动的传播,应尽量使基础的底放在地下水位以上,否则应将泵房地板做成整体的连续钢筋混凝土板,而将机组安装在地板上凸起的基础座上。

为了保证泵站的工作可靠、运行安全和管理方便,在布置机组时,应遵照以下规定。

(1)相邻机组的基础之间应有一定宽度的过道,以便工作人员通行。电动机容量不大于 55 kW 时,净距应不小于 0.8 m;电动机容量大于 55 kW 时,净距不小于 1.2 m。电动机容量小于 20 kW 时,过道宽度可适当减小。但在任何情况下,设备的凸出部分之间或凸出部件与墙之间应不小于 0.7 m;如果电动机容量大于 55 kW,则不得小于 1.0 m。

(2)对于非水平接缝的水泵,在检修时,往往要将泵轴和叶轮沿轴线方向取出。因此,在设计泵房时,要考虑这个方向有一定的余地,即水泵离开墙壁或其他机组的距离应大于泵轴长度加 0.5 m,为了从电动机中取出转子,应同样留出适当的距离。

（3）装有大型机组的泵站，应留出适当的空间作为检修机组之用，即应保证在被检修机组的周围有宽度不小于 0.7 m 的过道。

（4）泵站内主要通道宽度应不小于 1.2 m。

（5）辅助泵（排水泵、真空泵）通常安置于泵房内的适当地方，尽可能不增大泵房尺寸。辅助泵可靠墙安装，只需一边留出过道。必要时，真空泵可安置于托架上。

2.5.5　泵站的动力设备

1. 常用电动机

电动机从电网获得电能，带动水泵运转，工作时又处于一定的外界环境和条件下。因此，正确地选择电动机，必须解决电动机与水泵、电动机与电网以及电动机与工作环境间的各种矛盾，并且尽量使投资节省、设备简单、运行安全、管理方便。一般应综合考虑以下四方面因素。

（1）根据所要求的最大功率、转矩和转数选用电动机。电动机的额定功率要稍大于水泵的设计轴功率。电动机的启动转矩要大于水泵的启动转矩。电动机的转数应与水泵的设计转数基本一致。

（2）根据电动机的功率大小并参考外电网的电压决定电动机的电压。通常可以参照以下原则，按电动机的功率选择电压。

①功率在 100 kW 以下的，选用 380 V/220 V 或 220 V/127 V 的三相交流电。

②功率在 200 kW 以上的，选用 l0 kV（或 6 kV）的三相交流电。

③功率在 100～200 kW 的，则视泵站内电机配置情况而定，若多数电动机为高压则用高压，若多数电动机为低压，则用低压。

如果外电网是 10 kV 的高压，而电动机功率又较大，应尽量选用高压电动机。

（3）根据工作环境和条件决定电动机的外形和构造形式。不潮湿、无灰尘、无有害气体的场合，例如地面式送水泵站，可选用一般防护式电动机；多灰尘或水土飞溅的场合，或有潮气、滴水之处，例如较深的地下式地面水取水泵站，宜选用封闭自扇冷式电动机；防潮式电动机一般用于暂时或永久的露天泵站中。

一般卧式水泵配卧式电动机，立式水泵配立式电动机。

（4）根据投资少、效率高、运行简便等条件确定所选电动机的类型。在给水排水泵站中,广泛采用三相交流异步电动机(包括鼠笼型和绕线型),有时也采用同步电动机。

鼠笼型电动机结构简单,价格便宜,工作可靠,维护比较方便,且易于实现自动控制或遥控,因此使用最多。其缺点是启动电流大,可达到额定电流的 4~7 倍,并且不能调节转速。但是,离心泵低负荷启动,需要的启动转矩较小,因而这种电动机一般均能满足要求,在一般情况下可不装降压启动器而直接启动。对于轴流泵,只要是负载启动,启动转矩也能满足要求。在供电的电力网容量足够大时,采用鼠笼型电动机是合适的。过去常用的鼠笼型电动机型号是 JO₂ 系列和 JS 系列,目前基本以 Y 系列取而代之。

绕线型电动机适用于启动转矩较大和功率较大或者需要调速的情况,但它的控制系统比较复杂。绕线型电动机能用变阻器减小启动电流。过去常用的绕线型电动机型号是 JR 或 JRQ 系列,目前基本以 YR 系列取而代之。

同步电动机价格昂贵,设备维护及启动复杂,但它具有很高的功率因数,对于节约电耗、改善整个电网的工作条件作用很大,因此功率在 300 kW 以上的大型机组,利用同步电动机具有很大的经济意义。

2. 交流电动机调速

交流电动机转速公式如下。

对同步电动机,有式(2.104)。

$$n = \frac{60}{P}f \tag{2.104}$$

对异步电动机,有式(2.105)。

$$n = \frac{60f}{P}(1-S) \tag{2.105}$$

式中:n——电动机转速,r/min;f——交流电源的频率,Hz;P——电动机的极对数;S——电动机运行的转差率。

根据式(2.104)及式(2.105)可知,调节交流电动机的 f、P 和 S 均可调节转速。通常把调节转速的方法分为以下两类。

(1)调节同步转速。式(2.104)中 $60f/P$ 一项称为同步转速,根据公式改变 f 或 P,均可达到调速目的。因此,有两种调速方案:一种方案是调节电源频率,称为变频调速;另一种方案是改变电机极对数,称为变极调速。

(2)调节转差率。这种方法只用于异步电动机,此时同步转速不变。采用调节转差率调速的方案很多,例如调节电动机定子电压、改变串入绕线型电动机转子电路的附加电阻值等。调节转差率调速方法的共同缺点是效率低,所以通常将这种方法称为能耗型调速,而将调节同步转速方法称为高效型调速。

通过对各种交流电动机调速方案的比较,可知对性能评价高的仍为调节同步转速的方案(即变极调速和变频调速两种)。

变极调速就是通过电动机定子三相绕组接成几种极对数方式,使鼠笼型异步电动机可以得到几种同步转速,一般称为多速电动机。常用的有双速、三速和四速电动机三种。变极调速虽然具有初期投资小、节能效果好等优点,但它的调速只有几档,应用范围受到限制。

变频调速既适用于同步电机,也适用于异步电机,后者用得更为普遍。图2.18 所示为变频调速电动机的机械特性。

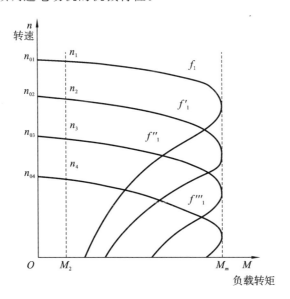

图 2.18　变频调速电动机的机械特性

从图 2.18 中可看出以下几点。

(1)电源频率 f 值改变时,电动机的转速也相应改变。当某一负载转矩为 M_2 时,可得到不同的转速 n。若 $f_1 > f'_1 > f''_1 > f'''_1$,则 $n_1 > n_2 > n_3 > n_4$,因此,调节 f 就调节了 n 值。

(2)在某一频率 f 情况下,负载转矩变化时,其转速变化不大,工程上将其称为机械特性硬(机械特性即转速-转矩特性)。机械特性硬是一个优点,表明它稳速精度高。在各种调速方案运行时,电动机的机械特性是不同的,例如调压调速方案,当负载变化引起转矩变化时,其转速波动就较大,就称为特性较软。

（3）调速过程中电动机转差损耗很小，电动机可以在很小转差率情况下正常运行，效率很高。

（4）变频调速属于无级调速，调速范围很宽，基本上可以从零赫兹平滑调到额定转速，且只要电动机结构条件等允许，还可以从额定转速值上调。变频调速必须有一个频率可调的电源装置，这就是变频器。目前，变频器种类繁多，国内外已有成品可供选用。

2.5.6 吸水管路与压水管路

吸水管路与压水管路是泵站的重要组成部分，正确设计并合理布置与安装吸水管路与压水管路，对于保证泵站的安全运行、节省投资、减少电耗有很大作用。

1. 对吸水管路的要求

吸水管路的基本要求有以下三点。

（1）不漏气。吸水管路是不允许漏气的，否则会使水泵的工作发生严重故障。实践证明，当水泵中进入空气时，出水量将减少，甚至吸不上水。因此，吸水管路一般采用钢管，这是因为钢管强度高，接口可焊接，密封性较好。钢管埋于土中时应涂沥青防腐层。

（2）不积气。水泵吸水管内真空值达到一定值时，水中溶解气体就会因管路内压力较低而不断逸出，如果吸水管路的设计考虑欠妥，就会在吸水管道的某段（或某处）出现积气，形成气囊，影响过水能力，严重时会破坏真空吸水。为了使水泵及时排走吸水管路内的空气，吸水管应有沿水流方向连续上升的坡度 i，一般坡度大于 0.005。为了避免产生气囊，应使吸水管线的最高点在水泵吸入口的顶端。吸水管的断面一般应大于水泵吸入口的断面，这样可减小管路水头损失，吸水管路上的变径可采用偏心渐缩管（即偏心大小头），保持渐缩管的上边水平，以免形成气囊。

（3）不吸气。若吸水管进口淹没深度不够，由于进口处水流产生漩涡、吸水时会带进大量空气，严重时还将破坏水泵正常吸水。这类情形多见于取水泵房在河道枯水位情况下吸水。为了避免吸水井（池）水面产生漩涡而使水泵吸入空气，吸水管进口在最低水位下的淹没深度 h 不应小于 0.5 m，多采用（1.0～1.25）D［D 为吸水管喇叭口（或底阀）扩大部分的直径］。若淹没深度不能满足要求，则应在管的末端设置水平隔板。

为了防止水泵吸入井底的沉渣,并使水泵工作时具有良好的水力条件,应遵守以下规定。

(1)吸水管的进口高于井底不小于 0.8D,通常取 D 为吸水管直径 d 的 1.3～1.5 倍。

(2)吸水管喇叭口边缘距离井壁不小于 0.75D。

(3)在同一井中安装几根吸水管时,吸水喇叭口之间的距离不小于 1.5D。

当水泵采用抽气设备充水或能自灌充水时,为了减少吸水管进口处的水头损失,吸水管进口通常采用喇叭口形式。当水中有较大的悬浮杂质时,喇叭口外面还需加设滤网,以防水中杂物进入水泵。

当水泵从压水管引水启动时,吸水管上可装有底阀。底阀的式样很多,其作用是水只能吸入水泵,而不能从吸水喇叭口流出。最早的底阀为水下式,装于吸水管的末端。在水泵停止时,碟形阀门在吸水管中的水压力及本身重量的作用下,水不能从吸水管逆流;底阀上附有滤网,以防止杂物进入水泵而堵塞或损坏叶轮。实践表明,水下式底阀胶垫容易损坏,底阀易漏水,须经常检修拆换,给使用带来不便。

为了改进这一问题,水上式底阀应运而生。

水上式底阀具有使用效果良好、安装检修方便等优点,因而在设计中采用较多。水上式底阀使用的条件之一是吸水管路水平段应有足够的长度,以保证水泵充水启动后,管路中能产生足够的真空值。

吸水管中的设计流速建议采用以下数值:管径小于 250 mm 时,为 1.0～1.2 m/s;管径在 250～1000 mm 时,为 1.2～1.6 m/s;管径大于 1000 mm 时,为 1.5～2.0 m/s。

在吸水管路不长且地形吸水高度不是很大的情况下,可采用比上述数值稍大的流速。如果水泵为自灌式工作,则吸水管中流速可适当放大。

2. 对压水管路的要求

泵站内的压水管路经常承受高压(尤其在发生水锤时),所以要求其坚固而不漏水。通常泵站内的压水管路采用钢管,并尽量采用焊接接口,但为便于拆装与检修,在适当地点可设法兰接口。此外,为了安装方便和避免管路土的应力(如由于自重、受温度变化或水锤作用所产生的应力)传至水泵,一般在吸水管路和压水管路上需设置伸缩节或可挠曲的橡胶接头。管道伸缩节有多种形式可供

选用。为了承受管路中内压力所造成的推力,在一定的部位上(如弯头、三通等处)应设置专门的支墩或拉杆。

在不允许水倒流的给水系统中,应在水泵压水管上设置止回阀。一般在以下情况应设置止回阀。

(1)井群给水系统。

(2)输水管路较长,突然停电后无法立即关闭操作闸阀的送水泵站(或取水泵站)。

(3)吸入式启动的泵站,管道放空后再抽真空比较困难。

(4)遥控泵站无法关闸。

(5)多水源、多泵站系统。

(6)管网布置位置高于泵站。若无止回阀,在管网内可能出现负压。

止回阀通常装于水泵与压水闸阀之间,因为止回阀经常损坏,所以当需要检修、更换止回阀时,可用闸阀把它与压水管路隔开,以免水倒灌入泵站内。这样装止回阀的另一个优点是,水泵每次启动时,阀板两边受力均衡便于开启。但其缺点是压水闸阀要检修时,必须将压水管路中的水放空,造成浪费。因此,有的泵站将止回阀放在压水闸阀的后面,这样布置的缺点是当止回阀外壳因发生水锤而损坏时,水流迅速倒灌入泵站,有可能使泵站被淹。所以,只有水锤现象不严重且为地面式泵站时,才允许这样布置,或者将止回阀装设于泵站外特设的切换井中。目前,已有许多不同形式的止回阀在工程中可供选用,比如 HH44X－10(16)型微阻缓闭止回阀等。

压水管路上的闸阀,因为承受高压,所以启闭都比较困难。当直径 D 大于或等于400 mm时,大都采用电动或水力闸阀。

泵站内压水管路采用的设计流速可比吸水管路大些,因为压水管路允许的水头损失较大。而且,压水管路上管件较多,减小了管件的直径,就可减轻重量、降低造价并缩小泵房的建筑面积。

压水管路的设计流速通常采用值如下:管径小于 250 mm 时,为 1.5～2.0 m/s;管径为 250～1000 mm 时,为 2.0～2.5 m/s;管径大于 1000 mm 时,为 2.0～3.0 m/s。

上述设计流速取值比给水管网设计中的平均流速要大,因为泵站内压水管路不长,流速取大一点,水头损失增加不多,却可减小管道和配件的直径,从而降低泵房造价。

3. 吸水管路与压水管路的布置

水泵吸水侧通常设置吸水井,吸水管一般没有连通管。如果必须减少水泵吸水管的条数而设置连通管,则在吸水管上应设置必要数量的闸阀,以保证泵站的正常工作。但是这种情况应尽量避免,因为当水泵为吸入式工作时,管路上设置的闸阀越多,漏气的可能性就越大。

图 2.19(a)所示为三台水泵(其中一台备用)各设一条吸水管路的情况。水泵轴线高于吸水井中最高水位,所以吸水管路上不设闸阀。

图 2.19(b)所示为三台水泵(其中一台备用)采用两条吸水管路的布置。在每条吸水管路上装设一个闸阀 1,在公共吸水管上装设两个闸阀 2,在每台水泵附近装设一个闸阀 3。当两个闸阀 2 都关闭时,水分别由两条吸水管路引向水泵 H_1 和 H_3。其他情况运转时(H_1 和 H_2 或 H_2 和 H_3),需开启两个闸阀 2 中的一个。如果闸阀 1 中有一个要修理,则一条吸水管将供应两台水泵吸水。

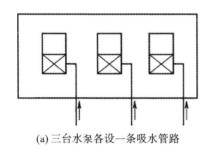
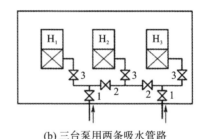

(a) 三台水泵各设一条吸水管路　　(b) 三台泵用两条吸水管路

图 2.19　吸水管路的布置

设置公共的吸水管路,虽然缩短了管线的总长度,但却增加了闸阀和横连通管的数量,所以它只适用于吸水管路很长而又没有条件设吸水井的情况。

一般情况下,为了保证安全供水,输水干管通常设置两条(在给水系统中有较大容积的高地水池时,也可只设一条),而泵站内水泵台数常在 2 台以上。为此,就必须考虑到当一条输水干管发生故障需要修复或工作水泵发生故障改用备用水泵送水时,均能将水送往用户。

供水安全要求较高的泵站,在布置压水管路时必须满足以下条件。

①能使任何一台水泵及闸阀停用检修而不影响其他水泵的工作。

②每台水泵能输水至任何一条输水管。

送水泵站通常在站外输水管路上设一处检修闸阀,或每台水泵均加设一处检修闸阀(即每台泵出口设有两个闸阀)。检修闸阀经常是开启状态的,只有当修理水泵或水管上的闸阀时才关闭。这样布置可大大减少压水总连通管上的大闸阀个数,因此是较安全且经济的办法。

检修闸阀和连通管路上的闸阀,因使用机会很少而不易损坏,一般不再考虑修理时的备用问题,但是,所有常开闸阀也应定期进行开闭的操作和加油保护,以保持其工作的可靠性。

压水管路及管路上闸阀布置方式,与泵站的节能效果和供水安全性均有紧密联系。从图 2.20 所示的三台泵("两用一备")两条输水管的两种不同布置方式中可看出,这两种布置共同的特点是,当压水管上任意闸阀 1 需要检修时,允许有一台泵及一条输水管停用,两台泵的流量由一条输水管送出。当修理任意闸阀 2 时,将停用两台泵及一条输水管。这两种方式布置的不同点在于,图 2.20(a)的布置可节省两个 90°弯头的配件,并且泵Ⅰ、泵Ⅱ作为经常工作泵,水头损失甚小(水流通过三通时其阻力系数 $\zeta=0.1$),它与图 2.20(b)的布置相比具有明显的节能效果。

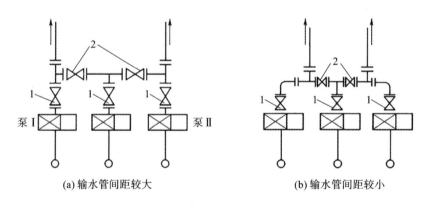

(a) 输水管间距较大　　　　　　　　　(b) 输水管间距较小

图 2.20　输水管不同布置方式比较

对于图 2.21(a)中的情况,如果必须保证有两台泵向一条输水管送水,则应在总连通 a—b 上增设两个双闸阀,如图 2.21(b)所示。有时为了缩小泵房的跨度,可将闸阀 1 装在总连通管 a—b 的延长线上,如图 2.21(c)所示。由此可见,压水管上闸阀的设置主要取决于供水对象对供水安全性的要求。

图 2.22 所示为四台水泵向两条总输水管供水的布置图,其中一台备用。若一个闸阀 2 要修理,泵站还有两台水泵及一条总输水管可供水,水量下降不多。假设只装一个闸阀 2,则当修理它时,整个泵站将停止工作。

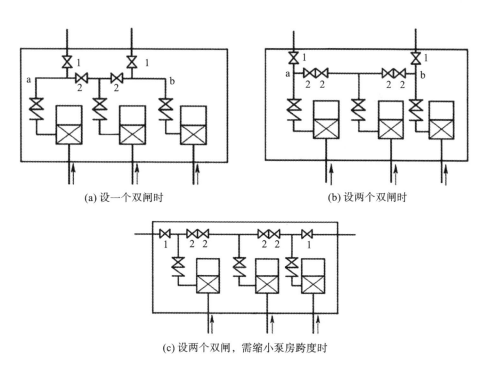

(a) 设一个双闸时　　　(b) 设两个双闸时

(c) 设两个双闸，需缩小泵房跨度时

图 2.21　三台水泵时压水管路的布置

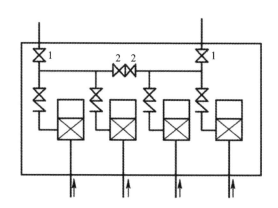

图 2.22　四台水泵的压水管路布置

通常为了减小泵房的跨度，将连通管置于墙外的管廊中或将连通管设在站外，而把连通管上的闸阀置于闸阀井中，如图 2.23 所示。

4. 吸水管路和压水管路的敷设

管路及其附件的布置和敷设应保证使用和修理便利。敷设互相平行的管路

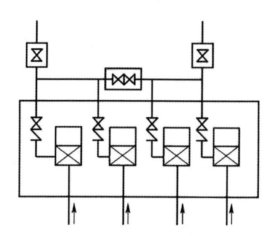

图 2.23　连通管在站外的压水管路布置

时,应使管道外壁相距 0.4～0.5 m,以便维修人员能无阻碍地拆装接头和配件。为了承受管路中压力所造成的推力,应在必要的地方(如弯头、三通处)装置支墩、拉杆等,以避免这些推力传给水泵。

管路上必须设置放水口,用于放空管路。泵站内的水管不能直接埋于土中,视具体情况可以敷设于砖、混凝土或钢筋混凝土的地沟中,机器间下面的地下室中,以及泵站地板上。

如果吸水管、压水管直径在 500 mm 以下,建议敷设在地沟中或将两者之一敷设在地沟中,以利泵站内的交通。直径大于 500 mm 的水管,因不适于安装过多的弯头,宜直进直出,可连同水泵一起安装在泵站机器间的地板上,水泵吸水管、压水管安装为一条直线,不设弯头,可降低电耗。当水管敷设在泵站地板上时,应修建跨过管道并能走近机组和闸阀的便桥和梯子。对于机组为数不多和管路不是很长的个别情况,直径大于 500 mm 的水管也可以敷设于地沟中。

地沟上应有活动盖板,为了便于安装和检修,从沟底到下管壁的距离应不小于 350 mm,从管壁到沟的顶盖的距离应不小于 200 mm。直径在 200 mm 以下的水管应敷设在地沟的中间,沟壁与水管侧面的距离应不小于 350 mm。直径为 250 mm 或更大的水管应不对称地敷设于沟中,管壁到沟壁的距离在一侧应不小于 350 mm,而另一侧应不小于 450 mm。沟底应有向集水坑或排水口倾斜的坡度,一般为 1%。

地下式水泵站所在地的地下水位较高时,不宜采用能通行的管沟或地下室,否则会大大增加泵站的造价。

吸水管、压水管在引出泵房之后,必须埋设在冰冻线以下,并应有必要的防腐、防震措施。如果管道位于泵站施工工作坑范围内,则管道底部应作基础处理,以免回填土产生过大沉陷。

　　泵站内管道一般不宜架空安装。但地下深度较大的泵房,为了与室外管路连接,有时不得不做架空管道。管道架空安装时,应做好支架或支柱,但不应阻碍通行,更不能妨碍水泵机组的吊装及检修工作。不允许将管道架设在电气设备的下方,以免管道漏水或凝露影响下面电气设备的安全工作。

第 3 章　市政排水管渠系统设计

3.1　污水管道系统设计

污水管道系统是收集和输送城镇或工业企业所产生污水的管道及其附属构筑物。它的设计是建立在当地城镇和工业企业总体规划以及排水工程总体规划基础上的,具体内容如下:管道工程方案和施工图设计、污水设计流量的确定和污水管道的设计计算。

3.1.1　管道工程方案设计和施工图设计

1. 管道工程方案设计

排水工程设计工作可划分为两个阶段或三个阶段。大中型基本建设项目一般采用初步设计和施工图设计两阶段;重大项目和特殊项目,根据需要可增加技术设计阶段。

初步设计又称为方案设计,主要解决设计原则和标准,选定设计方案。施工图设计全面解决施工、安装等具体工程问题。

1)管道工程方案设计的目的及内容

(1)方案设计的目的。

管道工程方案设计的目的是解决管道工程设计中重大的、原则性的问题,以保证设计方案技术上可行、合理,同时又比较经济。

(2)方案设计的内容。

管道工程方案设计的内容主要包括:明确拟设计管道系统的服务范围、所应采用的排水系统体制、设计标准、污水(雨水)的出路、管网定线(确定管道所在的位置以及污水的走向)、近期和远期结合的问题等。

2)管道工程方案设计的步骤

(1)明确设计任务。

确定管道工程方案设计,首先要进一步明确设计任务。

(2)设计资料的调查。

污水管道系统的规划设计必须以可靠的资料为依据。设计人员接受设计任务后一般应先了解、研究设计任务书或批准文件的内容,弄清工程的范围和要求,然后赴现场踏勘,分析、核实、收集、补充有关的基础资料。排水管道工程设计通常需要以下几个方面的基础资料。

①有关明确任务的资料。进行城镇或工业企业的排水工程新建、改建和扩建工程的设计,一般需要了解与本工程有关的城镇或工业企业的总体规划以及道路交通、建筑占地、给水排水、电力电信、防洪、燃气、园林绿化等各项专业工程的规划。这样可进一步明确本工程的设计范围、设计期限、设计人口数,拟用的排水体制,排水方式,受纳水体的位置及防治污染的要求,主要公共建筑和其他排水量大的排放口的位置、高程、排放特点,各类污水量标准及其主要水质指标,与给水、电力电信、防洪等其他工程设施可能的交叉,以及工程投资情况。

②有关自然因素方面的资料。

a.地形图:进行大型排水工程设计时,在方案设计阶段要求有设计地区和周围25～30 km范围的总地形图,比例尺为1∶25000～1∶10000,等高线间距1～2 m;或带地形、地物、河流等的地区总体布置图,比例尺为1∶10000～1∶5000;工厂可采用的比例尺为1∶2000～1∶500,等高线间距0.5～2 m。

b.气象资料:包括设计地区的气温(平均气温、极端最高气温和最低气温)、风向和风速、降雨量资料或当地的暴雨强度公式等。

c.水文资料:包括河流的流量、流速、水位记录,水面比降,洪水情况和河水水温、水质分析化验资料等。

d.地质资料:主要包括设计地区的土壤性质和构成、土壤冰冻深度及其承载力、地下水水位和水质、地震等级等。

③有关工程情况的资料。有关工程情况的资料包括道路等级、路面宽度及材料,地面建筑物和地铁以及其他地下建筑的位置和高程,给水排水、电力和电信电缆、煤气等各种地下管线的位置,本地区建筑材料、管道制品、电力供应的情况和价格;建筑安装单位的等级和装备情况等。

污水管道系统设计所需的资料范围比较广泛,其中有些资料虽然可由建设单位提供,但为了取得准确、可靠、充分的设计基础资料,设计人员必须到现场进行实地调查勘测,必要时还应去提供原始资料的气象、水文、勘测等部门查询,再将收集到的资料进行整理分析、补充或者修改。

(3)设计方案的确定。

在掌握了较为完整、可靠的设计基础资料后，设计人员根据工程的要求和特点，对工程中一些原则性的、涉及面较广的问题提出解决办法，这样就构成了不同的设计方案。因此，必须深入分析各设计方案的利弊和产生的各种影响，并对设计的原则性问题进行充分分析。例如，城镇的生活污水与工业废水是分开处理还是合并处理；城市污水是分散到若干个污水处理厂还是集中到一个大型污水处理厂进行处理；城市排水管网建设与改造中体制的选择；污水处理程度和污水排放标准；设计期限的划分；等等。这些问题应从经济效益、环境效益、社会效益综合考虑。

对社会环境有重大影响的排水工程项目，进行方案比较与评价的步骤和方法如下。

①建立方案的技术经济数学模型。建立主要技术经济指标与各种技术经济参数之间的函数关系，也就是通常所说的目标函数及相应的约束条件方程。目前，由于排水工程技术问题的复杂性，基础技术经济资料匮乏等，多数情况下建立技术经济数学模型较为困难。同时，在实际工作中已建立的数学模型也存在应用上的局限性与适用性。当前，在缺少合适的数学模型的情况下，可以根据经验选择合适的参数。

②技术经济数学模型的求解。这一过程为优化计算的过程。从技术经济角度讲，首先，必须选择有代表意义的主要技术经济指标为评价目标；其次，正确选择适宜的技术经济参数，以便在最好的技术经济情况下进行优选。由于实际工程的复杂性，有时解技术经济数学模型并不一定完全依靠数学优化方法，而用各种近似计算方法，如图解法、列表法等。

③方案的技术经济评价。在以上设计资料的调查基础上，充分考虑方案设计的内容，结合当地的实际情况提出设计方案，并根据技术经济评价原则和方法，在同等深度下计算出各方案的工程量、投资以及其他技术经济指标，然后进行各方案的技术经济评价。

④综合评价与决策。在上述分析评价的基础上，对各设计方案的技术经济、方针政策、社会效益、环境效益等做出总的评价与决策，以确定最佳方案。综合评价的项目或指标，应根据工程项目的具体情况确定。经过综合比较后所确定的最佳方案即为最终的设计方案。

但更多的排水工程项目属于中小型新建、改建或扩建项目，故实际工程中方案设计的步骤主要包括以下几个方面。

a. 画出每个方案的平面图,并绘出总流域边界线。

b. 在平面图上绘出管线(只是反映管线大体布置在哪条路上)、检查井所在的位置,绘出分流域边界线。

c. 确定设计管段,根据当地的设计标准计算设计流量。

d. 进行水力和高程计算。

e. 绘出平面及纵断图。

f. 计算工程量,进行工程概算。

g. 列出方案比较表,主要从工程量、工程造价、拆迁占地情况、水力条件、施工、运行维护以及其他社会环境因素等方面加以比较。

2. 管道工程施工图设计

(1)施工图设计的目的。

施工图设计的目的是把方案设计的成果工程化、细部化,是工程施工和施工预算的主要依据。

(2)施工图设计的内容与步骤。

①设计资料的进一步补充与完善,主要包括以下内容。

a. 图纸。

市政工程:1∶5000～1∶2000 总平面图;1∶1000～1∶500 平面线条图(郊区 1∶2000)。建筑工程:1∶2000～1∶1000 地形图(以备查找管道);1∶500 建筑总平面图,首层和地下层暖通、给排水平面图、系统图,已设计其他管线或管线综合图。

b. 地下已建各种管线、构筑物等。

c. 水文地质资料。

d. 现场调研、测量管线交叉或接入处的管径和管底高程等。

②管网定线(确定管线在道路上的准确位置)、检查井布置,流域边界线划分。

③确定管网高程控制点及其埋深。

④进行管道水力、高程计算。

⑤画出总平面图、平面图、纵断面图。

⑥选附属构筑物等。

⑦工程预算。

3.1.2　污水设计流量的确定

污水管道及其附属构筑物能保证通过的污水最大流量称为污水设计流量。污水管道系统设计常采用最大日最大时流量为设计流量,其单位为 L/s。合理确定设计流量是污水管道系统设计的主要内容之一,也是做好设计的关键。污水设计流量包括生活污水和工业废水两大类,现分述如下。

1. 生活污水设计流量

(1)居住区生活污水设计流量。

居住区生活污水设计流量按式(3.1)计算。

$$Q_1 = \frac{nNK_z}{86400} \tag{3.1}$$

式中:Q_1——居住区生活污水设计流量,L/s;n——居住区生活污水定额,L/(人·d);N——设计人口数,人;K_z——生活污水量总变化系数。

①居住区生活污水定额。

居住区生活污水定额可参考居民生活污水定额或综合生活污水定额。

a.居民生活污水定额:居民每人每天日常生活中洗涤、冲厕、洗澡等产生的污水量[L/(人·d)]。

b.综合生活污水定额:居民生活污水和公共设施(包括娱乐场所、宾馆、浴室、商业网点、学校和机关办公室等地方)排出污水两部分的总和[L/(人·d)]。

居民生活污水定额和综合生活污水定额应根据当地采用的用水定额,结合建筑内部给水排水设施水平和排水系统普及程度等因素确定。在按用水定额确定污水定额时,对给水排水系统完善的地区可按用水定额的 90% 计,一般地区可按用水定额的 80% 计。设计中可根据当地用水定额确定污水定额。若缺少实际用水资料,可根据《室外给水设计标准》(GB 50013—2018)规定的居民生活用水定额和综合生活用水定额,结合当地的实际情况选用。然后根据当地建筑内部给水排水设施水平和给水排水系统完善程度确定居民生活污水定额和综合生活污水定额。

有些城镇的设计部门,为便于计算,除将排水量特别大的工业企业单独计算外,对市区内居住区(包括公共建筑、小型工厂在内)的污水量按比流量计算。比流量是指从单位面积上排出的日平均污水流量,以 L/(s·hm²)表示。该值是根据人口密度、卫生设备等情况定的一个综合性的污水量标准,可根据式(3.2)

计算。

$$q = \frac{np}{86400} \tag{3.2}$$

式中：q——比流量，$L/(s \cdot hm^2)$；n——居住区生活污水定额，$L/(人 \cdot d)$；p——人口密度，人$/hm^2$。

因此，生活污水设计流量也可根据式(3.3)计算。

$$Q_1 = qFK_z \tag{3.3}$$

式中：Q_1——居住区生活污水流量，L/s；F——污水管道服务面积，hm^2；q——比流量，$L/(s \cdot hm^2)$；K_z——生活污水量系数。

②设计人口。

设计人口指污水排水系统设计期限终期的规划人口数，是计算污水设计流量的基本数据。该值是由城镇和工业企业的总体规划确定的。在计算污水管道服务的设计人口时，常用式(3.4)计算。

$$N = pF \tag{3.4}$$

式中：N——设计人口，人；p——人口密度，人$/hm^2$；F——污水管道服务面积，hm^2。

人口密度表示人口分布的情况，是指居住在单位面积上的人口数。若人口密度所用的地区面积包括街道、公园、运动场、水体，该人口密度称为总人口密度。若所用的面积只是街区内的建筑面积，该人口密度称为街区人口密度。在规划或初步设计时，计算污水量是根据总人口密度计算；而在技术设计或施工图设计时，一般采取街区人口密度计算。

③生活污水量总变化系数。

居住区生活污水量标准是平均值，因此，根据设计人口和生活污水量标准计算所得的是污水平均流量。实际上，流入污水管道的污水量时刻都在变化。夏季与冬季污水量不同；一天中，日间与晚间污水量不同，而且各个小时的污水量也有很大的差异。

污水量的变化程度一般用变化系数表示。变化系数分为日、时、总变化系数。

一年中最大日污水量与平均日污水量的比值称为日变化系数(K_d)。

最大日最大时污水量与该日平均时污水量的比值称为时变化系数(K_h)。

最大日最大时污水量与平均日平均时污水量的比值称为总变化系数(K_z)，并有式(3.5)。

$$K_z = K_d K_h \qquad (3.5)$$

通常,污水管道的设计断面根据最大日最大时污水流量确定,因此需要求出总变化系数。综合生活污水量总变化系数根据《室外排水设计标准》(GB 50014—2021)可按表 3.1 采用。

表 3.1 综合生活污水量总变化系数

平均日流量/(L/s)	≤5	15	40	70	100	200	500	≥1000
总变化系数	2.3	2.0	1.8	1.7	1.6	1.5	1.4	1.3

当 $\overline{Q} \leqslant 5\text{L}/s$ 时,$K_z = 2.3$;当 $\overline{Q} \geqslant 1000\text{L}/s$ 时,$K_z = 1.3$。当污水平均日流量为表 3.1 中所列数值的中间值时,总变化系数可用内插法求得。

生活污水量总变化系数值也可按综合分析得出的总变化系数与平均流量间的关系式求得,即式(3.6)。

$$K_z = \frac{2.7}{\overline{Q}^{0.11}} \qquad (3.6)$$

式中:$\overline{Q}$——平均日平均时污水流量,L/s。

在污水管道中,污水流量的变化情况随着人口数和污水量标准的变化而定。若污水量标准一定,流量变化幅度随人口增加而减小;若人口数一定,流量变化幅度随污水量标准增加而减小。因此,在采用同一污水量标准的地区,上游管道由于服务人口少,管道中出现的最大流量与平均流量的比值较大。而在下游管道中,服务人口多,来自各排水地区的污水由于流行时间不同,高峰流量得到削减,最大流量与平均流量的比值较小,流量变化幅度小于上游。这表明总变化系数与平均流量之间有一定的关系,平均流量越大,总变化系数越小。

(2)公共建筑生活污水设计流量。

在居住区生活污水量计算时,如果基于综合生活用水定额,那么所计算的污水量中已包括公共建筑的生活污水量,无须单独计算;如果基于居民生活用水定额,则某些公共建筑的污水量在设计时应作为集中污水量单独计算,根据不同公共设施的性质,按《建筑给水排水设计标准》(GB 50015—2019)的相关规定进行计算。

(3)工业企业生活污水及淋浴污水设计流量。

工业企业生活污水及淋浴污水设计流量(其中淋浴时间以 1 h 计)可按式

(3.7)计算。

$$Q_3 = \frac{A_1 B_1 K_1 + A_2 B_2 K_2}{3600T} + \frac{C_1 D_1 + C_2 D_2}{3600} \tag{3.7}$$

式中:Q_3——工业企业生活污水及淋浴污水的设计流量,L/s;A_1——一般车间最大班职工人数,人;A_2——热车间最大班职工人数,人;B_1——一般车间职工生活污水量标准,以 25 L/(人·班)计;B_2——热车间职工生活污水量标准,以 35 L/(人·班)计;K_1——一般车间生活污水量时变化系数,以 3.0 计;K_2——热车间生活污水量时变化系数,以 2.5 计;T——每班工作时数,h;C_1——一般车间最大班使用淋浴的职工人数,人;C_2——热车间最大班使用淋浴的职工人数,人;D_1——一般车间的淋浴污水量标准,以 40 L/(人·班)计;D_2——热车间的淋浴污水量标准,以 60 L/(人·班)计。

2. 工业废水设计流量

工业废水设计流量按式(3.8)计算。

$$Q_4 = \frac{mMK_z}{3600T} \tag{3.8}$$

式中:Q_4——工业废水设计流量,L/s;m——生产过程中每单位产品的废水量标准,L/单位产品;M——产品的平均日产量;K_z——总变化系数;T——每日生产时数,h。

工业废水量标准是指生产单位产品或加工单位数量原料所排出的平均废水量,又称为生产过程中单位产品的废水量定额。该定额可根据各行业用水量标准来确定。各个工厂的工业废水量标准有很大差别,主要与生产的产品及所采用的工艺过程有关。近年来,随着国家对水资源开发利用和保护的日益重视,有关部门制定了各工业的用水量规定。排水流量计算应与之协调。此外,《污水综合排放标准》(GB 8978—1996)对部分行业最高允许排水定额作了明确规定。

在不同的工业企业中,工业废水的排除情况差别较大。工业废水量的变化取决于工业企业的性质和生产工艺过程。一般工业废水量的日变化不大,其日变化系数可取为1。时变化系数可通过实测确定,某些工业废水量的时变化系数大致如下:化工工业为1.3～1.5,纺织工业为1.5～2.0,造纸工业为1.3～1.8,冶金工业为1.0～1.1,食品工业为1.5～2.0。

3.城镇污水设计总流量

城镇污水设计总流量是居住区生活污水、公共建筑生活污水、工业企业生活污水及淋浴污水以及工业废水的设计流量四部分之和,即式(3.9)。

$$Q = Q_1 + Q_2 + Q_3 + Q_4 \tag{3.9}$$

污水管道设计流量计算是采用这种简单累加法来计算的,即假定各种污水在同一时间发生最大流量。但在设计污水泵站和污水处理厂时,如果也采用各项最大流量之和作为设计依据,将很不经济。因为各种污水最大流量同时发生的可能性很小,而且各种污水流量汇合时互相调节,会使流量高峰降低。因此,在确定污水泵站和污水处理厂各处理构筑物的最大污水设计流量时,应按全部污水汇合后的最大时流量作为总设计流量。

3.1.3　污水管道的设计计算

1.污水管道中污水流动的特点

与给水管网的环流贯通情况不同,污水管道呈树枝状分布。沿支管、干管流入主干管,最终流向污水处理厂。大多数情况下污水在管道中靠重力流动。

污水中含有一定数量的有机物和无机物,这些物质按比重大小不同分布在水流断面上,这就使得污水与清水的流动有所不同。而且管道中流量不断变化,流速也随管道断面及流向的变化而变化,污水管道内水流不是均匀流。但污水中水分一般在99%以上,因此,可假定污水的流动遵循水流流动的规律,假定管道内水流是均匀流,并且在设计和施工中,尽量改善管道的水力条件,则可使管内水流尽可能接近均匀流。

2.水力计算的基本公式

污水管道水力计算的目的,在于合理、经济地选择管道断面尺寸、坡度和埋深,这种计算是根据水力学规律,所以称为管道的水力计算。如前所述,为了简化计算工作,目前在排水管道的水力计算中仍采用均匀流公式。常用的均匀流基本公式如下。

流量公式为式(3.10)。

$$Q = Av \tag{3.10}$$

流速公式为式(3.11)。

$$v = C \sqrt{RI} \tag{3.11}$$

式中:Q——流量,m^3/s;A——过水断面面积,m^2;v——流速,m/s;R——水力半径(过水断面面积与湿周的比值),m;I——水力坡降(等于水面坡降,也等于管底坡降);C——流速系数(或称为谢才系数),一般按曼宁公式[式(3.12)]计算,n——管壁粗糙系数,该值根据管壁材料而定(表 3.2),混凝土和钢筋混凝土污水管道的管壁粗糙系数一般采用 0.014。

$$C = \frac{1}{n} R^{\frac{1}{6}} \tag{3.12}$$

表 3.2　排水管渠粗糙系数

管渠种类	n 值	管渠种类	n 值
陶土管、铸铁管	0.013	浆砌砖渠道	0.015
混凝土、钢筋混凝土管、水泥砂浆抹面渠道	0.013~0.014	浆砌块石渠道	0.017
石棉水泥管、钢管	0.012	干砌块石渠道	0.020~0.025
聚氯乙烯管、聚乙烯管、玻璃钢管	0.009~0.011	土明渠	0.025~0.030

3. 污水管道水力计算的设计数据

从水力计算公式可知,设计流量与设计流速及过水断面面积有关,而流速则是管壁粗糙系数、水力半径和水力坡降的函数。为了保证污水管道的正常运行,在《室外排水设计标准》(GB 50014—2021)中对这些因素作了以下规定。

(1)设计充满度。

在设计流量下,污水在管道中的水深 h 和管道直径 D 的比值称为设计充满度。当 $h/D=1$ 时,称为满流;当 $h/D<1$ 时,称为非满流。

污水管道的设计有按满流和不满流两种方法。重力流污水管道应按非满流计算,其最大设计充满度的规定如表 3.3 所示。

表 3.3　排水管渠的最大设计充满度

管径或渠高/mm	最大设计充满度	管径或渠高/mm	最大设计充满度
200~300	0.55	500~900	0.70
350~450	0.65	≥1000	0.75

这样规定的原因如下。

①确保流量变化的安全。污水流量时刻在变化,很难精确计算,而且雨水或地下水可能通过检查井或管道接口渗入污水管道。因此,有必要保留一部分管道断面,为未预见用水的增长留有余地,避免污水溢出而妨碍环境卫生。

②有利于管道通风。污水管道内沉积的污泥可能分解逸出一些有害气体。此外,污水中含有汽油、苯、石油等易燃气体时,可能形成爆炸性气体,故需留出适当的空间,以利管道的通风,排除有害气体,这对防止管道爆炸有良好效果。

③改善水力条件。管道部分充满时,管道内水流速度在一定条件下比满流时大一些。例如,$h/D=0.813$ 时,流速 v 达到最大值,而当 $h/D=1$ 和 $h/D=0.5$ 时,流速相等。

④便于管道的疏通和维护管理。污水管道按非满流计算时,不包括短时突然增加的流量,但当管径小于或等于 300 mm 时,应按满流复核。在有些国家,污水管道按满流设计时,设计流量应包括雨水和地下水的渗入量。

(2)设计流速。

与设计流量、设计充满度相应的水流平均速度称为设计流速。污水在管内流动缓慢时,污水中所含杂质可能下沉,产生淤积;当污水流速增大时,可能产生冲刷现象,甚至损坏管道。为了防止管道中产生淤积或冲刷,设计流速不宜过小或过大,因此有最小和最大设计流速的规定。

①最小设计流速是保证管道内不致发生淤积的流速。这一最低的限值与污水中所含悬浮物的成分和粒度有关,也与管道的水力半径、管壁的粗糙系数有关。污水管道的最小设计流速定为 0.6 m/s。含有金属、矿物固体或重油杂质等的污水管道,其最小设计流速宜适当加大。

②最大设计流速是保证管道不被冲刷损坏的流速。该值与管道材料有关,通常金属管道的最大设计流速为 10 m/s,非金属管道的最大设计流速为 5 m/s。

排水泵站输水时,排水管道为压力流,流速同样不能太小;但若管路流速过大,则要考虑水锤的影响,必须采取消除水锤的措施。此时管道的设计流速宜采用 0.7~2.0 m/s。

若输送污水浓度较高或为污泥时,其最小流速随含水率(或含固率)而变化。采用压力管道时的最小设计流速如表 3.4 所示。

表 3.4 压力输泥管的最小设计流速

污泥含水率 /（%）	最小设计流速/（m/s）		污泥含水率 /（%）	最小设计流速/（m/s）	
	管径 150～ 250 mm	管径 300～ 400 mm		管径 150～ 250 mm	管径 300～ 400 mm
90	1.5	1.6	95	1.0	1.1
91	1.4	1.5	96	0.9	1.0
92	1.3	1.4	97	0.8	0.9
93	1.2	1.3	98	0.7	0.8
94	1.1	1.2			

（3）最小设计坡度。

在污水管道系统设计时，通常使管道埋设坡度与设计地区的地面坡度一致，但管道坡度造成的流速应大于或等于最小设计流速，以防止管道内产生沉淀。这一点在地势平坦或管道走向与地面坡度相反时尤为重要。因此，将最小设计流速时的管道坡度称为最小设计坡度。最小设计坡度的规定可减少起始段的埋深，从而有可能使整个管网的埋深减少，进而降低造价。

根据水力计算公式，在给定设计充满度的情况下，管径越大，相应的最小设计坡度值就越小。因此，只需规定最小管径的最小设计坡度值即可。具体规定是：管径 300 mm 的塑料管最小坡度为 0.002，其他管为 0.003。

（4）最小管径。

一般在污水管道系统的上游部分，设计污水流量很小，若根据流量计算，则管径会很小。但为减少堵塞、便于养护，常规定一个允许的最小管径。污水管最小管径为 300 mm。污水管道系统上游管段服务面积小，因而计算设计流量小于最小管径在最小设计坡度、充满度为 0.5 时可以通过的流量时，这个管段可以不进行水力计算，而直接采用最小管径和最小坡度，这种管段称为不计算管段。在这些管段中，为养护方便，应当有清淤设施。

4. 污水管道的埋深及其衔接方式

（1）埋深。

通常，污水管网占污水工程总投资的 50%～70%，而构成污水管道造价的

挖填沟槽、沟槽支撑、湿土排水、管道基础、管道铺设各部分的比重,与管道的埋深及施工方式有很大关系。因此,合理地确定管道埋深对于降低工程造价是十分重要的。

①管道覆土深度和埋深。

a.覆土深度:管道外壁顶部到地面的距离。

b.埋深:管道内壁底到地面的距离。

②最小覆土深度。

为了降低造价,缩短工期,管道埋深越小越好,但覆土深度应有一个最小的限值,这个最小限值称为最小覆土深度。最小覆土深度应根据管道强度、外部荷载、土壤冰冻深度和土壤性质等条件确定,并应满足以下三方面的要求。

a.必须防止管道内污水冰冻和因土壤冻胀而损坏管道。一般情况下,排水管道宜埋设在冰冻线以下。但也应根据污水管道流量、水温、水流情况和敷设位置等因素确定。根据实测情况,污水水温即使在冬季也不会低于 4℃,此外,污水管道按一定的坡度敷设,以一定的流速处于流动状态。因此,污水管道也可埋设在土壤冰冻线以上,其数值应根据该地区经验确定,并应保证排水管道安全运行。

b.必须防止管壁因地面荷载而受到破坏。埋设在地面下的污水管道承受着其上部土壤的静荷载和地面上车辆运行产生的动荷载。为了防止管道因外部荷载影响而损坏,首先要注意管道质量;还必须保证管道有一定的覆土深度,因为车辆运行对管道产生的动荷载,其垂直压力随着深度增加而向管道两侧传递,最后只有一部分集中的轮压力传递到地下管道。因此,车行道下管顶最小覆土深度宜为 0.7 m,人行道下为 0.6 m。若特殊情况不能满足要求,应对管道采取加固措施。

c.必须满足街坊污水连接管衔接的要求。城镇住宅、公共建筑内产生的污水要能顺畅排入街道污水管网,就必须保证街道污水管网起点的埋深大于或等于街坊污水管终点的埋深。而街坊污水管起点的埋深又必须大于或等于建筑物污水出户管的埋深。这对于确定在气候温暖又地势平坦地区街道管网起点的最小埋深或覆土深度是很重要的因素。从安装技术方面考虑,为使建筑物首层卫生设备的污水能顺利排出,污水出户管的最小埋深一般采用 0.5~0.7 m,所以街坊污水管道起点最小埋深也应有 0.6~0.7 m。根据街坊污水管道起点最小埋深值,可根据式(3.13)确定街道管网起点的最小埋设深度。

$$H = h + IL + Z_1 - Z_2 + \Delta h \tag{3.13}$$

式中：H——街道污水管网起点的最小埋深，m；h——街坊污水管起点的最小埋深，m；I——街坊污水管和连接支管的坡度，m；L——街坊污水管和连接支管的总长度，m；Z_1——街道污水管起点检查井处地面标高，m；Z_2——街坊污水管起点检查井处地面标高，m；Δh——连接支管和街道污水管的管内底高差，m。

对每一个具体管道，从上述三个不同的因素出发，可以得到三个不同的管底埋深或管顶覆土深度值，取这三个数值中的最大值作为该管道的允许最小覆土深度或最小埋深。

③最大埋深。

在管道工程中，埋深越大，则造价越高，施工工期也越长。因此，除考虑管道最小埋深外，还应考虑管道最大埋深问题。污水在管道中依靠重力从高处流向低处。当管道的坡度大于地面坡度时，管道的埋深就越来越大，尤其在地形平坦地区更为凸出。管道埋深允许的最大值为最大允许埋深。该值的确定应根据技术经济指标及施工方法而定，一般在干燥土壤中，最大埋深不超过 8 m；在多水、流砂、石灰岩地层中，一般不超过 5 m。当超过最大埋深时，应设置泵站以提高管渠的位置。

（2）污水管道控制点及衔接方式。

①控制点的确定和泵站的设置地点。

在污水排水区域内，对管道系统的埋深起控制作用的点称为控制点。例如，各条管道的起点大都是这条管道的控制点。这些控制点中离出水口最远的一点，通常就是整个系统的控制点。具有相当深度的工厂排出口或某些低洼地区的管道起点，也可能成为整个管道系统的控制点。这些控制点的管道埋深影响整个污水管道系统的埋深。

确定控制点的标高，一方面，应根据城市的竖向规划，保证排水区域内各点的污水都能够排除，并考虑未来发展，在埋深上适当留有余地；另一方面，不能因照顾个别控制点而增加整个管道系统的埋深。为此，通常采用一些措施，例如，加强管道强度，填土提高地面高程以保证最小覆土深度；设置泵站提高水位等，减少控制点管道的埋深，从而减少整个管道系统的埋深，降低工程造价。

在排水管道系统中，受地形条件等因素的影响，通常可能需设置中途泵站、局部泵站和终点泵站。当管道埋深接近最大埋深时，为提高下游管道的水位而设置的泵站称为中途泵站；若将低洼地区的污水抽升到地势较高地区管道中，或将高层建筑地下室、地铁、其他地下建筑的污水抽送到附近管道系统，这类泵站，称为局部泵站；此外，污水管道系统终点的埋深通常很大，而污水处理厂的处理

构筑物因受到受纳水体水位或再生利用设备的水位的限制,一般需埋深很浅或设置在地面上,因此需设置泵站将污水抽升至处理构筑物,这类泵站称为终点泵站。设置泵站抽升污水会增加基建投资和常年运转管理费用,但不建泵站而过多地增加管道埋深,不仅施工难度大,且造价也很高。因此,泵站设置与否及其具体位置选择应考虑环境卫生、地质、电源和施工条件等因素。

②污水管道衔接方式。

污水管道在管径、坡度、高程、方向发生变化和支管接入的地方都需要设置检查井。在设计时,必须考虑检查井内上下游管道衔接时的高程关系问题,并应遵循以下两个原则。

a.尽可能提高下游管段的高程,以减少管道埋深,降低造价。

b.避免上游管段中形成回水而造成淤积。

不同直径的管道在检查井内的连接通常采用水平平接或管顶平接。

水面平接指在水力计算中,使上游管段终端和下游管段起端在指定的充满度下的水面相平,即上游管段终端和下游管段起端的水面标高相同。上游管段中的水面变化较大,水面平接时在上游管段内的实际水面标高有可能低于下游管段的实际水面标高,因此,在上游管段中易形成回水。

管顶平接指在水力计算中,使上游管段终端和下游管段起端的管顶标高相同。采用管顶平接时,在上述情况下就不至于在上游管段产生回水,但下游管段的埋深将增加。这对于平坦地区或埋设较深的管道,有时是不适宜的。这时应尽可能减少埋深,而采用水面平接的方法。

此外,当下游管道敷设地区的地面坡度很大时,为了调整管内流速,所采用的管道坡度将会小于地面坡度。为了保证下游管段的最小覆土深度和减少上游管段的埋深,可根据地面坡度采用跌水连接。

同样,当管道敷设地区的地面突然变得非常陡峭时,为减少埋深,管道敷设坡度随之增加,管内水流断面减小、水流速度随之加大(当然坡度的选择要使管内水流速度满足最大流速的要求),管径相对上游有所减小,这时管道衔接应采取管底平接,即上游管段终端和下游管段起端的管底标高相同。

在旁侧管道和干管交会处,若旁侧管道的管底标高比干管的管底标高大很多,为保证干管有良好的水力条件,最好在旁侧管道上先设跌水井再与干管相接。反之,若干管的管底标高高于旁侧管道的管底标高,为了保证旁侧管能接入干管,干管在交会处需设跌水井,以增大干管的埋深。

污水明渠与地下管渠衔接时,采用跌水井连接;地下暗渠与明渠衔接时,需要在暗渠末端设排出口,再接入明渠。

总之,采用管顶平接,易于施工,但可能增加管道埋深;采用水面平接,可减少埋深,但施工不便,易发生误差。因此,在实际工程中,应根据具体情况采用不同的连接方式。无论采用哪种连接方法,下游管段起端的水面和管底标高都不得高于上游管段终端的水面和管底标高。

5.污水管道的设计

污水管道的方案设计和施工图设计的基本步骤前已述及。在明确各管段污水量、水力条件后,根据埋深的要求及管道衔接方式进行高程计算。污水管道设计主要包括以下内容。

1)划分排水流域,布置污水管网

在进行城市污水管道的规划设计时,首先要进行排水流域的划分及污水管网的布置。其主要内容包括:确定排水区界,划分排水流域;选择污水处理厂和出水口的位置;确定污水干管及主干管的路线;污水提升及泵站位置等。

(1)排水流域划分。

排水区界是污水排水系统设置的界限。凡是采用完善卫生设备的建筑区都应设置污水管道。在排水区界内,根据地形及城镇和工业区的竖向规划,划分排水流域。一般在丘陵及地形起伏的地区,可按等高线画出分水线,通常分水线与流域分界线基本一致。在地形平坦无显著分水线的地区,可依据面积的大小划分,使各相邻流域的管道系统能合理分担排水面积,使干管在最大合理埋深情况下,尽量使绝大部分污水能以自流排水为原则。每一个排水流域往往有一个或一个以上的干管,根据流域地势标明水流方向和污水需要抽升的地区。

(2)管网平面布置。

①管道定线。

在总图上确定污水管道的位置和走向,即污水管道的定线。正确定线是合理、经济地设计污水管道的先决条件,是污水管道系统设计的重要环节。

管道定线一般按主干管、干管、支管顺序依次进行。管道定线的方法根据工程的重要性及工程设计的不同阶段选择纸上定线或测量定线,即根据给定条件,用比例尺按给定的图形比例将管中心线绘到图上。测量定线是在纸上定线的基础上,通过现场实测,将测量结果准确反映到图纸上。纸上定线只是依据图纸而定,所以不仅管线折点不固定,而且也可能与道路上管线的实际长度、埋深等不一致。因此,干管或重要管线必须采用测量定线,其他管线视具体情况而定。

定线应遵循的主要原则是应尽可能地在管线较短和埋深较小的情况下,使最大区域的污水能自流排出。为了实现这一原则,在定线时必须很好地研究各种条件,使拟定的路线能因地制宜地利用其有利因素而避免不利因素。定线时通常考虑的几个因素包括地形和竖向规划、排水体制和线路数目、污水处理厂和出水口位置、水文地质条件、道路宽度、地下管线和构筑物的位置、工业企业和产生大量污水的公共建筑的分布情况等。

采用的排水体制也影响管道定线。分流制系统一般有两个或两个以上的管道系统,定线时必须在平面和高程上互相配合。采用合流制时要确定截流干管及溢流井的正确位置。若采用混合体制,则在定线时应考虑两种体制管道的连接方式。

考虑到地质条件、地下构筑物以及其他障碍物对管道定向的影响,应将管道特别是主干管布置在坚硬密实的土壤中,尽量避免或减少管道穿越高地、基岩浅露地带或基质土壤不良地带;尽量避免或减少与河道、山谷、铁路及各种地下构筑物交叉,以降低施工费用,缩短工期及减少日后养护工作的困难。管道定线时,若管道必须经过高地,可采用隧洞或设提升泵站;若经过土壤不良地段,应根据具体情况采取不同的处理措施,以保证地基或基础有足够的承载能力。当污水管道无法避开铁路、河流、地铁或其他地下构筑物时,管道最好垂直穿过障碍物,并根据具体情况采用倒虹管、管桥或其他工程设施。

管道定线,无论在整个城市或局部地区都可能形成几个不同的布置方案。例如,常遇到地形或河流把城市分割成了几个天然的排水流域的情况,此时是设计一个集中的排水系统还是设计多个独立分散的排水系统?当管线遇到高地或其他障碍物时,是绕行,设置泵站,设置倒虹管,还是采用其他的措施?管道埋深过大时,是设置中途泵站将水位提高还是继续增大埋深?凡此种种,在不同地区、不同城市的管道定线中都可能出现。因此,应对不同的方案在同等条件和深度下,进行技术经济比较,选用一个最好的管道定线方案。

②平面布置。

a.污水干管及主干管的平面布置。在一定条件下,地形一般是影响管道定线的主要因素。定线时应充分利用地形,使管道的走向符合地势,一般宜顺坡排水。在整个排水区域较低的地方(例如集水线或河岸低处)敷设主干管及干管,这样便于支管的污水自流接入,而横支管的坡度尽可能与地面坡度一致。

污水主干管的走向取决于污水处理厂和出水口的位置。因此,污水处理厂和出水口的数目与布设位置,将影响主干管的数目和走向。例如,在大城市或地形复杂的城市,可能要建几个污水处理厂分别处理和利用污水,这就需要敷设几条主干管。在小城市或地势倾向一方的城市,通常只设一个污水处理厂,则只需敷设一条主干管。若相邻城市联合建造区域污水处理厂,则需相应建造区域污水管道系统。

排水管渠原则上以重力流为主,因此管渠必须具有坡度。在地形平坦地区,管道虽然不长,埋深亦会增加很快,当埋深超过一定限值,或者管道需要翻越高地和长距离输水时,均需设置泵站,采用压力流。在管道定线时,通过方案比较,选择最适当的定线位置,使之既能减少埋深,又可少建泵站。

b.污水支管的平面布置。污水支管的平面布置取决于地形及街坊建筑特征,并应便于用户接管排水。当街坊面积不太大,街坊污水管网可采用集中排水方式时,街道支管敷设在服务街坊较低侧的街道上,称为低边式布置。当街坊面积大且地势平坦时,宜在街坊四周的街道敷设污水支管。建筑物的污水排出管可与街道支管连接,称为周边式布置。街区已按规划确定,街区内污水管网按各建筑的需要设计,组成一个系统,再穿过其他街区与所穿街区的污水管网相连,称为穿坊式布置。

c.污水管道在街道上的位置。管道定线时还须考虑街道宽度及交通情况。污水干管一般不宜敷设在交通繁忙而狭窄的街道下。所有地下管线尽量布置在人行道、慢车道和绿化带下,尽量避开快车道。只有在不得已时,才考虑将埋深大、修理次数较少的污水、雨水管布置在机动车道下。此外,为便于用户接管,道路红线宽度超过 50 m 的城市干道,为了减少连接支管的数目和减少与其他地下管线的交叉,宜在道路两侧布置排水管道。

城市道路下有许多管线工程,例如给水管、污水管、煤气管、热力管、雨水管、电力电缆、电信电缆等。工厂的道路下管线工程的种类也会很多。此外,在道路下还可能有地铁、地下人行横道、工业用隧道等地下设施。为了合理安排这些管线在空间的位置,必须在各单项管线工程规划的基础上,进行综合规划,统筹安排,以利施工和日后的维护管理。排水管渠在城镇道路下的埋设位置应符合《城市工程管线综合规划规范》(GB 50289—2016)的规定。

管线布置的顺序,一般从建筑红线向道路中心线方向依次为电力管线、电信管线、污水管线、燃气管线、给水管线、热力管线、污水管线、雨水管线;自地表向下的排列顺序宜为电力管线、热力管线、燃气管线、给水管线、雨水排水管线、污水排水管线。若各种管线布置发生矛盾,处理的原则:新建的让已建的,临时的让永久的,小管让大管,压力管让重力流管,可弯曲管线让不可弯曲管线,分支管线让主干管线,检修次数少的让检修次数多的。各管线敷设和检修时,不应互相影响。在地下设施拥挤的地区或交通极为繁忙的街道下,把污水管线与其他地下管线集中安置在隧道中是比较合适的,但雨水管道一般不设在隧道中,而是与隧道平行敷设。

由于污水管道为重力流管道,管道(尤其是干管和主干管)的埋深较其他管线大,且有很多连接支管,若管线位置安排不当,将会造成施工和维修的困难。而且污水管道难免渗漏、损坏,原则上,排水管道损坏时,应不影响附近建筑物、构筑物的基础,应不污染生活饮用水。因此,污水管道与其他地下管线或构筑物间应有一定距离。特别是污水管道、合流管道与生活给水管道交叉时,应敷设在生活给水管道的下面。污水再生利用的再生水管道与给水管道、合流管道和污水管道相交时,应敷设在给水管道下面,宜敷设在合流管道和污水管道上面。表3.5为排水管道与其他地下管线(构筑物)的最小净距,可供管线综合排布时参考。

表 3.5 排水管道和其他地下管线(构筑物)的最小净距

名称			水平净距/m	垂直净距/m
建筑物			见注③	
给水管		$d \leqslant 200$ mm	1.0	0.4
		$d > 200$ mm	1.5	
排水管				0.15
再生水管			0.5	0.4
燃气管	低压	$p \leqslant 0.05$ MPa	1.0	0.15
	中压	0.05 MPa$< p \leqslant 0.4$ MPa	1.2	0.15
	高压	0.4 MPa$< p \leqslant 0.8$ MPa	1.5	0.15
		0.8 MPa$< p \leqslant 1.6$ MPa	2.0	0.15
热力管线			1.5	0.15
电力管线			0.5	0.5

续表

名称		水平净距/m	垂直净距/m
电信管线		1.0	直埋 0.5
			管埋 0.15
乔木		1.5	
地上柱杆	通信照明及<10 kV	0.5	
	高压铁塔基础边	1.5	
道路侧石边缘		1.5	
铁路钢轨(或坡脚)		5.0	轨底 1.2
电车(轨底)		2.0	1.0
架空管架基础		2.0	
油管		1.5	0.25
压缩空气管		1.5	0.15
氧气管		1.5	0.25
乙炔管		1.5	0.25
电车电缆			0.5
明渠渠底			0.5
涵洞基础底			0.15

注：①表列数字除注明者外，水平净距均指外壁净距，垂直净距系指下面管道的外顶与上面管道基础底间净距。②采取充分措施(如结构措施)后，表列数字可减小。③与建筑物水平净距，管道埋深小于建筑物基础时，宜不小于 2.5 m；管道埋深大于建筑物基础时，按计算确定，但应不小于 3.0 m。

为了增大上游干管的直径，可减少敷设坡度，以便能减少整个管道系统的埋深，将产生大流量污水的工厂或公共建筑物的污水排出口接入污水干管起端是有利的。

管道系统的方案确定后，便可组成污水管道平面布置图。在方案(初步)设计时，污水管道系统的总平面图包括干管、主干管的位置与走向和主要泵站、污水处理厂、出水口的位置等。施工设计时，管道平面图应包括全部支管、干管、主干管、泵站、污水处理厂、出水口等的具体位置和详细资料。

　　根据定线后管道的具体位置,在管道转弯处、管径或坡度改变处、有支管接入处或两条以上管道交会处以及超过一定距离的直线管段上,都应设置检查井。若接入检查井的支管(接户管或连接管)管径大于 300 mm,支管数量不宜超过3条。

2)设计管段及设计流量的确定

(1)设计管段及其划分。

两个检查井之间的管段采用的设计流量不变,且采用同样的管径和坡度,称为设计管段,但在划分设计管段时,为了简化计算,无须把每个检查井都作为设计管段的起讫点。因为在直线管段上,为了疏通管道,需在一定距离处设置检查井。采用同样管径和坡度的连续管段,就可以划作一个设计管段。根据管道平面布置图,凡有集中流量进入、有旁侧管道接入的检查井均可作为设计管段的起讫点,并在起讫点上编上号码。

(2)设计管段的设计流量。

每一设计管段的污水设计流量可能包括以下几种流量。

①本段流量:从管段沿线街坊流来的污水量。

②转输流量:从上游管段和旁侧管段流来的污水量。

③集中流量:从工业企业或其他大型公共建筑物流来的污水量。

对于某一设计管段而言,本段流量沿线是变化的,即从管段起点的零增加到终点的全部流量,但为了计算方便,通常假定本段流量集中在起点进入设计管段,且接受本管段服务地区的全部污水流量。

本段流量可用式(3.14)计算。

$$q_1 = qFK_z \qquad (3.14)$$

式中:q_1——设计管段的本段流量,m^3/s;q——单位面积的本段平均流量,即比流量,$L/(s \cdot hm^2)$,可用式(3.2)求得;F——设计管段的街坊面积,hm^2;K_z——生活污水量的总变化系数。

从上游管段和旁侧管段流来的平均流量以及集中流量对这一管段是不变的。

方案(初步)设计时,只计算干管和主干管的流量。施工设计时,应计算全部管道的流量。

3)污水管道水力计算

(1)各管段水力条件的确定。

在上述设计管段划分和设计流量计算的基础上,确定污水管道水力条件时,通常污水设计流量为已知值,需要进一步确定管道的断面尺寸和敷设坡度等水力条件。所选择的管道断面尺寸,必须要在规定的设计充满度和设计流速的情况下,能够排泄设计流量。管道坡度应参照地面坡度平行敷设,这样可不增大埋深。但同时管道坡度又不能小于最小设计坡度的规定,以免管道内流速达不到最小设计流速而产生淤积。当然也应避免因管道坡度太大而使流速大于最大设计流速,否则也会导致管壁受到冲刷而缩短管道的使用期限。

在具体水力计算中,已知各管段设计流量 Q 及所选管材的管道粗糙系数 n,根据 3.1.3 节"2.水力计算的基本公式"中的公式求管径 D、水力半径 R、充满度 h/D、管道坡度 i 和流速 v。由于计算过程极为复杂,所以在实际工程中为了简化计算,常采用水力计算图或表。水力计算示意图如图 3.1 所示。

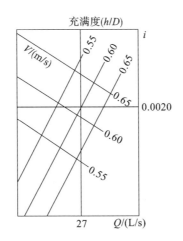

图 3.1　水力计算示意图

这种将流量、管径、坡度、流速、充满度、粗糙系数等各水力条件之间关系绘制成的水力计算图使用较为方便。对每一张图而言,D 和 n 是已知数,图 3.1 上的线表示管径 D、充满度 h/D、管道坡度 i 和流速 v 之间的关系。这四个因素中,根据地形条件和相关水力条件规定,只要首先确定两个就可以查出其他两个。

也可采用水力计算表进行计算。表 3.6 为摘录的钢筋混凝土圆管水力计算表(非满流,$n=0.014$,$D=300$ mm)的部分数据。其中管径 D 和粗糙系数 n 是已知的,Q、v、h/D、i 四个因素,知道其中任意两个便可求出另外两个。

表 3.6 钢筋混凝土圆管水力计算(非满流, $n=0.014$, $D=300$ mm)

h/D	$i-0.0025$		$i=0.0030$		$i=0.0040$		$i=0.0050$		$i=0.0060$	
	Q	v	Q	v	Q	v	Q	v	Q	v
0.10	0.94	0.25	1.03	0.28	1.19	0.32	1.33	0.36	1.45	0.39
0.15	2.18	0.33	2.39	0.36	2.76	0.42	3.09	0.46	3.38	0.51
0.20	3.93	0.39	4.31	0.43	4.97	0.49	5.56	0.55	6.09	0.61
0.25	6.15	0.45	6.74	0.49	7.78	0.56	8.70	0.63	9.53	0.69
0.30	8.79	0.49	9.63	0.54	11.12	0.62	12.43	0.70	13.62	0.76
0.35	11.81	0.54	12.93	0.59	14.93	0.68	15.69	0.75	18.29	0.83
0.40	15.13	0.57	16.57	0.63	19.14	0.72	21.40	0.81	23.44	0.89
0.45	18.70	0.61	20.49	0.66	23.65	0.77	26.45	0.86	28.97	0.94
0.50	22.45	0.64	24.59	0.70	28.39	0.80	31.75	0.90	34.78	0.98
0.55	26.30	0.66	28.81	0.72	33.26	0.84	37.19	0.93	40.74	1.02
0.60	30.16	0.68	33.04	0.75	38.15	0.86	42.66	0.96	46.73	1.06
0.65	33.69	0.70	37.20	0.76	42.96	0.88	48.03	0.99	52.61	1.08
0.70	37.59	0.71	41.18	0.78	47.55	0.90	53.16	1.01	58.23	1.10
0.75	40.94	0.72	44.85	0.79	51.79	0.91	57.90	1.02	63.42	1.12
0.80	43.89	0.72	48.07	0.79	55.51	0.92	62.06	1.02	67.99	1.12
0.85	46.26	0.72	50.68	0.79	58.52	0.91	65.43	1.02	71.67	1.12
0.90	47.85	0.71	52.42	0.78	60.53	0.90	67.67	1.01	74.13	1.11
0.95	48.24	0.70	52.85	0.76	61.02	0.88	68.22	0.98	74.74	1.08
1.00	44.90	0.64	49.18	0.70	56.79	0.80	63.49	0.90	69.55	0.98

注: Q——流量, L/s; v——流速, m/s。

实际工程设计时, 通常只有设计管段的设计流量是已知的, 此时可参考管段所在地段的地面坡度确定, 管道敷设坡度和地面坡度应保持一致。但若地面平坦或坡度太大, 无法参考地面坡度确定管道坡度, 可按假定的管道坡度确定其他相关水力条件, 如管径、流速和充满度。

(2)各管段高程的计算。

各管段水力条件确定后, 结合管网平面布置情况, 确定管网控制点, 根据控制点的埋深要求及管道衔接方式, 逐段进行管道高程计算, 即确定管道上、下游水面, 管内底高程及埋深。在高程计算中, 应使下游管段起端的水面和管底标高始终低于上游管段终端的水面和管底标高, 同时应随时校核最小覆土深度。

（3）污水管道设计计算步骤。

污水管道设计计算步骤如下。

①在平面图上布置污水管道。

②对街区编号并计算其面积。将各街坊编上号码，列表计算它们的面积，用箭头标出各街坊污水排出的方向。

③划分设计管段，计算设计流量。根据设计管段的定义和划分方法，将各管段有流量进入的点，作为设计管段的起讫点，并将其检查井编号。列表计算各设计管段的设计流量，并根据各管段流量大小，确定不计算管段。

④水力计算。在确定设计流量后，便可以从上游管段开始依次进行各设计管段的水力计算，一般列表进行计算，步骤如下。

a. 从管道平面布置图上量出每一设计管段的长度。

b. 列出各设计管段的设计流量以及设计管段起讫点检查井处的地面标高。

c. 计算每一设计管段的地面坡度（地面坡度＝地面高差/距离），作为确定管道坡度的参考。

d. 根据水力计算图表及相关设计规定，确定各管段的管径、设计流速、设计坡度以及设计充满度。

e. 确定管网高程控制点及其埋深，计算各管段上端、下端的水面以及管底标高及其埋深。

⑤绘制管道平面图和纵剖面图。

（4）污水管道设计计算中的注意事项。

污水管道设计计算中的注意事项如下。

①控制点的合理确定。各条管道的起点、低洼地区的街坊和污水出口较深的工业企业或公共建筑等的排出口均有可能成为控制点。

②必须研究管道敷设坡度与所在地段地面坡度之间的关系，使确定的管道坡度，在保证最小设计流速的前提下，又不使管道的埋深过大，以便于支管的接入。

在地面坡度太大的地区，为了减小管内水流速度、防止管壁被冲刷，管道坡度往往需要小于地面坡度。这就有可能使下游管段的覆土深度无法满足最小限值的要求，甚至超出地面。因此，在适当的点可设置跌水井，管段之间采用跌水连接。

③水力计算自上游依次向下游管段进行，一般情况随着设计流量逐段增加，设计流速也相应增加。如果流量保持不变，流速不应减小。只有当坡度大的管

道接到坡度小的管道时,下游管段的流速已大于 1 m/s(陶土管)或 1.2 m/s(混凝土、钢筋混凝土管道)的情况下,设计流速才允许减小。同时,设计流量逐段增加,设计管径也应随之增大。但当坡度小的管道接到坡度大的管道时,即下游坡度变陡时,其管径可根据水力计算确定由大改小,但不得超过 2 级,并不得小于相应条件下的最小管径,此时管道衔接也应采用管底平接。

④水流通过检查井时,常引起局部水头损失。为了尽量降低这项损失,检查井底部在直线管道上要严格采用直线,在管道转变处要采用匀称的曲线。通常直线检查井可不考虑局部损失。

⑤在旁侧管与干管的连接点上,要考虑干管的埋深是否可以允许旁侧管接入。同时,为避免旁侧管和干管产生逆水和回水,旁侧管中的设计流速应不大于干管中的设计流速;而且管道转弯和交接处,为降低水头损失,其水流转角应不小于 90°。但对于管径小于 300 mm、跌水水头大于 0.3 m 的管道,可适当放宽要求。

4)绘制管道平面图和纵剖面图

污水管道的平面图和纵剖面图,是污水管道设计的主要图纸。根据设计阶段的不同,图纸表现的深度亦有所不同。

(1)管道平面图。

方案(初步)设计阶段的管道平面图通常采用的比例尺为 1:10000~1:5000,图上有地形、地物、河流、风玫瑰或指北针等。图上分别用不同线型表示已建和设计管道;在管道上画出设计管段起讫点的检查井并编上号码,标出各设计管段的服务面积,可能设置的中途泵站、倒虹管或其他的特殊构筑物,以及污水处理厂和出水口等;同时,还应将主干管各设计管段的长度、管径和坡度在图上注明。

施工图阶段的管道平面图比例尺常用 1:5000~1:1000,图上内容基本同方案设计,但要求更为详细、确切,例如,要求标明检查井的准确位置及污水管道与其他地下管道或构筑物交叉点的具体位置、高程,居住区街坊连接管或工厂废水排出管接入污水管的准确位置和高程等。

此外,图上还应有图例、主要工程项目表和说明。

(2)管道纵剖面图。

污水管道的纵剖面图反映管道沿线的高程位置,它是与平面图相对应的,图上用单线条表示原地面高程线和设计地面高程线,用双线条表示管道高程线,用双竖线表示检查井。图中还应标出沿线支管接入处的位置、管径、高程;与其他地下管道、构筑物或障碍物交叉点的位置和高程;沿线地质钻孔位置和地质情况等。在剖面图下方有表格,表中列有检查井号、管道长度、管径、坡度、地面高程、管内底高程、埋深、管道材料、接口形式、基础类型,有时也将流量、流速、充满度等数据注明。比例尺一般横向采用1∶2000～1∶500,纵向采用1∶200～1∶50。对工程量较小,地形、地物较简单的污水管道工程,可不绘制纵剖面图,只需将管道的管径、坡度、管长、检查井的高程以及交叉点等注明在平面图上即可。

3.2　雨水管渠系统设计

3.2.1　雨水管渠系统及其布置原则

1.概述

降落在地面上的雨水,只有一部分沿地面流入雨水管渠和水体,这部分雨水称为地面径流。雨水径流的总量并不大,但是,全年雨水的绝大部分常在极短的时间内降下,这种短时间内强度猛烈的暴雨,往往在瞬间形成数十倍、上百倍于生活污水流量的雨水径流量,若不及时疏导,将造成巨大的危害。

为防止暴雨径流的危害,避免城市居住区与工业企业被洪水淹没,保证生产、生活和人民生命财产安全,需要修建雨水排除系统,以便有组织地及时将暴雨径流排入水体。当然这种雨水排除的指导思想是降低雨洪可能造成的危害,保障城市居民生活、生产的安全。但随着城市化进程加快,水体污染日益严重,这种雨水直接排除的体制带来了新的问题,例如水体污染加剧、洪峰流量对下游水体的威胁、土壤涵养水量的减少以及水资源的日益紧张等,如果将雨水作为水资源加以合理利用,可能是更好的办法。可以利用城市建筑的屋顶、道路、庭院等收集雨水,用于冲厕、洗车、浇绿地或回补地下水。

在降雨量充沛地区,新建管网要采取雨污分流。对已建的合流制排水系统,要结合当地条件,加快实施雨污分流改造。难以实施分流制改造的,要采取截流、调蓄和处理措施。在有条件的地区,逐步推进初期雨水的收集与处理。分流制雨水管道泵站或出口附近可设置初期雨水贮存池,合流制管网系统应合理确定截流倍数,将截流的初期雨水送入污水处理厂处理,或在污水处理厂内及附近设置贮存池。

2. 雨水管渠系统布置原则

雨水管渠系统是由雨水口、雨水管渠、检查井、出水口等构筑物所组成的一整套工程设施。按我国目前的雨水排除方式,雨水管渠系统布置的主要任务是使雨水顺利地从建筑物、车间、工厂区或居住区内排泄出去,既不影响生产,又不影响人民生活,达到既合理又经济的要求。雨水管渠系统布置应遵循下列原则。

(1)充分利用地形,就近排入水体。

为尽可能地收集雨水,在规划雨水管线时,首先按地形划分排水区域,再进行管线布置。为减小雨水干管的管径和长度、降低造价,雨水管应本着分散和就近排放的原则布置。雨水管渠布置一般都采用正交式布置,保证雨水管渠以最短路线、较小的管径把雨水就近排入水体。当然根据地形和河水水位的情况,有时也需适当集中排放,例如,当河流的水位变化很大、管道出口离常水位较远时,出水口的构造比较复杂,造价较高,就不宜采用较多的出水口,这时宜采用集中出水口式的管道布置形式;当地形平坦,且地面平均标高低于河流常年的洪水位标高时,需将管道出口适当集中,在出水口前设雨水泵站,暴雨期间雨水经抽升后排入水体。

(2)尽量避免设置雨水泵站。

暴雨形成的径流量大,雨水泵站的投资也很大,而且雨水泵站一年中运转时间短,利用率很低,因此,应尽可能利用地形,使雨水靠重力流排入水体,而不设置泵站。但在某些地势平坦、区域较大或受潮汐影响的城市,不得不设置雨水泵站,且要把经过泵站排泄的雨水径流量减少到最小限度。

(3)结合街区及道路规划布置雨水管渠。

街区内部的地形、道路布置和建筑物的布置是确定街区内部雨水地面径流分配的主要因素。街区内的地面径流可沿街两侧的边沟、绿地或渗水设施等排除。雨水管渠常常沿街道敷设,但是干管(渠)不宜设在交通量大的干道下,以免积水时影响交通。雨水干管(渠)应设在排水区的低处道路下。干管(渠)在道路横断面上的位置最好位于人行道下或慢车道下,以便检修。就排除地面径流的要求而言,道路纵坡最好在 $0.3\% \sim 6\%$。

(4)结合城镇总体规划。

根据城镇总体规划,合理地利用自然地形,使整个流域内的地面径流能在最短时间内沿最短距离流到街道,并沿街道边沟排入最近的雨水管渠或天然水体。

（5）利用水体调蓄雨水。

充分利用城镇中的水体调蓄雨水，或有计划地修建人工调蓄设施，以削减洪峰流量，减轻或消除内涝影响。必要时，可建初期雨水处理设施，对雨水径流造成的面源污染进行有效的控制，减轻水体环境的污染负荷。

（6）雨水口的设置。

在街道两侧设置雨水口，是为了使街道边沟的雨水通畅地排入雨水管渠，而不致漫过路面。雨水口的形式、数量和位置，应按汇水面积所产生的流量、雨水口的泄水能力和道路形式确定。街道两旁雨水口的间距，主要取决于街道纵坡、路面积水情况以及雨水口的进水量，一般为 25～50 m。雨水口要考虑污物截流设施，以保障其有效的泄水能力。

街道交会处雨水口设置的位置与路面的倾斜方向有关。

位于山坡下或山脚下的城镇，应在城郊设置截洪沟，以拦集坡上径流，保护市区。

3.2.2　雨水管渠设计

雨水设计流量是确定雨水管渠断面尺寸的重要依据。城镇和工厂中排除雨水的管渠，由于汇集雨水径流的面积较小，可采用小汇水面积上的推理公式计算雨水管渠的设计流量。

雨水设计流量按式（3.15）计算。

$$Q = \psi q F \tag{3.15}$$

式中：Q——雨水设计流量，L/s；ψ——径流系数，其数值小于 1；q——设计暴雨强度，L/($s \cdot hm^2$)；F——汇水面积，hm^2。

这一公式是根据一定的假设条件，由雨水径流成因加以推导得出的半经验半理论公式，通常称为推理公式。该公式用于小流域面积的暴雨设计流量计算，当应用于较大规模排水系统时，误差较大。目前我国《室外排水设计标准》（GB 50014—2021）明确指出：当汇水面积超过 2 km² 时，宜考虑降雨在时空分布的不均匀性和管网汇流过程，采用数学模型法计算雨水设计流量。

1. 径流系数 ψ 的确定

降落在地面上的雨水，一部分被植物和地面的洼地截留，一部分渗入土壤，余下的一部分沿地面流入雨水管渠，这部分进入雨水管渠的雨水量称为径流量。径流量与降雨量的比值称为径流系数 ψ，其值常小于 1。径流系数的值因汇水面

积的地面覆盖情况、地面坡度、地貌、建筑密度的分布、路面铺砌等情况的不同而异。例如,屋面为不透水材料,ψ 值大,屋面为非铺砌的土路面,ψ 值较小;地形坡度大,雨水流动较快,其 ψ 值也大。但影响 ψ 值的主要因素则为地面覆盖种类的透水性;此外,ψ 值还与降雨历时、暴雨强度及暴雨雨型有关。例如,降雨历时较长,地面已经湿透,地面进一步渗透减少,ψ 值就大;暴雨强度大,其 ψ 值也大。

目前,在雨水管渠设计中,径流系数通常采用按地面覆盖种类确定的经验数值。ψ 值如表 3.7 所示。

表 3.7 径流系数 ψ 值

地面种类	ψ 值	地面种类	ψ 值
各种屋面、混凝土和沥青路面	0.85~0.95	干砌砖石和碎石路面	0.35~0.40
大块石铺砌路面和沥青表面处理的碎石路面	0.55~0.65	非铺砌土路面	0.25~0.35
级配碎石路面	0.40~0.50	公园和绿地	0.10~0.20

通常汇水面积由各种性质的地面覆盖组成,随着它们占有的面积比例变化,ψ 值也各异,所以整个汇水面积上的平均径流系数 ψ_{av} 值是按各类地面面积用加权平均法计算得到的,即式(3.16)。

$$\psi_{av} = \frac{\sum F_i \psi_i}{F} \tag{3.16}$$

式中:F_i——汇水面积上各类地面的面积,hm^2;ψ_i——各类地面相应的径流系数;F——全部汇水面积,hm^2。

设计时也可采用综合径流系数,城镇建筑密集区的综合径流系数 $\psi = 0.60 \sim 0.85$,城镇建筑较密集区 $\psi = 0.45 \sim 0.60$,城镇建筑稀疏区 $\psi = 0.20 \sim 0.45$。随着城镇化进程的加快,不透水面积相应增加,为适应这种变化对径流系数产生的影响,设计时径流系数 ψ 值适当增大。当然,一些新建城区由于绿化面积增加,或者综合考虑雨水收集利用,综合径流系数有所降低,应根据具体情况作相应调整。

2. 设计暴雨强度的确定

1)雨量分析要素与暴雨强度公式

(1)雨量分析要素。

对某场降雨而言,用于描述降雨特征的主要指标如下。

136

①降雨量。降雨量是指降雨的绝对量，即降雨深度，用 H 表示，单位为 mm；也可用单位面积上的降雨体积表示，单位为 L/hm^2。

②降雨历时。降雨历时是指连续降雨的时段，可以指一场雨全部降雨的时间，也可以指其中任一连续降雨时段，用 t 表示，单位为 min 或 h。

③暴雨强度。暴雨强度是指某一连续降雨时段内的平均降雨量，即单位时间的平均降雨深度，用 i 表示，单位为 mm/min。暴雨强度可按式(3.17)确定。

$$i = \frac{H}{t} \tag{3.17}$$

在工程上，暴雨强度常用单位时间内单位面积上的降雨体积 q 表示，单位为 $L/(s \cdot hm^2)$。两种表示形式的换算关系为式(3.18)。

$$q = 167i \tag{3.18}$$

暴雨强度是描述暴雨特征的重要指标，也是决定雨水设计流量的主要因素。

④重现期。对每场降雨而言，暴雨强度随降雨历时变化。但对某一地区的多年降雨规律而言，其暴雨强度也随该强度的雨重复出现一次平均间隔时间发生变化，这一平均间隔时间称为该暴雨强度的重现期，用 P 表示，单位为年。

⑤降雨频率。降雨频率是指大于或等于某一特定值的暴雨强度出现的次数与多年观测资料总项数之比。它与重现期互为倒数。

⑥汇水面积。汇水面积是指雨水管渠汇集和排除雨水的地面面积，用 F 表示，单位常用 km^2 或 hm^2。一场暴雨在其整个降雨所笼罩的面积上雨量分布并不均匀。但是，对于城市雨水排水系统，汇水面积一般较小，通常小于 $100\ km^2$，其最远点的集水时间往往不超过 3 h，多数情况下集水时间不超过 120 min。因此，可假定降雨量在小汇水面积上是均匀的。

(2)暴雨强度公式。

描述某一地区降雨规律必须根据该地多年降雨观测资料，用统计方法归纳出分析曲线或数学公式，推求出反映暴雨强度 $i(q)$、降雨历时 t、重现期 P 三者间关系的暴雨强度曲线和数学表达式。

暴雨强度曲线如图 3.2 所示，同时反映了暴雨强度 $i(q)$、降雨历时 t、重现期 P 三者间关系。

我国常用的暴雨强度公式为式(3.19)。

$$q = \frac{167A_1(1+c\lg P)}{(t+b)^n} \tag{3.19}$$

式中：q——暴雨强度，$L/(s \cdot hm^2)$；P——设计重现期，a；t——降雨历时，

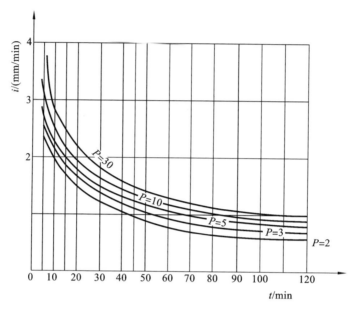

图 3.2　暴雨强度曲线

$\min$；A_1、c、b、n 为地方参数，根据统计方法进行计算确定。

全国各城市的暴雨强度公式均有所区别，因篇幅关系，在此不再赘述，具体可查看《给水排水设计手册　第 5 册：城镇排水》。

从暴雨强度公式可以看出，要确定雨水管渠的设计暴雨强度，必须首先确定相应的设计降雨历时和重现期。

2）设计降雨历时

如前所述，对每场降雨而言，有无数个降雨历时。但设计降雨历时是指管段设计断面发生最大流量时对应的降雨历时。

（1）流域上汇流过程及极限强度理论。

①汇流过程分析。

流域中各地面点上产生的径流沿着坡面汇流至低处，通过沟、溪汇入江河。在城市中，雨水径流由地面流至雨水口，经雨水管渠最后排入江河。从流域中最远一点的雨水径流流到出口断面的时间称为流域的集流时间。

如图 3.3 所示为一个扇形流域的汇水面积，其边界线是 ab、ac 和 bc 弧，a 点为集流点（如雨水口或管渠上某一断面）。假定汇水面积内地面坡度均匀，则以 a 点为圆心所画的圆弧线 de，fg，hi，…，bc 称为等流时线，每条等流时线上各点

的雨水流到 a 点的时间是相等的。它们分别为 τ_1, τ_2, τ_3, $\cdots$, τ_0, 流域边缘线 bc 上的雨水流到 a 点的时间 τ_0 称为这块汇水面积的集流时间。

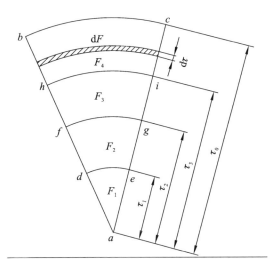

图 3.3　流域上汇流过程

在地面点上降雨产生径流开始后不久, 在 a 点所汇集的流量仅来自靠近 a 点的小块面积上的雨水, 离 a 点较远的面积上的雨水此时仅流至中途。随着降雨历时的增长, 汇水面积不断增大, 当降雨时间 t 等于流域边缘线上的雨水流到集流点 a 的集流时间 τ_0 时, 汇水面积扩大到整个流域面积, 即流域全部面积参与径流, 集流点产生最大径流量。

②极限强度理论。

极限强度理论即承认降雨强度随降雨历时的增长而减小的规律性, 同时认为汇水面积的增长与降雨历时成正比, 而且汇水面积随降雨历时的增长较降雨强度随降雨历时增长而减小的速度更快。因此, 如果降雨历时 t 小于流域的集流时间 τ_0, 显然仅有一部分面积参与径流, 根据面积增长较降雨强度减小的速度更快, 因而得出的雨水径流量小于最大径流量。如果降雨历时 t 大于集流时间 τ_0, 流域全部面积已参与汇流, 面积不能再增大, 而降雨强度则随降雨历时的增长而减小, 径流量也随之由最大逐渐减小。因此, 只有当降雨历时等于集流时间时, 全部面积参与径流, 产生最大径流量。所以, 雨水管渠的设计流量可用全部汇水面积 F 乘以流域的集流时间 τ_0 时的暴雨强度 q 及地面平均径流系数 ψ(假定全流域汇水面积采用同一径流系数)得到。因此, 雨水管道设计的极限强度理

论包括两部分内容。

a.汇水面积上最远点的雨水流到集流点时,全部面积产生汇流,雨水管道的设计流量最大。

b.降雨历时等于汇水面积上最远点的雨水流到集流点的集水时间时,雨水管道发生最大流量。

(2)集水时间(设计降雨历时)的确定。

如前所述,当 $t=\tau_0$ 时,雨水管道相应的全部汇水面积参与径流,并发生最大流量。因此,设计中通常用汇水面积最远点雨水流到设计断面时的集水时间作为设计降雨历时。

对雨水管道某一设计断面来说,集水时间 t 由两部分组成,并可用式(3.20)表达。

$$t = t_1 + mt_2 \qquad (3.20)$$

式中:t_1——从汇水面积最远点流到第一个雨水口的地面集水时间,min;t_2——雨水在管道内流到设计断面所需的流行时间,min;m——折减系数。

①地面集水时间 t_1 的确定。

地面集水时间是指雨水从汇水面积上最远点流到第一个雨水口的时间。它受到地形坡度、地面铺砌、地面种植情况、道路纵坡和宽度等因素的影响,此外也与暴雨强度有关。但在上述各因素中,地面集水时间的长短主要取决于水流距离的长短和地面坡度。实际应用时,要准确地计算 t_1 是困难的,一般采用经验数值。根据《室外排水设计标准》(GB 50014—2021)规定:地面集水时间视距离长短、地形坡度及地面覆盖情况而定,一般 $t_1=5\sim15$ min。

按照经验,一般在建筑密度较大、地形较陡、雨水口分布较密的地区,或街坊内设置有雨水暗管,宜采用较小的 t_1 值,可取 $t_1=5\sim8$ min。而在建筑密度较小、汇水面积较大、地形较平坦、雨水口布置较稀疏的地区,宜采用较大值,一般可取 $t_1=10\sim15$ min。在地面平坦、地面覆盖情况相近且降雨强度相差不大的情况下,地面集水距离是决定集水时间长短的主要因素。地面集水距离的合理范围是 $50\sim150$ m。

如果 t_1 选用过大,将会造成排水不畅,致使管道上游地面经常积水;如果 t_1 选用过小,又将使雨水管渠尺寸加大而增加工程造价。在设计中应结合具体条件恰当地确定。

②管渠内雨水流行时间 t_2 的确定。

t_2 是指雨水在管渠内的流行时间,即式(3.21)。

$$t_2 = \sum \frac{L}{60v} \tag{3.21}$$

式中：L——各管段的长度，m；v——各管段满流时的水流速度，m/s；60——单位换算系数，$1\ min = 60\ s$。

③折减系数 m 值的确定。

雨水管道按满流设计，但计算雨水设计流量公式的极限强度法原理指出，当降雨历时等于集水时间时，设计断面的雨水流量才达到最大值。因此，雨水管渠中的水流并非一开始就达到设计状况，而是随着降雨历时的增长逐渐形成满流，其流速也是逐渐增大到设计流速的。这样就出现了按满流时的设计流速计算所得的雨水流行时间小于管渠内实际的雨水流行时间的情况。

此外，雨水管渠各管段的设计流量是按照相应于该管段的集水时间的设计暴雨强度来计算的，所以各管段的最大流量不大可能在同一时间内发生。当任一管段发生设计流量时，其他管段都不是满流（特别是上游管段）而形成一定的空隙空间。这部分空间对水流可起到缓冲和调蓄作用，并使发生洪峰流量的管道断面上的水流由于水位升高而产生回水。这种回水造成的滞流状态使管道内实际流速低于设计流速，因此管内的实际雨水流行时间比按满流计算的时间大得多。为此，引入折减系数 m 加以修正。早期我国折减系数的一般原则：暗管 $m = 2$，明渠 $m = 1.2$；对陡坡地区，$m = 1.2 \sim 2$。但如今为了有效应对极端气候引发的城镇暴雨内涝灾害，提高我国城镇排水安全性，一般取消折减系数 m 或者按折减系数 $m = 1$ 来计算。

3）设计重现期 P

从暴雨强度公式可知，暴雨强度随着重现期的不同而不同。在雨水管渠设计中，若选用较高的设计重现期，计算所得设计暴雨强度大，管渠的断面相应也大。对防止地面积水是有利的，安全性高，但经济上则因管渠设计断面的增大而增加了工程造价；若选用较低的设计重现期，管渠断面可相应减小。这样投资小，但安全性差，可能发生排水不畅、地面积水等情况。

因此，雨水管渠设计重现期应根据汇水地区性质、城镇类型、气候状况和地形特点等因素确定。《室外排水设计标准》（GB 50014—2021）根据城镇规模和区域性质对重现期取值进行了细致的划分（表 3.8），同时也提出：对经济条件较好且人口密集、内涝易发的城镇，宜采取规定的上限；建议采取必要措施，防止洪水对城镇排水系统的影响，并给出防治内涝的设计重现期（表 3.9）。

表 3.8 雨水管渠设计重现期

城镇类型	城区类型			
	中心城区	非中心城区	中心城区的重要地区	中心城区地下通道和下沉式广场等
超大城市和特大城市	3～5	2～3	5～10	30～50
大城市	2～5	2～3	5～10	20～30
中等城市和小城市	2～3	2～3	3～5	10～20

注:①表中所列设计重现期,均为年最大值法。②雨水管渠应按重力流、满管流计算。③超大城市指城区常住人口在 1000 万人以上的城市;特大城市指城区常住人口在 500 万人以上 1000 万人以下的城市;大城市指城区常住人口在 100 万人以上 500 万人以下的城市;中等城市指城区常住人口在 50 万人以上 100 万人以下的城市;小城市指城区常住人口在 50 万人以下的城市(以上包括本数,以下不包括本数)。

表 3.9 内涝防治设计重现期

城镇类型	重现期	地面积水设计标准
超大城市	100	(1)居民住宅和工商业建筑物的底层不进水; (2)道路中一条车道的积水深度不超过 15 cm
特大城市	50～100	
大城市	30～50	
中等城市和小城市	20～30	

注:城镇类型同表 3.8 的注③。

此外,在同一排水系统中(如立交道路)也可采用同一设计重现期或不同的设计重现期。

对雨水管渠设计重现期,规范规定的选用范围是根据我国各地目前实际采用的数据,经归纳综合后确定的。我国地域辽阔,各地气候、地形条件及排水设施差异较大。因此,在选用雨水管渠的设计重现期时,必须根据当地的具体条件合理选用。

综上所述,在得知确定设计重现期 P、设计降雨历时 t 的方法后,计算雨水管渠设计流量所用的设计暴雨强度公式及流量公式可以写成如下形式,见式(3.22)和式(3.23)。

$$q = \frac{167A_1(1 + c\lg P)}{(t_1 + mt_2 + b)^n} \tag{3.22}$$

$$Q = \psi F \frac{167A_1(1 + c\lg P)}{(t_1 + mt_2 + b)^n} \tag{3.23}$$

式中:q——暴雨强度,$L/(s \cdot hm^2)$;Q——雨水设计流量,L/s;ψ——径流系数;F——汇水面积,hm^2;P——重现期,a;t_1——地面集水时间,min;t_2——管渠内雨水流行时间,min;m——折减系数;A_1、c、b、n——地方参数。

4)特殊情况下雨水设计流量的确定

前述雨水管渠设计流量计算公式是基于极限强度理论推求而得的,在全部面积参与径流时发生最大流量。但实际工程中径流面积的增长未必是均匀的,且面积随降雨历时增长不一定比降雨强度减小的速度快,这种情况主要表现为以下两种形式。

(1)汇水面积呈畸形增长。

(2)汇水面积内地面坡度变化较大,或各部分径流系数显著不同。

在上述特殊情况下,排水流域最大流量可能不是发生在全部汇水面积参与径流时,而是发生在部分面积参与径流时,应根据具体情况分析最大流量可能发生的情况,并比较选择其中的最大流量作为相应管段的设计流量。

3. 雨水管渠系统设计

(1)雨水管渠设计参数规定。

雨水管渠水力计算公式与污水管道一样,采用均匀流公式。同样,在实际工程中,为简化计算,可直接查水力计算图表。

为使雨水管渠正常工作,对雨水管渠水力计算基本参数作如下技术规定。

①设计充满度。

雨水管渠的充满度按满流考虑,即 $h/D = 1$。在地形平坦地区、埋深或出水口深度受限制的地区,可采用渠道(明渠或盖板渠)排除雨水。明渠超高等于或大于 $0.20\ m$,明渠或盖板渠底宽宜不小于 $0.3\ m$。无铺砌的明渠边坡应根据不同地质按表 3.10 取值;用砖石或混凝土块的明渠可采用 $1:1 \sim 1:0.75$ 的边坡。

表 3.10　明渠边坡值

地质	边坡值	地质	边坡值
粉砂	$1:3.5 \sim 1:3$	半岩性土	$1:1 \sim 1:0.5$
松散的细砂、中砂和粗砂	$1:2.5 \sim 1:2$	风化岩石	$1:0.5 \sim 1:0.25$
密实的细砂、中砂、粗砂或黏质粉土	$1:2 \sim 1:1.5$	岩石	$1:0.25 \sim 1:0.1$

地质	边坡值	地质	边坡值
粉质黏土或黏土砾石或卵石	1∶1.5～1∶1.25		

②设计流速。

a.为避免雨水所挟带的泥沙等无机物质在管渠内沉淀下来而堵塞管道,雨水管道的最小设计流速为 0.75 m/s;明渠内最小设计流速为 0.4 m/s。

b.为防止管壁受到冲刷而损坏,雨水管道的最大设计流速:金属管道为 10 m/s;非金属管道为 5 m/s;明渠内水流深度为 0.4～1.0 m,最大设计流速按表 3.11 选择。

表 3.11　明渠最大设计流速

明渠类别	最大设计流速/(m/s)	明渠类别	最大设计流速/(m/s)
粗砂或低塑性粉质黏土	0.8	干砌块石	2.0
粉质黏土	1.0	浆砌块石或浆砌砖	3.0
黏土	1.2	石灰岩和中砂岩	4.0
草皮护面	1.6	混凝土	4.0

注:当水流深度 $h<0.4$ m、1.0 m$<h<2.0$ m、$h≥2.0$ m 时,明渠最大设计流速宜将表 3.11 所列数值分别乘以 0.85、1.25、1.40。

③最小管径和最小设计坡度。

雨水管道最小管径为 300 mm,相应的最小坡度为 0.003;雨水口连接管最小管径为 200 mm,最小坡度为 0.01。

④最小埋深与最大埋深。

最小埋深与最大埋深具体规定同污水管道的相关规定一致。

(2)雨水管渠设计计算步骤。

雨水管渠设计计算步骤如下。

①划分排水流域,管渠定线。根据地形以及道路、河流的分布状况,结合城市总体规划图,划分排水流域,进行管渠定线,确定雨水管渠位置和走向。

②划分设计管段及沿线汇水面积。雨水管渠设计管段的划分应使设计管段服务范围内地形变化不大,没有大流量的交会,一般应控制在 200 m 以内。如果管段划分较短,则计算工作量增大;如果设计管段划分太长,则设计方案不经济。

各设计管段汇水面积的划分应结合地面坡度、汇水面积、雨水管渠布置以及雨水径流的方向等情况进行,并将面积进行编号,列表计算其面积。

根据管道的具体位置,在管道转弯处、管径或坡度改变处、有支管接入处或两条以上管道交会处以及超过一定距离的直线管段上,都应设置检查井。

③确定设计计算基本数据,计算设计流量。根据各流域的实际情况,确定设计重现期、地面集流时间及径流系数等,列表计算各设计管段的设计流量。

④水力计算。在确定设计流量后,便可以从上游管段开始依次进行各设计管段的水力计算,确定出各设计管段的管径、坡度、流速;根据各管段坡度,并按管顶平接的形式,确定各点的管内底高程及埋深。

⑤绘制管道平面图和纵剖面图。

4. 雨水径流量的调节

雨水管渠系统设计流量包含了雨峰时段的降雨径流量,设计流量大,管渠断面大,工程造价高。此外,随着城镇化进程的发展,雨水径流量增大,原有排水管渠的输送能力可能无法满足要求。此时,如果在雨水管渠上设置调节设施把雨水径流的洪峰暂存其内,待洪峰径流量下降后,再将储存在池内的水慢慢排除,就可以极大地减小下游雨水干管的断面尺寸,也可解决已建管渠的输送能力不足问题,特别是调节池后设有泵站时,则可减少装机容量。这些对降低工程造价和提高系统排水的可靠性具有重要作用。

总之,为提高排水安全性,并节省工程投资,应结合城镇总体规划,尽量利用城镇绿地、运动场、水体等公共设施调蓄雨水,与自然景观以及公用设施设计有机结合。尤其对正在进行大规模住宅建设和新城开发的区域以及拟建雨水泵站前管线的适当位置,应合理设置地面或地下雨水调节池。

(1)调节池常用的布置形式。

一般常用溢流堰式调节池或底部流槽式调节池。

①溢流堰式调节池。

调节池通常设置在干管一侧,有进水管和出水管。进水管较高,其管顶一般与池内最高水位相平;出水管较低,其管底一般与池内最低水位相平,如图 3.4 (a)所示。图 3.4(a)中,Q_1 为调节池上游雨水干管中的流量,Q_2 为不进入调节池的泄水量,Q_3 为调节池下游雨水干管的流量,Q_4 为调节池进水流量,Q_5 为调节池出水流量。

当 $Q_1 \leqslant Q_2$ 时,雨水流量不进入调节池而直接排入下游干管。当 $Q_1 > Q_2$ 时,将有 $Q_4 = Q_1 - Q_2$ 的流量通过溢流堰进入调节池,该池开始工作,随着 Q_1 的增加，Q_4 也不断增加，调节池中水位逐渐升高，泄水量也相应渐增。直到 Q_1 达到最大流量 Q_{max}，Q_4 也达到最大。然后，随着 Q_1 的减少，Q_4 也不断减少，但因 Q_1 仍大于 Q_2，池中水位逐渐升高，直到 $Q_1=Q_2$ 时，$Q_4=0$，该池不再进水，这时池中水位达到最高，Q_2 也最大。随后 Q_1 继续减小，储存在池内的水通过池出水管不断地排除，直到池内水放空为止，这时调节池停止工作。

为了不使雨水在小流量时经池出水管倒流入调节池内，出水管应有足够坡度，或在出水管上设逆止阀。

为了减少调节池下游雨水干管的流量，希望池出水管的通过能力 Q_5 尽可能地减小，即 $Q_5 < Q_4$。这样，就可使管道工程造价大为降低。因此，池出水管的管径一般根据调节池的允许排空时间来决定。通常，雨停后池中雨水的放空时间不得超过 24 h，放空管直径不小于 150 mm。

②底部流槽式调节水池。

底部流槽式调节水池如图 3.4(b)所示。图 3.4(b)中 Q_1 及 Q_3 意义同图 3.4(a)。

雨水从池上游干管进入调节池后，当 $Q_1 \leqslant Q_3$ 时，雨水经设在池最底部的渐缩断面流槽全部流入下游干管而排除。池内流槽深度等于池下游干管的直径。当 $Q_1 > Q_3$ 时，池内逐渐被高峰时的多余水量（$Q_1 - Q_3$）充满，池内水位逐渐上升，直到 Q_1 不断减少至小于池下游干管的通过能力 Q_3 时，池内水位才逐渐下降，直至排空为止。

调节水池是雨水调蓄系统的组成部分，为降低造价，减少对环境的影响，原则上应尽量利用当地的现有设施。

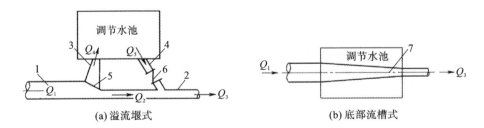

(a) 溢流堰式　　　　　　　　　　　　　　(b) 底部流槽式

图 3.4　调节池示意图

注：1—调节池上游干管；2—调节池下游干管；3—池进水管；4—池出水管；5—溢流堰；6—逆止阀；7—流槽。

(2)调节池容积的计算。

调节池内最高水位与最低水位之间的容积为有效调节容积。《室外排水设计标准》(GB 50014—2021)给出了雨水调蓄池有效容积的计算方法,分别从径流污染控制、消减洪峰流量和雨水利用等多个角度具体给出雨水调蓄池容积的计算方法。一些地方标准也给出了调节容积的计算方法,比如北京市地方标准《海绵城市雨水控制与利用工程设计规范》(DB11/ 685—2021)。可结合当地或国家设计规范结合具体雨水工程的情况选择计算方法,具体计算公式及规定详见有关规范。

(3)调节池下游干管设计流量计算。

由于调节池下游蓄洪和滞洪作用的存在,调节池下游雨水干管的设计流量以调节池下游的汇水面积为起点计算,与调节池上游汇水面积的情况无关。

若调节池下游干管无本段汇水面积的雨水进入,则其设计流量为式(3.24)。

$$Q = \alpha Q_{\max} \tag{3.24}$$

若调节池下游干管接受本段汇水面积的雨水进入,则其设计流量为式(3.25)。

$$Q = \alpha Q_{\max} + Q' \tag{3.25}$$

式中:$Q_{\max}$——调节池上游干管的设计流量,m^3/s;α——下游干管设计流量的降低程度;Q'——调节池下游干管汇水面积上雨水设计流量,即按下游干管汇水面积的集水时间计算,与上游干管的汇水面积无关,m^3/s。

对于溢流堰式调节池,有式(3.26)。

$$\alpha = \frac{Q_2 + Q_5}{Q_{\max}} \tag{3.26}$$

对于底部流槽式调节池,有式(3.27)。

$$\alpha = \frac{Q_3}{Q_{\max}} \tag{3.27}$$

5. 立体交叉道路排水设计要点

立体交叉道路的排水设计要保障排水系统排水的畅通无阻,其主要设计要点如下。

(1)设计重现期不小于 10 年,位于中心城区的重要区域,设计重现期应为 20～30 年,同一立体交叉工程的不同部位可采用不同的重现期。

(2)地面集水时间应根据道路坡比、坡度和路面粗糙度等确定,宜为 2～10 min。

(3)径流系数宜为 0.8～1.0。

（4）宜采用高水高排、低水低排且互不连通的系统。

（5）下穿式立体交叉道路的路面径流，不具备自流条件时，应设排水泵站。

（6）立体交叉地道排水应设独立的排水系统，其出水口必须可靠。

（7）当立体交叉地道工程的最低点位于地下水位以下时，应采取排水或控制地下水的措施。

（8）高架道路雨水口的间距宜为 20～30 m。每个雨水口单独用立管引至地面排水系统。雨水口的入口应设置格网。

6. 排洪沟设计

一般城市多邻近江河、山溪、湖泊或海洋等修建。江河、山溪、湖泊或海洋，为城市的发展提供了必要的水源条件，但有时也可能给城市带来洪水灾害。因此，为解除或减轻洪水对城市的危害，保证城市安全，往往需要进行城市防洪工程规划。傍山建设的工业或居住区除了应在区域范围内设雨水管渠，还应考虑在设计区域周围或超过设计区设置排洪沟，以排除沿山坡倾斜而下的山洪洪峰流量。

城市或城市中工业企业防洪规划的主要任务是防止因暴雨而形成巨大的地面径流所产生的严重危害。

（1）城市防洪规划的原则。

①城市防洪规划应符合城市和工业企业的总体规划要求，防洪工程规划设计的规模、范围和布局都必须根据城市和工业企业总体规划制定。同时，城市和工业企业各项工程的规划对防洪工程都有影响。在靠近山区和江河的城市及工业企业尤应特别注意。

②合理安排，远近期结合。防洪工程的建设费用较大，建设周期较长，所以要按轻重缓急作出分期建设的安排，这样既能节省初期投资，又能及早发挥工程设施的效益。

③充分利用原有设施。从实际出发，充分利用原有防洪、泄洪、蓄洪设施，有计划、有步骤地加以改造，使其逐步完善。

④尽量采用分洪、截洪、排洪相结合的防洪措施。

⑤不宜在城市上游修建水库。为确保城市和工业企业的安全，在城市和工业企业的上游，一般不宜修建大中型水库。如果必须修建，应严格按照有关规定进行规划设计。

⑥尽可能与农业生产相结合。防洪措施应尽可能与农业上的水土保持、植

树种草、农田灌溉等密切结合,这样既能减少和消除洪灾,保证城市安全,又能搞好农田水利建设,支援农业。

(2)城市防洪标准。

防洪工程的规模是以所抗御洪水的大小为依据的,洪水的大小在定量上通常以某一重现期(或某一频率)的洪水流量表示。防洪规划的设计标准,既关系到城市的安危,也关系到工程造价和建设期限等问题,是防洪规划中体现国家经济政策和技术政策的一个重要环节。确定城市防洪标准的依据一般有以下几点:城市或工业区的规模,城市或工业区的地理位置、地形、历次洪水灾害情况,以及当地的经济技术条件等。对于上游有大中型水库的城市,防洪标准应适当提高。防洪标准中重现期取值参见《防洪标准》(GB 50201—2014)。城市防护区应根据政治、经济地位的重要性、常住人口或当量经济规模指标分为四个防护等级,其防护等级和防洪标准应按表 3.12 确定。位于平原、湖洼地区的城市防护区,当需要防御持续时间较长的江河洪水或湖泊高水位时,其防洪标准可取本标准表 3.12 规定中的较高值。位于滨海地区的防护等级为Ⅲ等及以上的城市防护区,当按本标准表 3.12 的防洪标准确定的设计高潮位低于当地历史最高潮位时,还应采用当地历史最高潮位进行校核。

表 3.12 城市防护区的防护等级和防洪标准

防护等级	重要性	常住人口/万人	当量经济规模/万人	防洪标准[重现期/年]
Ⅰ	特别重要	≥150	≥300	≥200
Ⅱ	重要	<150,≥50	<300,≥100	200~100
Ⅲ	比较重要	<50,≥20	<100,≥40	100~50
Ⅳ	一般	<20	<40	50~20

注:当量经济规模为城市防护区人均 GDP 指数与人口的乘积,人均 GDP 指数为城市防护区人均 GDP 与同期全国人均 GDP 的比值。

(3)设计洪峰流量计算。

与防洪设计标准对应的洪水流量,称为设计洪峰流量。设计洪峰流量的推算一般有以下三种方法。

①洪水调查及设计洪峰流量的估算法。

洪水调查主要是深入现场,勘查洪水痕迹,调查者应访问当地的老人,了解留在河岸、树干、沟道及岩石上的洪痕,还需查阅地方志及其他一些文字记载资料。根据调查的洪水痕迹,测量河床的横断面和纵断面,按均匀流公式计算设计

洪峰流量,见式(3.28)和式(3.29)。

$$V = \frac{1}{n}R^{2/3}i^{1/2} \tag{3.28}$$

$$Q = \omega V \tag{3.29}$$

式中:Q——设计洪峰流量,m^3/s;V——河槽的流速,m/s;ω——河槽的过水断面面积,m^2;i——河槽的水面比降;R——河槽的水力半径,m;n——河槽的粗糙系数。

②推理公式法。

中国水利水电科学研究院水文研究所提出的推理公式已得到广泛应用,见式(3.30)。

$$Q = 0.278\frac{\psi S}{\tau^n}F \tag{3.30}$$

式中:Q——设计洪峰流量,m^3/s;ψ——洪峰径流系数;S——暴雨雨力,即与设计重现期相应的最大的 1 h 降雨量,mm/h;τ——流域的集流时间,h;n——暴雨强度衰减指数;F——流域面积,km^2。

式(3.30)适合于流域面积为 $40\sim50\ km^2$ 的地区。

③地区性经验公式。

地区性经验公式使用方便,计算简单,但地区性很强。相邻地区采用时,必须注意各地区的具体条件是否一致,否则不宜套用。地区经验公式可参阅各省(区)水文手册。下面仅介绍应用较普遍的以流域面积 F 为参数的经验公式,见式(3.31)。

$$Q = kF^n \tag{3.31}$$

式中:Q——设计洪峰流量,m^3/s;F——流域面积,km^2;k、n——随地区及洪水频率而变化的系数和指数。

上述各公式中的各项参数可参阅《给水排水设计手册》中有关洪峰流量计算一节。对于以上三种方法,应特别重视洪水调查法,在该法的基础上再结合其他方法进行。

(4)排洪沟的设计要点。

排洪沟的设计涉及面广,影响因素复杂,应根据建筑区的总体规划、山区自然流域范围、山坡地形及地貌条件、原有天然排洪沟情况、洪水流向及冲刷情况以及当地工程地质、水文地质、当地气象等综合考虑,合理布置排洪沟。

①工业或居住区傍山建设时,建筑区选址应对当地洪水的历史及现状做充

分的调研,摸清洪水汇流面积及流动方向,尽量避免把建筑区设在山洪口上,不与山洪主流顶冲。

②排洪沟的布置应与建筑区的总体规划密切配合,统一考虑。建筑设计时,应重视排污问题。排洪沟应尽量设置在建筑区的一侧,防止穿绕建筑群,并尽可能利用原有的天然沟,必要时可做适当整修,但不宜大改动,尽量不改变原有沟道的水力条件。

排洪沟的设置位置应与铁路、公路及建筑区排水结合起来考虑。排洪沟要尽量选择在地形较平缓、地质较稳定的地区,特别是进出口地区,以防因水力冲刷而变形。排洪沟与建筑物或山坡开挖线之间应留有不小于 3 m 的距离,以防冲刷房屋基础及造成山坡塌方。在设计中要注意保护农田水利工程,不占或少占肥沃土地。

③排洪工程设计采用的标准,应根据建筑区的性质、规模的大小、受淹后损失的大小等因素来确定。一般常用设计重现期为 10~100 年,表 3.10 和表3.11 为我国目前常采用的排洪工程设计标准,可作为参考。

④排洪沟常采用梯形断面明渠,只有当建筑区地面较窄,或占用农田较多时可采用矩形断面明渠。排洪沟所用的材料及加固形式应根据沟内最大流速、当地地形及地质条件、当地材料供应等情况而定。排洪沟一般常用片石、块石铺砌,不宜采用土明渠。当排洪沟较长时,应分段按不同流量计算其断面,断面必须满足设计要求。排洪沟的超高一般采用 0.3~0.5 m,截洪沟的超高为 0.2 m。

⑤排洪沟转弯时,其中心线的弯曲半径一般不小于设计水面宽度的 5 倍;盖板渠和铺砌明渠可采用不小于设计水面宽度的 2.5 倍。排洪沟底宽变化时,应设置渐变段连接,渐变段的长度一般为底宽之差的 5~20 倍。

⑥排洪沟出口处,宜逐渐放大底宽,减小单宽流量。当排洪沟出口与河沟交会时,其交会角对于下游方向要大于 90°,并做成弧形弯道,适当铺砌,以防冲刷;排洪沟出口的底部标高最好应在河沟相应频率的洪水位上,一般要在常水位以上。

⑦排洪沟通过坡度较大的地段时,应根据具体地形情况,设置铺砌坚实的跌水或流(陡)槽,并注意不得设在排洪沟的弯道上。

⑧排洪沟的最大流速。为了防止山洪冲刷,应按流速的大小选用不同的铺砌加固沟底池壁的强度(表 3.13)。表 3.13 为不同铺砌的排洪沟对最大流速的规定。

表 3.13　常用铺砌及防护渠道的最大设计流速

序号	铺砌及防护类型	水流平均深度/m			
		0.4	1.0	2.0	3.0
		平均流速/(m/s)			
1	单层铺石(石块尺寸 15 cm)	2.5	3.0	3.5	3.8
2	单层铺石(石块尺寸 20 cm)	2.9	3.5	4.0	4.3
3	双层铺石(石块尺寸 15 cm)	3.1	3.7	4.3	4.6
4	双层铺石(石块尺寸 20 cm)	3.6	4.3	5.0	5.4
5	水泥砂浆砌软弱沉积岩石块(石块标号不低于 100 号)	2.9	3.5	4.0	4.4
6	水泥砂浆砌中等强度沉积岩石块	5.8	7.0	8.1	8.7
7	水泥砂浆砌石材不低于 300 号的石块	7.1	8.5	9.8	11

(5)排洪沟水力计算。

①直线段排洪沟水力计算。

直线段排洪沟水力计算采用均匀流计算公式,同式(3.28)和式(3.29)。

对于新建排洪沟,如果已知设计洪峰流量,排洪沟过水断面尺寸的计算方法是:首先假定排洪沟水深、低宽、纵坡、边坡系数,可根据式(3.28)求出排洪沟的流速(应满足表 3.13 的最大流速的规定),再根据式(3.29)求出排洪沟通过的流量;若计算流量与设计流量误差大于 5%,则重新修改水深值,重复上述计算,直到求得两者误差小于 5%为止。

若是复核已建排洪沟的排洪能力,则排洪沟水深、低宽、纵坡、边坡系数等均已知,根据式(3.28)和式(3.29)求出排洪沟通过的流量。

②弯曲段水力计算。

弯曲段水流因离心力作用而产生外侧与内侧的水位差,故设计时外侧沟高大于内侧沟高,即弯道外侧沟高除了考虑沟内水深及安全超高,尚应增加水位差 h(m)的 $1/2$,h 按式(3.32)计算。

$$h = \frac{v^2 B}{Rg} \tag{3.32}$$

式中:v——排洪沟平均流速,m/s;B——弯道宽度,m;R——弯道半径,m;g——重力加速度,m/s²。

3.3　合流制管渠系统设计

3.3.1　合流制管渠系统的适用条件及布置特点

　　合流制管渠系统是在同一管渠内排除生活污水、工业废水及雨水的管渠系统。常用的截流式合流制管渠系统,是在临河铺设的截流管上设置截流井并收集来自上游或旁侧的生活污水、工业废水及雨水,截流管中的流量是变化的。晴天时,截流管以非满流将生活污水和工业废水送往污水处理厂处理。雨天时,随着雨水量的增加,截流管以满流将生活污水、工业废水和雨水的混合污水送往污水处理厂处理;当雨水径流量继续增加到混合污水量超过输水管的设计输水能力时,超过部分通过截流井溢流到河道,并随雨水径流量的增加,溢流量也增大。当降雨时间继续延长时,由于降雨强度不断减弱,截流井处的流量减少,溢流量减少。最后,混合污水量又重新小于或等于截流管的设计输水能力,截流井停止溢流。

　　由于合流制排水系统管线单一,总长度减少,管道造价低,尽管合流制的管径和埋深增大,且泵站和处理厂造价比分流制高,但合流制的总投资仍偏低。通常在下述情况下可考虑采用合流制。

　　(1)地面有一定的坡度倾向水体,当水体高水位时,岸边不被淹没。污水在中途不需要泵站提升。

　　(2)排水区域内有一处或多处水源充沛的水体,其流量和流速都足够大,一定量的混合污水排入水体后对水体造成的危害程度在允许的范围内。

　　(3)街道和街坊的建设比较完善,必须采取暗管渠排除雨水,而街道横断面又较窄,管渠的设置位置受到限制时。

　　(4)特别干旱的地区。在考虑采用合流制管渠系统时,首先应满足环境保护的要求,充分考虑水体的环境容量限制。目前就我国水体污染现状而言,大部分水体都受到了不同程度的污染,水体自净能力有限。因此,《室外排水设计标准》(GB 50014—2021)对排水体制也作了明确的建议:原则上雨污分流,不具备条件的地区应提高截流倍数,并加强初期雨水的污染防治。

　　截流式合流制排水系统除应满足管渠、泵站、处理厂、出水口等布置的一般要求外,尚需满足以下要求。

（1）管渠的布置应使所有服务面积上的生活污水、工业废水和雨水都能合理地排入管渠，并能以可能的最短距离坡向水体。

（2）截流干管一般沿水体岸边平行布置，其高程应使连接支管的混合污水顺利流入。在城市旧排水系统改造中，如果原有管渠出口高程较低，截流干管高程不能满足其接入要求，只能降低截流干管高程，同时采用防潮门或排涝泵站。

（3）截流井的数目不宜过多，并应适当选择在截流干管上，以便尽可能地减少对水体的污染，减小截流干管的尺寸和缩短排放渠道的长度，从而降低造价。

（4）在合流制管渠系统的上游排水区域内，如果雨水可沿地面的街道边沟排泄，则可只设污水管道。只有当雨水不宜沿地面径流汇合时，才考虑布置合流管渠。

3.3.2　合流制排水管渠的水力计算

1.合流制管渠系统设计流量的确定

合流制管渠系统的设计流量由生活污水流量、工业废水流量和雨水流量三部分组成。其中生活污水和工业废水流量计算方法与 3.1 节有所区别，生活污水流量按平均流量计算，即总变化系数为 1；工业废水流量用最大班的平均流量计算。雨水流量与计算方法同 3.2 节的计算方法，只是设计重现期比分流制雨水管渠要有所提高，以减少混合污水对环境的影响。

截流式合流制排水管渠的设计流量，在截流井的上游和下游是不同的。

（1）第一个截流井上游管渠的设计流量。

如图 3.5 所示，第一个截流井上游管渠（1—2 管段）的设计流量为式（3.33）。

$$Q = Q_d + Q_m + Q_s = Q_{dr} + Q_s \qquad (3.33)$$

其中

$$Q_{dr} = Q_d + Q_m \qquad (3.34)$$

式中：Q——设计流量，L/s；Q_d——设计综合生活污水流量，L/s；Q_m——设计工业废水流量，L/s；Q_s——雨水设计流量，L/s；Q_{dr}——截流井前的旱流污水设计流量，L/s。

在实际进行水力计算时，若生活污水和工业废水流量之和小于雨水设计流量的 5%，其流量一般可以忽略不计，因为它们计入与否往往不影响管径和管道坡度。

154

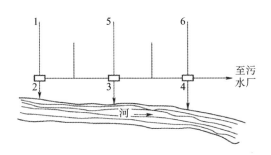

图 3.5　设有截流井的合流管渠

注:图中数字表示管段节点。

（2）截流井下游管渠的设计流量。

合流制排水管渠截流井下游管渠的流量包括上游的旱流流量,上游的雨水量部分被截流井截流,截流雨水量按旱流流量的指定倍数计算,该指定倍数称为截流倍数 n_0;未被截流的部分从截流井溢出,并排至水体。同时,该流量也应包括截流井下游排水面积上的生活污水平均流量与工业废水最大班平均流量之和。

因此,截流井下游管渠(图 3.5 中的 2—3 段)的设计流量为式(3.35)。

$$Q' = (n_0 + 1)Q_{dr} + Q'_s + Q'_{dr} \tag{3.35}$$

式中: Q' ——截流井以后管渠的设计流量,L/s; n_0 ——截流倍数,即不从截流井泄出的雨水量与旱流流量的比值; Q_{dr} ——截流井前的旱流污水设计流量,L/s; Q'_s ——截流井以后汇水面积的雨水设计流量,L/s; Q'_{dr} ——截流井以后的旱流污水设计流量,L/s。

为节约投资和减少水体的污染,往往不会在每条合流管渠与截流干管的交会点处都设置截流井。

2. 合流制排水管渠的水力计算

（1）设计数据。

合流制排水管渠的设计数据基本上与雨水管渠的设计相同。

①设计充满度。

合流制排水管渠的设计充满度一般按满流考虑。

②设计流速。

合流制排水管渠的最小设计流速为 0.75 m/s。由于合流制排水管渠在晴天时只有旱流流量,管内充满度很低,流速很小,易淤积,为改善旱流的水力条

件,应校核旱流时管内流速,一般宜在 0.2～0.5 m/s。最大设计流速与污水管道相同,以防过分冲刷管道。

③设计重现期。

合流制排水管渠的雨水设计重现期一般应比同一情况下雨水管渠的设计重现期适当提高(一般可提高 10%～25%),以防止混合污水的溢流。

④最小管径、最小坡度。

合流制排水管渠的最小管径、最小坡度与雨水管道相同。

⑤截流倍数。

截流倍数应根据旱流污水的水质和水量、排放水体的环境容量、水文、气候、经济和排水区域大小等因素确定。截流倍数小,会造成受纳水体污染;截流倍数大,管渠系统投资大,同时把大量雨水输送至污水处理厂,影响污水处理厂的运行稳定性和处理效果。我国一般选用的截流倍数为 2～5。实际工程中,我国多数城市截流倍数采用 3。近年来随着水体环境污染的加剧,其取值有逐渐增大的趋势。但一味增大截流倍数的取值,其经济效益与其对环境效益改善的程度相比并不合理,因此,应视具体情况,进行技术经济分析,可考虑设置一定容量的雨水调节设施来缓解这一矛盾。此外,同一排水系统可采用同一截流倍数或不同截流倍数。通常根据水体的卫生要求,截流倍数参考表 3.14 取值。

表 3.14　排放条件不同的截流倍数取值

排放条件	n_0
在居住区内排入大河流($Q > 10$ m³/s)	1～2
在居住区内排入小河流($Q = 5～10$ m³/s)	3～5
在区域泵站和总泵站前及排水总管的端部根据居住区内水体的不同特性	0.5～2
在处理构筑物旁根据不同处理方法与不同构筑物的组成	0.5～1

(2)合流制排水管渠的水力计算。

合流制排水管渠的水力计算内容主要包括以下几方面。

①截流井上游合流管渠的计算。

截流井上游合流管渠的水力计算与雨水管渠基本相同,只是它的设计流量包括雨水、生活污水和工业废水三部分。而且,合流管渠的雨水设计重现期可适当高于同一情况下的雨水管道设计重现期,以避免管渠积水对环境产生影响。

②截流干管和截流井的计算。

截流干管和截流井的计算主要取决于截流倍数的合理选择。截流井是截流干管上的重要构筑物,常用的截流井主要有截流槽式、溢流堰式、跳跃堰式。

③晴天旱流流量的校核。

晴天旱流流量校核的目的是使旱流时的流速能满足污水管渠最小流速的要求。晴天时,由于旱流流量相对较小,特别是上游管段,旱流校核时通常难以满足最小流速的要求。在这种情况下,可在管渠底部设底流槽以保证旱流时的流速;或者加强养护管理,利用雨天流量冲洗管渠以防淤塞。

3.3.3　城市旧合流制排水管渠系统的改造

我国大多数城市旧排水管渠系统都采用直排式的合流制排水管渠系统,然而随着城市建设的发展和水体污染的加剧,在进行旧城改造规划时,对原有排水管渠进行改建势在必行。在旧排水系统改造中,除采取加强管理、养护、严格控制工业废水排放,新建或改建局部管渠与泵站等措施外,在体制改造上通常有两种途径,即改合流制为分流制和保留合流制而修建截流干管。

1. 改合流制为分流制

改合流制为分流制的一般方法是将旧合流制管渠局部改建后作为单纯排除雨水(或污水)的管渠系统,另外新建污水(或雨水)管渠系统。这种办法在城市半新建地区、成片彻底改造旧区、建筑物不密集的工业区及其他地形起伏有利改造的地区,都是比较可行的;否则,改造难以实现。因为把合流制改为分流制须具备一些条件:住房内部有完善的卫生设备,雨、污能够严格分流;城市街道横断面有足够的位置,有可能增设污水(雨水)管渠,施工中不会对城市交通造成过大影响。

针对我国旧区改建的现状,某些地区可以考虑由合流制逐步过渡到分流制。

一种做法是在规划中近期采用合流制,埋设污水截流总管,但可采用较低的截流倍数,以便在较短时期内使城市旧区水体的污染得到改善。但随着旧区的逐步改造以及道路的拓宽,可以相应地埋设污水管,接通截流总管,并受纳污水管经过地区新建的或改造的房屋以及原有建筑物(包括工厂)的污水,这样便可由合流制过渡到合流与分流并存,最后将旧区大部分污染严重的污水分流到污水管,基本上达到分流制的要求,并把原有合流管道作为雨水管道。此外,利用原建成的合流管的截流设施,在下雨时,还可以截流一部分污染严重的初期雨水,减轻对水体的污染。

另一种做法是以原有合流管道作为污水管道来分流,而另建一套简易的雨水排泄系统。通常采用街道暗沟、明渠等排泄雨水,这样可以免去接户管的拆装

费用,也可避免破坏道路、增设管道,等到有条件时,可以把暗沟、明渠等改为雨水管道。这种方法经济,适用于过渡时期的改造。但是合流制改造常常受到巨额投资的限制,在城市中通常出现部分合流部分分流的混合制系统,即在部分街区建设雨水管道。一般部分分流制系统将接纳 15%～50% 的径流量。

2. 保留合流制而修建截流干管

将合流制改为分流制几乎要改建所有的污水出户管及雨水连接管,要破坏很多路面,且需很长时间,投资也很巨大。因此,目前合流制管渠系统的改造大多采取保留原有体制,修建合流管渠截流干管,即改造成截流式合流制排水管渠系统。这种改造形式与交通矛盾少,施工方便,易于实施,但不能完全避免雨天溢流的混合污水对水体的污染。为进一步保护水体,应对溢流的混合污水进行适当的处理。处理措施包括筛滤、沉淀,有时也可加氯消毒后再排入水体。也可建蓄水池或地下人工水库,将溢流的混合污水储存起来,待暴雨过后,再将它抽送到截流干管输进污水处理厂经处理后排放。这样能较彻底解决溢流混合污水对水体的污染问题。

3. 对溢流的混合污水量进行控制

为减少溢流的混合污水对水体的污染,可结合当地气象、地质、水体等条件,加强雨水利用工作,增加透水路面;或进行大面积绿地改造,提高土壤渗透系数,即提高地表持水能力和地表渗透能力;或建雨水收集利用系统,以减少暴雨径流,从而降低溢流的混合污水量。当然这在我国仍有待于雨水利用工作的进一步完善,例如,排水体制及法规的完善,雨水收集、处理、利用的管渠及配套设施开发研制等。

城市旧合流制排水管渠系统的改造是一项复杂的工程,必须结合当地的具体情况,与城市规划相结合,在确保城市水体免受污染的情况下,充分发挥原有管渠系统的作用,使改造方案既有利于保护环境,又经济合理、切实可行。

3.4 排水管渠材料和附属构筑物

3.4.1 排水管渠材料、接口和基础

排水管渠的材料、接口和基础的选择应根据排水水质、水温、冰冻情况、断面

尺寸、管内外所受压力、土质、地下水位、地下水侵蚀性、施工条件及对养护工具的适应性等因素进行选择与设计。特别是水质情况,输送腐蚀性污水的管渠、检查井和接口必须采取相应的防腐蚀措施。

1.常用管材和管件

(1)管材要求。

合理地选择管渠材料,对降低排水系统的造价影响很大。选择排水管渠材料时,应综合考虑技术、经济及其他方面的因素。排水管材主要有以下几点要求。

①排水管渠必须具有足够的强度,以承受外部荷载和内部水压,外部荷载包括土壤的重量——静荷载,以及由于车辆运行造成的动荷载。压力管及倒虹管一般要考虑内部水压。自流管道发生淤塞或雨水管渠系统的检查井内充水时,也可能引起内部水压。此外,为了保证排水管道在运输和施工中不致破裂,也必须使管道具有足够的强度。

②排水管渠应能抵抗污水中杂质的冲刷和磨损,也应该具有抗腐蚀的性能,以免在污水或地下水的侵蚀作用(酸、碱或其他)下很快破损。

③排水管渠必须不透水,以防止污水渗出或地下水渗入。因为污水从管渠渗出至土壤,将污染地下水或邻近水体,或者破坏管道及附近房屋的基础。地下水通过管道、接口和附属构筑物渗入管渠,不但将降低管渠的排水能力,而且将增大污水泵站及处理构筑物的负荷。

④排水管渠的内壁应整齐光滑,使水流阻力尽量减小。同时,应尽量就地取材,并考虑到预制管件及快速施工的可能,以便尽量降低管渠的造价及运输和施工的费用。

排水管渠材料一般有混凝土、钢筋混凝土、陶土、塑料、球墨铸铁以及钢等。

(2)排水管材。

①混凝土管和钢筋混凝土管。

混凝土管和钢筋混凝土管适用于排除雨水、污水,是常用的排水管道,可在专门的工厂预制,也可在现场浇筑。管口通常有承插式、企口式、平口式。

混凝土管的管径一般小于 400 mm,长度多为 1 m,适用于管径较小的无压管。如果管道埋深较大或敷设在土质条件不良地段,为抗外压,当直径大于 400 mm 时通常都采用钢筋混凝土管。混凝土和钢筋混凝土管的技术条件及标准规格详见《混凝土和钢筋混凝土排水管》(GB/T 11836—2009)。

国内生产的混凝土管和钢筋混凝土管产品规格详见《给水排水设计手册》。

混凝土管和钢筋混凝土管便于就地取材,制造方便,而且可根据抗压的不同要求,制成无压管、低压管、预应力管等。混凝土管和钢筋混凝土管除用作一般自流排水管道,钢筋混凝土管及预应力钢筋混凝土管亦可用作泵站的压力管及倒虹管。它们的主要缺点是抵抗酸、碱腐蚀及抗渗性能较差、管节短、接头多、施工复杂,在地震烈度大于 8 度的地区及饱和松砂、淤泥及淤泥土质、充填土、杂填土的地区不宜敷设。此外,大管径管因自重大而搬运不便。

②陶土管。

陶土管是由塑性黏土制成的,根据需要可制成无釉、单面釉、双面釉的。若采用耐酸黏土和耐酸填充物,还可以制成特种耐酸陶土管。管口有承插式和平口式两种形式。

普通陶土排水管最大直径可达 300 mm,长度可达 800 mm,适用于居民区室外排水管。耐酸陶土管最大直径可达 800 mm,一般在 400 mm 以内,适用于排除酸性废水。

带釉的陶土管内外壁光滑,水流阻力小,不透水性好,耐磨损,抗腐蚀。但陶土管质脆易碎,抗弯、抗拉强度低,不宜敷设在松土中或埋深较大的地方。此外,因其管节短,需要较多的接口,增加了施工难度和费用。

③金属管。

常用的金属管有铸铁管和钢管。室外重力流排水管道一般很少采用金属管,只有在排水管道承受高压或对渗漏要求特别高的地方,例如,排水泵站的进出水管和倒虹管,或地震烈度大于 8 度、地下水位高或流砂严重的地区才采用金属管。

金属管质地坚固、抗压、抗震、抗渗性能好,且内壁光滑,水流阻力小,管道每节长度大,接头少,但价格昂贵。此外,钢管抵抗酸、碱腐蚀及地下水侵蚀的能力差,因此在采用时必须涂刷耐腐蚀的涂料并注意绝缘。

④排水渠道。

当排水管直径大于 1.5 m 时,排水管制作费用和制作难度大幅度增加且运输困难,因此通常在现场建造大型排水渠道。常用的建筑材料有砖、石、混凝土块、钢筋混凝土块和钢筋混凝土等。

⑤其他管材。

迄今为止,排水管材大多数采用(钢筋)混凝土管。如上所述,(钢筋)混凝土管作为排水管在使用中存在着许多弊端,如防腐抗渗性能差、管节短、施工复杂等。因此,近年来随着新型建筑材料的不断研制,用于制作排水管道的材料也日益增多。例如,玻璃纤维筋混凝土管、硬聚氯乙烯管、聚乙烯管、聚氯乙烯双壁波纹管、塑料螺旋缠绕管、聚氯乙烯径向加筋管等,这些新型管材近年来在日本、美国等大量使用。其中硬聚氯乙烯管和聚乙烯管由于具有重量小,耐腐蚀、抗渗性能好,管壁光滑,不易堵塞,工期短且施工费用低等优点,在国内排水管道的应用也在增加。

2. 管道接口形式

排水管道的接口形式应根据管道材料、连接形式、排水性质、地下水位和地质条件等确定。排水管道的不透水性和耐久性,在很大程度上取决于敷设管道时接口的质量。管道接口应具有足够的强度,不透水,能抵抗污水或地下水的侵蚀,并具有一定的弹性。

(1)接口形式及适用条件。

室外排水管道常用混凝土和钢筋混凝土管。管口的形状有企口、平口、承插口,企口和平口又可直接连接和加套管连接。接口根据弹性一般分为柔性、刚性和半柔性三种。

①柔性接口。

柔性接口允许管道纵向轴线交错 3～5 mm 或交错一个较小的角度,而不致引起渗漏。常用的柔性接口有橡胶圈接口、石棉沥青卷材接口、沥青麻布接口、沥青砂浆灌口接口、沥青油膏接口。柔性接口施工复杂,造价较高。在地震区采用柔性接口有其独特的优越性。

②刚性接口。

刚性接口不允许管道有轴向的交错,但比柔性接口施工简单、造价低,因此采用较广泛。常用的刚性接口有水泥砂浆抹带接口、钢丝网水泥砂浆抹带接口、膨胀水泥砂浆接口等。刚性接口抗震性能差,多用在地基比较良好、有带形基础的无压管道上。

③半柔性接口。

半柔性接口介于上述两种接口形式之间。使用条件与柔性接口类似。常用的是预制套管石棉水泥接口。

污水管道及合流管道宜选用柔性接口。当管道穿过粉砂、细砂层并在最高地下水位以下,或在地震设防烈度为 8 度地区时,应采用柔性接口。

(2)几种常用的接口方法。

①水泥砂浆抹带接口。

在管子接口处用 1:2.5(质量比)或 1:3 水泥砂浆配比抹成半椭圆形或其

他形状的砂浆带,带宽 120～150 mm,带厚 30 mm。抹带前保持管口洁净。一般适用于地基土质较好的雨水管道,或用于地下水位以上管径较小的污水管上。企口管、平口管、承插口管均可采用这种接口。

②钢丝网水泥砂浆抹带接口。

将抹带范围的管外壁凿毛,抹 1∶2.5(质量比)或 1∶3 水泥砂浆一层,厚 15 mm;中间铺 20 号 10 mm×10 mm 钢丝网一层,两端插入基础混凝土中固定,上面再抹砂浆一层,厚 10 mm,带宽 200 mm。这种接口适用于地基土质较好的一般污水管道和水头低于 5 m 的低压管道接口。

③石棉沥青卷材接口。

石棉沥青卷材接口的构造是先将沥青、石棉、细砂按配合比为 7.5∶1.0∶1.5 制成卷材,并将接口处管壁刷净烤干,涂上冷底子油一层,再刷沥青玛瑞脂(厚 3～5 mm),包上石棉沥青卷材,外面再涂 3 mm 厚的沥青玛瑞脂。石棉沥青卷材带宽为 150～200 mm,一般适用于沿管道纵向沉陷不均匀地区,平口管和企口管均可使用。

④橡胶圈接口。

橡胶圈接口属柔性接口。接口结构简单,施工方便,适用于施工地段土质较差、地基硬度不均匀或地震地区。

⑤沥青麻布接口。

管口外壁光涂冷底子油一遍,再在接口处涂四道沥青裹三层麻布(或玻璃布),再用 8 号铅丝绑牢。麻布宽度依次为 150 mm、200 mm、250 mm,用于管径小于或等于 900 mm 的管道;宽为 200 mm、250 mm、300 mm 的,用于管径大于 100 mm 的管道。搭接长均为 150 mm。这种接口适用于无地下水、地基良好的无压管道。

⑥沥青砂浆灌口接口。

先将管口刷净,刷冷底子油一遍,然后用预制模具定型,再在模具上部开口浇灌沥青砂浆(一般沥青、石棉、砂的比例为 3∶2∶5)。该接口带宽 150～200 mm、厚 20～25 mm。这种接口适用于无地下水、地基不均匀沉陷不严重的无压管道。

⑦石棉水泥接口。

先将管口及套环刷净,接口用重量比为 1∶3 或 1∶2 的水泥砂浆捻缝,套环接缝处嵌入油麻(宽 20 mm),再在两边填实石棉水泥。这种接口适用于因地基较弱而可能产生不均匀沉陷且位于地下水位以下的排水管道。

⑧沥青砂浆接口。

先洗净管口和套环,接口用重量比为 1∶3 或 1∶2 的水泥砂浆捻缝,灌沥青砂浆,两端用绑扎绳填实。这种接口适用于地基不均匀地段,或地基经过处理后管道可能产生不均匀沉陷且位于地下水位以下的排水管道。

⑨沥青油膏接口。

先洗净管口和套环,接口用重量比为 1∶3 或 1∶2 的水泥砂浆捻缝,套环接缝处嵌入油麻两道,两边填沥青油膏。石油沥青、重松节油、废机油、石灰棉、滑石粉的比例为 100∶11.1∶44.5∶77.5∶1190。该接口的适用条件同沥青砂浆灌口接口。

⑩预制套管接口。

预制套管与管道间的缝隙用石棉水泥(水、石棉、水泥的比例为 1∶3∶7)封堵严密,也可用自应力水泥砂浆填充。这种接口适用于地基较弱地段,一般常用于污水管。

3. 排水管道基础

(1)常用的管道基础。

小区排水管道基础形式常有砂土基础(土弧基础)、混凝土枕基和混凝土带形基础等。

①砂土基础。

砂土基础包括弧形素土基础和砂垫层基础。

弧形素土基础是在原土基础上挖一弧形管槽(通常采用 90°弧形),管子落在弧形管槽里。

砂垫层基础是在挖好的弧形管槽上,用带棱角的粗砂填 10~15 cm 厚的砂垫层。

②混凝土枕基。

混凝土枕基又称为混凝土垫块,是管道接口处设置的局部基础。

③混凝土带形基础。

混凝土带形基础是沿管道全长铺设的基础。按管座的形式不同分为 90°、135°、180°三种管座基础。无地下水时,这种基础直接在槽底老土上浇混凝土基础;有地下水时,常在槽底铺 10~15 cm 厚的卵石或碎石垫层,然后在上面浇混凝土基础。

此外,管道基础、接口的选择与管径大小、不同的施工方法等有关,例如,国

标图集《混凝土排水管道基础及接口》(04S516)规定如下。

a.对开槽法施工的钢筋混凝土排水管道,采用砂土基础的室外坪地雨、污水及合流排水管道,必须采用橡胶密封圈柔性接口的钢筋混凝土承插口管或企口管。其中,钢筋混凝土承插口管柔性接口砂土基础,适用于管径 200～1800 mm 的排水管道;钢筋混凝土企口管、承插口柔性接口砂土基础,适用于管径 1000～3000 mm 的排水管道;预应力混凝土地面插口管橡胶密封圈柔性接口砂土基础,适用于管径 400～2000 mm 的排水管道。

b.对顶进法施工的钢筋混凝土排水管道,适用于管径 1000～3000 mm 的钢筋混凝土企口管或承插口管的橡胶密封圈柔性接口土弧基础。

c.对开槽法施工的混凝土排水管道,其刚性接口形式应用在带有混凝土管基的排水管道上。其中钢筋混凝土平口及企口管混凝土基础钢丝网水泥砂浆抹带接口,适用于管径 600～3000 mm 的室外排水管道;钢筋混凝土平口及企口管混凝土基础现浇混凝土套环刚性接口,适用于对管道纵向刚度要求较高或抗渗要求较高的管径 600～3000 mm 的排水管道;钢筋混凝土企口管混凝土基础1:1膨胀水泥砂浆接口,适用于管径 1000～3000 mm 的雨水管道;混凝土承插口管混凝土基础1:2 水泥砂浆接口,适用于管径 150～600 mm 的雨水管道。上述刚性接口的混凝土管基,应在每 20～25 m 管段长度处设置一个柔性接口。

(2)基础选择。

排水管道的基础选择应根据地质条件、接口形式、管道位置、施工条件、地下水位等因素确定。

①根据接口形式。

a.若管道接口形式是刚性接口,则应采用混凝土带形基础或混凝土枕基。

b.若接口形式为柔性接口,工程地质条件好时用砂土基础;若地质条件不好、沉降不均或土质为湿陷性黄土等,则也应采用混凝土基础。

②根据地质条件、管道位置等。

a.干燥密实的土层、管道不在车行道下、地下水位低于管底标高,若埋深为 0.8～3.0 m。且几根管道合槽施工,可用素土和灰土基础,但接口处必须做混凝土枕基。

b.岩土和多石地层可采用砂垫层基础,砂垫层厚度宜不小于 200 mm,接口处应做混凝土枕基。

c.一般土层或各种潮湿土层以及车行道下敷设的管道应根据具体情况采用 90°～180°混凝土带形基础。

d.地基松软或不均匀沉降地段,烈度为 8 度以上的地震区,管道基础应采取相应的加固措施,管道接口应采用柔性接口。

3.4.2　排水管渠附属构筑物

为了排除雨、污水,除管渠本身外,管渠系统上还需设置某些附属构筑物。管渠系统上的附属构筑物,有些数量很多,它们在管渠系统的总造价中占相当的比例。因此,如何使这些构筑物建造得合理,并能充分发挥其最大作用,是排水管渠系统设计和施工中的重要问题之一。下面讲解相关附属构筑物。

1.检查井、跌水井、水封井、换气井

设置检查井的目的是便于对管渠系统进行定期检查和清通,同时便于排水管渠的连接。当检查井内衔接的上下游管渠的管底标高跌落差大于 1 m 时,为削减水流速度、防止冲刷,在检查井内应有消能措施,这种检查井称为跌水井。当检查井内具有水封设施,以便隔绝易爆、易燃气体进入排水管渠,使排水管渠在进入可能遇火的场地时不致引起爆炸或火灾,这样的检查井称为水封井。后两种检查井属于特殊形式的检查井,或称为特种检查井。

(1)检查井。

检查井通常设在管渠交会、转弯、管渠尺寸或坡度改变处、跌水处以及相隔一定距离的直线管段上。检查井在直线管段上的最大间距如表 3.15 所示。若实际设计中个别管段检查井的最大间距大于该表中数值,应设置冲洗设施。除考虑以上因素进行检查井设置外,还应结合规划,在规划建筑物,尤其是排水量较大的公共建筑附近,宜预留检查井。

表 3.15　检查井的最大间距

管径或暗渠净高 /mm	最大间距/m		管径或暗渠净高 /mm	最大间距/m	
	污水管道	雨水(合流)管道		污水管道	雨水(合流)管道
200~400	40	50	1100~1500	100	120
500~700	60	70	1600~2000	120	120
800~1000	80	90			

检查井通常由井底(包括基础)、井身和井盖(包括盖底)三部分组成。

检查井井底材料一般采用低标号混凝土,基础采用碎石、卵石、碎砖夯实或低标号混凝土。为使水流流过检查井时阻力较小,井底宜设半圆形或弧形流槽。

污水管道的检查井流槽顶与上、下游管道的管顶相平,或与85％倍大管管径处相平,雨水(合流)管渠的检查井流槽顶可与50％倍大管管径处相平。流槽两侧至检查井壁间的底板(称为沟肩)应留有一定宽度,一般应不小于20 cm,以满足检修要求,并应有0.02~0.05的坡度坡向流槽,以防检查井积水时淤泥沉积。在管渠转弯或几条管渠交会处,为使水流通顺,流槽中心线的弯曲半径应按转角大小和管径大小确定,但宜不小于大管管径。检查井井身的材料可采用砖、石、混凝土或钢筋混凝土。国外多采用钢筋混凝土预制;我国目前则多采用砖砌,以水泥砂浆抹面。井身的平面形状一般为圆形或正方形。目前塑料检查井也得到了推广使用,不仅配套开发了井盖、井筒和相关配件,还具有施工方便快捷、密封性能好、防渗漏等特点。塑料检查井适用于建筑小区(居住区、公共建筑区、厂区等)、城乡市政、工业园区、旧城改造等范围内塑料排水管道外径不大于1200 mm,埋设深度不大于8 m的塑料排水检查井工程的设计、施工和维护保养。

井身的构造与是否需要工人下井有密切关系。不需要下人的浅井,构造很简单,一般为直壁圆筒形;需要下人的井在构造上可分为工作室、渐缩部和井筒三部分。工作室是养护人员养护时下井进行临时操作的地方,不应过分狭小,其直径不能小于1 m,其高度在埋深许可时一般采用1.8 m,污水检查井由流槽顶算起,雨水(合流)检查井由管底算起。为降低检查井造价、缩小井盖尺寸,井筒直径一般比工作室小,但为了工作检修出入安全与方便,其直径应不小于0.7 m。井筒与工作室之间可采用锥形渐缩部连接,渐缩部高度一般为0.6~0.8 m,也可以在工作室顶偏向出水管一边加钢筋混凝土盖板梁,井筒则砌筑在盖板梁上。为便于上下,井顶略高出地面。井盖和井座采用铸铁、钢筋混凝土或混凝土材料制作。若检查井位于车行道,应采用具有足够承载力和稳定性良好的井盖和井座。位于路面上的井盖,宜与路面持平;位于绿化带内的井盖,不应低于地面。在接入检查井的支管(接户管或连接管)管径大于300 mm时,支管数不宜超过3条。

(2)跌水井。

跌水井是设有消能设施的检查井。目前,常用的跌水井有两种形式,即竖管式(或矩形竖槽式)和溢流堰式。

当上、下游管底高差小于1 m时,可在检查井底部做成斜坡,而不做专门的跌水设施;如果跌水水头为1~2 m,宜设跌水井跌水;如果跌水水头大于2 m,必须设跌水井跌水。在管道的转弯处,一般不宜设跌水井。若跌水水头过大,可采用多个跌水井,分散跌落。跌水水头与进水管管径有关,当跌水井的进水管管径不大于 200 mm 时,一次跌水水头宜不大于 6 m;管径为 300～600 mm 时,一次跌水水头宜不大于 4 m;管径大于 600 mm 时,其一次跌水水头及跌水方式应按水力计算确定。

(3)水封井。

水封井是设有水封的检查井。当工业废水能产生引起爆炸或火灾的气体时,在排水管道上必须设置水封井。水封井的位置应设置在产生易燃易爆气体的废水生产装置、储罐区、原料储运场地、成品仓库、容器洗涤车间等废水排出口和适当距离的干管上。水封井不宜设在车行道和行人众多的地段,并应适当远离明火。水封井的水封深度一般采用 0.25 m。井上宜设通风管,井底宜设沉泥槽。

(4)换气井。

污水中的有机物常在管渠中沉积而厌气发酵,发酵分解产生的甲烷、硫化氢、二氧化碳等气体,如果与一定体积的空气混合,在点火条件下将引起火灾,甚至爆炸。为防止此类事故的发生,同时也为保证工作人员在检修排水管渠时能较安全地进行操作,应在污水管道和合流管道上根据需要设置通风设施,使有害气体在通风设施的作用下排入大气中。这种设有通风管的检查井称为换气井。

通风设施一般设置在充满度较高的管段内、设有沉泥槽处、倒虹管进出水处或管道高程有突变处等。

2. 雨水口、连接暗井和溢流井

(1)雨水口、连接暗井。

雨水口是在雨水管渠或合流管渠上收集雨水的构筑物。道路上的雨水首先经雨水口通过连接管流入排水管渠。

雨水口的位置应能保证迅速、有效地收集地面雨水。雨水口一般应在汇水点上和截水点上,例如交叉路口、路侧边沟的一定距离处以及没有道路边石的低洼地区等,以防止雨水漫过道路或造成道路及低洼地区积水而妨碍交通。雨水口的形式和数量通常应按汇水面积所产生的径流量和雨水口的泄水能力及道路形式确定。雨水口的形式主要有平箅式和立箅式两类。一般一个平箅(单箅)雨水口可排泄 15～20 L/s 的地面径流量,该雨水口宜低于路面 30～40 mm,在土质地面上宜低于路面 50～60 mm。道路上雨水口的间距一般为 25～50 m。在路侧边沟上及路边低洼地点,雨水口的设置间距还要考虑道路的纵坡,当道路纵

坡大于 0.02 时,雨水口间距可大于 50 m,其形式、数量和布置应根据具体情况和计算确定。坡段较短时可在最低点处集中收水,其雨水口的数量或面积应适当增加。雨水口深度不宜大于 1 m,并根据需要设置沉泥槽。

常用雨水口形式及泄水能力如表 3.16 所示。

表 3.16 雨水口形式及泄水能力

形式	给水排水标准图集		泄水能力 /(L/s)	适用条件
	原名	图号		
道牙平箅式	边沟式	S2353	20	有道牙的道路
道牙立箅式	—	—	—	有道牙的道路
道牙立孔式	侧立式	S23516	约 20	有道牙的道路,箅隙容易被树叶堵塞的地方
道牙平箅立箅联合式	—	—	—	有道牙的道路,汇水量较大的地方
道牙平箅立孔联合式	联合式	S2356	30	有道牙的道路,汇水量较大且箅隙容易被树枝叶堵塞的地方
地面平箅式	平箅式	S2358	20	无道牙的道路、广场、地面
道牙小箅雨水口	小雨水口	S23510	约 10	降雨强度较小城市有道牙的道路
钢筋混凝土箅雨水口	钢筋混凝土箅雨水口	S23518	约 10	不通行重车的地方

注:大雨时易被杂物堵塞的雨水口,泄水能力应按乘以 0.5~0.7 的系数计算。

平箅雨水口的构造包括进水箅、井筒和连接管三部分。

雨水口的进水箅可用铸铁或钢筋混凝土、石料制成。进水箅条的方向与进水能力有很大关系,箅条与水流方向平行比垂直的进水效果好,因此,有些地方将进水箅设计成纵横交错的形式,以便排泄路面上从不同方向流来的雨水。雨水口按进水箅在街道上的设置位置可分为以下三类。

①边沟雨水口:进水箅稍低于边沟底水平位置。

②边石雨水口:进水箅嵌入边石垂直放置。

③联合式雨水口:在边沟底和边石侧面都安放进水箅。为提高雨水口的进水能力,目前我国许多城市已采用双箅联合式或三箅联合式雨水口,由于扩大了进水箅的进水面积,进水效果良好。

雨水口的井筒可用砖砌或用钢筋混凝土预制,也可采用预制的混凝土管。雨水口的深度一般不宜大于 1 m,在有冻胀影响的地区,雨水口的深度可根据经验适当加大;在泥沙量大的地区可根据需要设置沉泥槽。雨水口底部可根据需要做成有沉泥井(又称为截留井)或无沉泥井的形式。有沉泥井的雨水口可截留雨水所夹带的砂砾,以免砂砾进入管道造成淤塞。但是沉泥井往往积水,滋生蚊蝇,散发臭气,影响环境卫生,需要经常清除,增加了养护工作量。通常在交通繁忙、行人稠密的地区,可考虑设置有沉泥井的雨水口。

连接管的最小管径为 200 mm,坡度一般不小于 0.01,连接管长不宜超过 25 m,接在同一连接管上的雨水口一般不宜超过 3 个。但排水管直径大于 800 mm 时,也可在连接管与街道排水管渠连接处不另设检查井,而设连接暗井。

(2)溢流井。

在截流式合流制管渠系统中,通常在合流管渠与截流干管的交会处设置溢流井。雨水溢流井主要有三种形式,分别是截流槽式、溢流堰式、跳跃堰式。通常溢流井用砖或钢筋混凝土制成。管渠高程允许时,应选用截流效果好的槽式溢流井;当选用堰式或槽堰结合式溢流井时,堰高和堰长应进行水力计算。溢流井溢流水位应在设计洪水位或受纳管道设计水位以上,否则溢流管道上应设闸门等防倒灌设施。

①截流槽式。

截流槽式溢流井是最简单的,在井中设置截流槽,槽顶与截流干管的管顶相平,构造如图 3.6 所示。

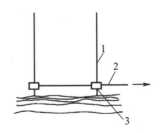

图 3.6　截流槽式溢流井

1—合流管渠;2—截流干管;3—排出管渠

②溢流堰式。

溢流堰式溢流井构造如图 3.7 所示,溢流堰设在截流管的侧面。

③跳跃堰式。

跳跃堰式溢流井构造如图 3.8 所示。

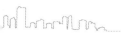

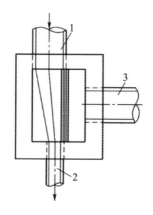

图 3.7　溢流堰式溢流井

1—合流管道;2—截流干管;3—排出管道

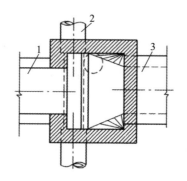

图 3.8　跳跃堰式溢流井

1—合流管道;2—截流干管;3—排出管道

3. 倒虹管

排水管渠遇到河流、山涧、洼地或地下构筑物等障碍物时,不能按原有的坡度埋设,而是按下凹的折线方式从障碍物下通过,这种管道称为倒虹管。倒虹管由进水井、下行管、平行管、上行管和出水井等组成。

倒虹管线应尽可能与障碍物正交通过,以缩短其长度,并应选择在河床和河岸较稳定、不易被水冲刷的地段及埋深较小的部位敷设。通常,倒虹管的工作管线不少于两条,当污水流量较小时,其中一条作为备用。当倒虹管穿过旱沟、小河和谷地时,也可单线敷设。

倒虹管的清通比一般管道困难得多,因此,必须采用各种措施防止倒虹管内污泥的淤积。具体措施如下。

（1）倒虹管最小管径为 200 mm。

（2）管内设计流速应大于 0.9 m/s，并应大于进水管内的流速，当管内设计流速不能满足要求时，应增加定期冲洗措施，冲洗时流速应不小于 1.2 m/s。

（3）倒虹管管顶距规划河底距离一般宜不小于 1.0 m，通过航运河道时，其位置和管顶距规划河底的距离应与当地航运管理部门协商确定，遇冲刷河床应考虑防冲措施。

（4）倒虹管宜设置事故排放口。

（5）合流管道设倒虹管时，应按旱流流量校核流速。

（6）倒虹管进出水井内应设闸槽或闸门。进水井的前一检查井，应设置沉泥槽。进出水井的检修室净高宜高于 2 m。井较深时，井内应设检修台，其宽度应满足检修要求。当倒虹管为复线时，井盖的中心宜设在各条管道的中心线上。

4. 出水口

出水口是排水管道向水体排放污、雨水的构筑物。排水管道出水口的设置位置应根据受纳水体的水质要求、水体流量、水位变化幅度及水流方向、水体稀释自净能力、地形及气候特征等因素而定，并应征得有关部门的同意，以避免对航运、给水和景观等水体原有功能造成影响，并使排水迅速与水体混合。如果在河渠的桥、涵、闸附近设置出水口，应设在这些构筑物的下游，并且不能设在取水构筑物保护区内和游泳池附近，不能影响到下游居民点的卫生和饮用。

出水口应采取防冲刷、消能、加固等措施，出水口的基础必须设在冰冻线以下，有冻胀影响地区的出水口应采用耐冻胀材料砌筑。出口处岸滩应稳定且施工方便。管渠出水口的设计水位原则上应高于或等于排放水体的设计洪水位；若低于设计洪水位，应采取适当措施。

雨水排水管出水口宜采用非淹没式排放，出水口底不宜低于多年平均洪水位，一般应在常水位以上，以免水体倒灌。为使污水与水体水较好混合，污水排水管出水口宜采用淹没式排放，出水口淹没在水体水面以下。当出水口标高比水体水面高出太多时，应设置单级或多级跌水。当出水口在洪水期有倒灌可能时，应设置防洪闸门。

此外，考虑事故、停电或检修时排水管渠也能顺利排水，就要合理设置事故排放口。

出水口分为淹没式和非淹没式。淹没式出水口一般用于污水管道，也可用于雨水管道；非淹没式出水口主要用于雨水管道。出水口常用形式和适用条件

如下:一字出水口适用于排出管道与河渠顺接处,岸坡较陡时;八字出水口适用于排出管道排入河渠岸坡较平缓时;门字出水口适用于排出管道排入河渠岸坡较陡时;淹没出水口适用于排出管道末端标高低于正常水位时;跌水出水口适用于排出管道末端标高高出洪水位较大时。出水口构造具体参见《给水排水标准图集》。

3.5 排水泵站

3.5.1 常用排水泵站类型及泵的特点

1.排水泵站的类型

将各种污、废水由低处提升到高处所用的抽水机械称为排水泵。

排水管渠中的水流以重力流为主,故在地势平坦的地区,排水管渠都有一定的坡度,管渠埋深会随长度的增加而不断加深,当达到一定深度时,施工费用将急剧增加,施工难度加大。一般埋深宜不超过 5 m,否则应设置泵站来提高水位。此外,排水区域中局部地势较低处、工业废水或地下构筑物及设施排出口等影响整个管网的埋深时,也应考虑泵站的设置。

排水泵及有关附属设备如集水池、格栅等组成了排水泵站。根据其提升废水的性质不同,一般可分为污水泵站、雨水泵站、合流泵站、立交排水泵站及污泥泵站;也可根据其在排水系统中的位置不同,分为局部泵站、中途泵站和终端泵站;还可以根据水泵启动前能否自流进水,分为自灌式和非自灌式泵站(排水泵大多数采用自灌式工作)。因此,排水泵站往往设计成半地下或地下式,埋入地下的深度取决于泵前管渠的埋深。

多台水泵可并联交替运行,也可分段投入运行。

2.排水泵的特点

常用的排水泵有离心泵、轴流泵和混流泵、螺旋泵及潜水泵等。

(1)离心泵。

离心泵中水流在叶轮中受到离心力的作用,形成径向流,常用于污水的输送,常用的污水泵有 PW、PWA 及 PWL 型离心泵。由于污水中常挟带各种粗大的杂质,为防止堵塞,离心泵叶轮的叶片数比离心式清水泵少。同时,为使污水泵站适应排水量的变化,并保证水泵的合理运行,离心式污水泵可以采用并联工作,以达到调节流量的目的。

(2)轴流泵和混流泵。

轴流泵的水流方向与泵轴平行,形成轴向流。其特点是流量大,扬程低。大多数情况下,雨水管渠的设计流量很大,埋深较浅,故该泵主要用在城市雨水防洪泵站。雨水泵站有时也用混流泵,混流泵叶轮的工作原理介于离心泵和轴流泵之间。

(3)螺旋泵。

与其他类型的水泵相比,螺旋泵最适合于需要提升的扬程较低(一般 3～6 m)、进水水位变化较少的场合。其具有转速小的优点,用于提升絮体易于破碎的回流活性污泥,具有独特的优越性。近年来,螺旋泵已在我国城市污水处理厂获得广泛应用。

(4)潜水泵。

潜水泵的电机和水泵连在一起,完全浸没在水中工作,因此,可不单独修建泵房,具有结构紧凑、占地面积小、安装维修方便的特点,是目前常用的一种排水泵。当潜水泵电机功率大于或等于 7.5 kW 或出水口管径大于或等于 100 mm时,可采用水泵固定自耦装置;当潜水泵电机功率小于 7.5 kW 或出水口管小于 100 mm 时,可设软管移动式安装。污水集水池采用潜水泵排水时,应设水泵固定自耦装置,以便水泵检修。排水泵应能自动启停和现场手动启停。

3.5.2　排水泵的选择及其附属设施

排水泵站是排水系统中的重要构筑物,是排水系统中的重要组成部分。

1. 排水泵的选择

排水泵站宜按远期规模设计,水泵机组可按近期规模配置。根据上述各种类型排水泵的特点,不同应用场合选择相应的水泵。根据最大时、最小时的流量以及相应的扬程,按照水泵的产品样本进行选择,要求选出的水泵在以上各种条件下工作时,都能具有较高的工作效率。

(1)污水泵。

一般泵站的设计流量由上游排水系统管道终端的设计流量提供,远期设计流量由城镇排水规划确定。因此,污水泵的设计流量可取进水管道的设计流量,

按最高日最高时流量进行设计。设计扬程可按式(3.36)~式(3.38)计算。

$$H \geqslant h_1 + h_2 + h_3 + h_4 \tag{3.36}$$

$$h_1 = \zeta_1 \frac{v_1^2}{2g} \tag{3.37}$$

$$h_2 = \zeta_2 \frac{v_2^2}{2g} \tag{3.38}$$

式中:H——设计扬程,m;h_1——吸水管水头损失,m;h_2——出水管水头损失,m;h_3——集水池最低工作水位与所需提升最高水位之差,m;h_4——自由水头,m,按 0.3~0.5 m 计;ζ_1、ζ_2——局部阻力系数;v_1、v_2——吸、出水管流速,m/s。

污水泵站按设计流量和设计扬程选择泵。污水泵站具有连续进水、水量较小但变化幅度大、水中污染物含量大、对环境影响大的特点。当流量较大时,应采用多台污水泵联合工作,并考虑备用。工作泵台数不超过 4 台时,备用泵宜为 1 台;工作泵台数大于或等于 5 台时,备用泵宜为 2 台;若采用潜水泵备用 2 台时,可现场备用 1 台,库房备用 1 台。

常用的污水泵如下。

①WL、WTL 型立式污水泵(无堵塞立式污水泵)。

②MN、MF 型立、卧式污水泵。

③PW、PWL 型立、立式污水泵。

④WQ 型潜水污水泵。

(2)雨水泵和合流泵。

雨水泵站设计流量可按泵站进水总管的设计流量计算确定。当立交道路设有盲沟时,其渗流水量应单独计算。设计扬程应按设计流量时集水池水位与受纳水体平均水位差和水泵管路系统的水头损失确定。

雨水泵站的特点是汛期运行,洪峰水量大,泵站规模大。设计时多采用 ZLB 型轴流泵。不同降雨情况下雨水径流量差别很大,因此,雨水泵的台数应不少于 2 台,以适应水量的变化。但雨水泵可利用旱季检修,因此可不设备用泵。

合流泵站的设计流量按下列公式确定。

①泵站后设污水截流装置时,按式(3.33)计算。

②泵站前设污水截流装置时,雨水部分和污水部分分别按式(3.39)和式(3.40)计算。

$$Q_p = Q_s - n_0 Q_{dr} \tag{3.39}$$

$$Q_p = (n_0 + 1)Q_{dr} \tag{3.40}$$

式中：Q_p——泵站设计流量，m^3/d；Q_s——雨水设计流量，m^3/d；Q_{dr}——旱流污水设计流量，m^3/d；n_0 为截留倍数，m^3/d。

合流泵站的特点是雨、污水泵房要合建在一起，水泵台数多，进、出水的高程流向不同。合流泵的设计扬程应按设计流量时集水池水位与出水管渠水位差和水泵管路系统的水头损失确定。合流泵同时汇集雨水和污水，要考虑旱季时污水也要连续抽送，因此需设有小流量的泵满足其提升要求，同时应与污水泵站一样要考虑备用泵。有溢流条件时，合流泵站前应设置事故排出口。

2. 附属设施主要组成及要求

(1)格栅。

格栅用于拦截雨水、生活污水和工业废水中的大块漂浮物及杂质。格栅具体要求见表 3.17。

表 3.17　格栅一般规定

项目	一般规定
栅条	(1)栅条断面：10 mm×50 mm～10 mm×100 mm 扁钢或铸铁。 (2)栅条横向支撑：80～100 mm，槽钢每米增加 1 个。 (3)栅条间隙：由水质和水泵的口径和性能决定。栅条间隙总面积一般为进水管有效面积的 1.2～2.0 倍
流速	(1)过栅流速：0.8～1.0 m/s。 (2)栅前渠道流速：0.6～0.8 m/s。 (3)栅后到集水池流速：0.5～0.7 m/s(轴流泵不大于 0.5 m/s)
格栅倾斜角度	(1)工人清除：45°～60° (2)机械清除：60°～80°
格栅工作台 （平台）	(1)非寒冷地区一般采用敞开式，周围设栏杆，上设顶栅，安装工字钢梁、电动或手动葫芦。 (2)工作台一般不得淹没，应高出最高设计水位 0.5～1.0 m，若溢流水位较高，当不能满足要求时，应在进水管上设速闭闸，或将机耙的电动机置于溢流水位以上。 (3)工作台至格栅底的高差应不大于 3 m。 (4)格栅与水泵的吸水管之间不留敞开部分，可设铸铁算子(或混凝土孔板)用于泄水。

项目	一般规定
格栅工作台 （平台）	（5）工作台向上设阶梯，向下至池底设加盖人孔和铸铁踏步。 （6）工作台侧墙设 $\phi25$ 水龙头。 （7）格栅工作台沿水流方向的长度：人工清除不应小于 1.2 m；机械清除应根据除污机（机耙）宽度而定，同时应能满足污泥小车的宽度，但不应小于 1.5 m

（2）集水池。

由于水量变化很不均匀，集水池是泵站必不可少的构筑物。集水池既要满足水泵吸水管和其他设备安装上的要求，又要满足水泵正常工作的容积要求。集水池容积与水量变化情况有关，变化越小，所需集水池的容积也越小；集水池的容积也与水泵的机组数有关，水泵本身就是一种调节设施，水泵的机组数多，集水池的容积就可小些。污水泵站的泵房和集水池可以合建，也可以分建。常见的是合建式，在泵房和集水池之间有不透水的隔墙将它们完全隔开，以保护机械设备和改善泵房的操作条件。当集水池很深、施工困难且造价较高时，可采用分建式。

集水池最高水位和最低水位之间的容积称为集水池的有效容积，但这部分容积应采用流量变化的累积曲线图进行计算。但因排水的流量变化曲线难以获得，故目前在工程设计中，不同功能泵站的集水池容积和设计水位规定如下。

①污水泵站：集水池容积一般不小于最大一台污水泵的 5 min 出水量；最高设计水位应按进水管充满度设计。

②雨水泵站：流入泵站的雨水量取决于降雨强度及雨型，雨水流量大，故雨水泵集水池的容积不考虑起调节流量的作用，只需保证水泵在运转上的需要，应不小于最大一台水泵 30 s 的出水量。合流污水泵站集水池容积应不小于最大一台水泵 30 s 的出水量。雨水和合流泵站集水池的最高设计水位应与进水管管顶相平。当设计进水管道为压力管道时，最高设计水位可高于进水管管顶，但不得使管道上游地面冒水。

③污泥泵站：其集水池容积应按一次排入的污泥量和污泥泵的抽送能力计算确定。活性污泥泵房集水池的容积按排入的回流污泥量、剩余污泥量和污泥泵抽送能力计算确定。

集水池设计最低水位应满足所选水泵吸水头的要求。自灌式泵房尚应满足水泵叶轮浸没深度的要求。其有效高度一般为 1.5～2.0 m。集水池底部设有集水坑,其深度一般不小于 0.5 m,倾向坑的坡度宜不小于 10%。在集水池中设置格栅及除渣设施,其中栅条间的缝隙与水泵型号有关。集水池的平面尺寸取决于水泵吸水管和格栅的布置,污水泵吸水管在集水池的布置与给水泵站中的布置相同。

(3)吸水、出水管。

一般每台泵设单独的吸水管,吸水管内流速宜为 0.7～1.5 m/s;水泵低于集水池最高水位时,吸水管上应设闸门。但立式轴流泵不用设吸水管,叶轮下面是吸水口,把集水池延伸至泵房内,或者用渠道将集水池和水泵吸水口连接起来。

污水泵出水管设计流速宜为 0.8～2.5 m/s。出水管上安装闸门及逆止阀。

雨水泵站的进水管和出水管间设置跨越管连接,以便水体水位较低时雨水可直接排放,跨越管上应设置闸门。雨水泵站出口流速宜小于 0.5 m/s,同时应考虑对河道的冲刷和对航运的影响。

第4章 市政给排水管道开槽施工技术

4.1 施工准备

4.1.1 施工准备的基本知识

（1）市政给排水管道工程施工前应由设计单位进行设计交底。当施工单位发现施工图有错误时，应及时向设计单位提出变更设计的要求。

（2）市政给排水管道施工前，应根据施工需要进行调查研究，并应掌握管道沿线的下列情况与资料。

①现场地形、地貌、建筑物、各种管线和其他设施的情况。

②工程地质和水文地质资料。

③气象资料。

④工程用地、交通运输及排水条件。

⑤施工供水、排水、供电条件。

⑥工程材料、施工机械供应条件。

⑦在地表水水体中或岸边施工时，应掌握地表水的水文与航运资料。在寒冷地区施工时，尚应掌握地表水的冻结及流冰的资料。

⑧结合工程特点和现场条件的其他情况及资料。

（3）市政给排水管道工程施工前应编制施工组织设计。施工组织设计的内容主要包括工程概况，施工部署，施工方法，施工材料，主要机械设备的供应，保证施工质量、安全、工期、降低成本和提高经济效益的技术组织措施，施工计划，施工总平面图以及保护周围环境的措施等。对主要施工方法，尚应分别编制施工设计。

4.1.2 管线开挖测量

市政给排水管道工程的施工测量是为了使排水管道的实际平面位置、标高和形状尺寸等，符合设计图纸要求。施工测量后，进行管道放线，以确定市政给排水管道沟槽开挖位置、形状和深度。给排水管道测量主要包括管道中线测量、管道纵、横断面测量,管道施工测量和管道竣工测量。

1.管道中线测量

管道中线测量的任务是将设计的管道中线位置测设于实地并标记出来。其主要工作内容是测设管道主点(起点、终点和转折点)、钉(设)里程桩和加桩等。管道施工放线主要是直线段中线桩的测量。

(1)测设管线主点。

①根据控制点测设管线主点。管道主点类似于交通路线起点、终点、交点,即管道起点、终点、转折点。

当管道规划设计图上已给出管线起点、终点和转折点的设计坐标与附近控制的坐标时,可计算出测设数据,然后用极坐标法或交会法进行测设。

②根据地面上已有建筑物测设管线主点。主点测设数据可由设计时给定,或根据给定坐标计算,然后用直角坐标法进行测设;当管道规划设计图的比例尺较大,管线直接在大比例尺地形图上设计时,往往不给出坐标值,可根据与现场已有的地物(如道路、建筑物)之间的关系采用图解法来求得测设数据。

主点测设好以后,应丈量主点间距离和测量管线的转折角,并与附近的测量控制点连测,以检查中线测量的成果。

(2)钉(设)里程桩和加桩。

为了测定管线长度和测绘纵、横断面图,沿管道中心线自起点每 50 m 钉一里程桩。在 50 m 之间地势变化处要钉加桩,在新建管线与旧管线、道路、桥梁、房屋等交叉处也要钉加桩。

里程桩和加桩的里程桩号以该桩到管线起点的中线距离来确定。排水管道以下游出水口作为管线起点。中线定好后应将中线展绘到现状地形图上,图上应反映点的位置和桩号,管线与主要地物、地下管线交叉的位置和桩号,各主点的坐标、转折角等。如果敷设管道的地区没有大比例尺地形图,或在沿线地形变化较大的情况下,还需测出管道两侧各 20 m 的带状地形图。如通过建筑物密集地区,需测绘至两侧建筑物处,并用统一的图式表示。

2.管道纵、横断面测量

(1)管道纵断面测量。

根据管线附近的水准点,用水准测量方法测出管道中线上各里程桩和加桩

点的高程,绘制纵断面图,为设计管道埋深、坡度和计算土方量提供资料。为了保证管道全线各桩点高程测量精度,应沿管道中线方向上每隔 1～2 km 设一个固定水准点,300 m 左右设置一个临时水准点,作为纵断面水准测量分段闭合和施工引测高程的依据。纵断面水准测量可从一个水准点出发,逐段施测中线上各里程桩和加桩的地面高程,以便校核。

(2)管道横断面测量。

管道横断面测量是测定各里程桩和加桩处垂直于中线两侧地面特征点到中线的距离以及各点与桩点间的高差,据此绘制横断面图,供管线设计时计算土石方量和施工时确定开挖边界的方法。横断面测量施测的宽度由管道的直径和埋深来确定,一般每侧为 10～20 m。管道横断面测量方法与道路横断面测量相同。

当横断面方向较宽、地面起伏变化较大时,可用经纬仪视距测量的方法测得距离和高程,并绘制横断面图。如果管道两侧平坦、工程面窄、管径较小、埋深较浅,一般不做横断面测量,可根据纵断面图和开槽的宽度来估算土(石)方量。

3. 管道施工测量

1)施工前的测量工作

(1)熟悉图纸。应熟悉施工图纸、精度要求、现场情况,找出各主点桩、里程桩和水准点位置并加以检测,拟定测设方案,计算并校核有关数据,注意对设计图纸的校核。

(2)恢复中线和施工控制桩的测设。在施工时中桩要被挖掉,为了在施工时控制中线位置,应在不受施工干扰、引测方便、易于保存桩位的地方测设施工控制桩。施工控制桩分为中线控制桩和位置控制桩。

①中线控制桩的测设。一般是在中线的延长线上钉设木桩并做好标记。

②附属构筑物位置控制桩的测设。一般是在垂直于中线方向上钉两个木桩。控制桩要钉在槽口外 0.5 m 左右,与中线的距离最好是整分米数。恢复构筑物时,将两桩用小线连起,则小线与中线的交点即为其中心位置。

(3)加密水准点。为了在施工中引测高程方便,应在原有水准点之间每100～150 m 增设临时施工水准点。

(4)槽口放线。槽口放线的任务是根据设计要求埋深和土质情况、管径大小等计算出开槽宽度,并在地面上定出槽边线位置。

①当地面平坦时,如图 4.1(a)所示,槽口宽度 B 的计算方法见式(4.1)。

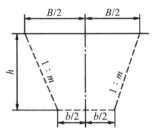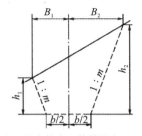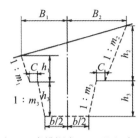

(a) 当地面平坦时　　(b) 当地面坡度较大,管槽深在2.5 m以内时　(c) 当槽深在2.5 m以上时

图 4.1　槽口放线

$$B = b + 2mh \tag{4.1}$$

②当地面坡度较大,管槽深在 2.5 m 以内时,中线两侧槽口宽度不相等,如图 4.1(b)所示,槽口宽度 B 的计算方法见式(4.2)～式(4.4)。

$$B = B_1 + B_2 \tag{4.2}$$

$$B_1 = \frac{b}{2} + mh_1 \tag{4.3}$$

$$B_2 = \frac{b}{2} + mh_2 \tag{4.4}$$

③当槽深在 2.5 m 以上时,如图 4.1(c)所示,槽口宽度 B 的计算方法见式(4.2)～式(4.6)。

$$B_1 = \frac{b}{2} + m_1 h_1 + m_3 h_3 + C \tag{4.5}$$

$$B_2 = \frac{b}{2} + m_2 h_2 + m_3 h_3 + C \tag{4.6}$$

式中:b——管槽开挖深度;m、m_1、m_2、m_3——槽壁坡度系数(由设计或规范规定);h、h_1、h_2、h_3——管槽左侧或右侧开挖深度;B_1、B_2——中线左侧槽或右侧槽开挖宽度;C——槽肩宽度。

2)施工过程中的测量工作

管道施工过程中的测量工作主要是控制管道中线和高程。一般采用坡度板法和平行轴腰桩法。

(1)坡度板法。

①埋设坡度板。坡度板应根据工程进度要求及时埋设,其间距一般为 10～15 m,如遇检查井、支线等构筑物,应增设坡度板。当槽深在 2.5 m 以上时,应待挖至距槽底 2.0 m 左右时,再在槽内埋设坡度板。坡度板要埋设牢固,不得露出地面,应使其顶面近于水平。用机械开挖时,坡度板应在机械挖完土方后及时

埋设。

②测设中线钉。坡度板埋好后,将经纬仪安置在中线控制桩上,将管道中心线投测在坡度板上并钉中线钉,中线钉的连线即为管道中线,挂垂线可将中线投测到槽底定出管道平面位置。

③测设坡度钉。为了使管道符合设计要求,在各坡度板上中线钉的一侧钉一个坡度立板,在坡度立板侧面钉一个无头钉或扁头钉,称为坡度钉,使各坡度钉的连线平行于管道设计坡度线,并距管底设计高程为整分米数,称为下返数。利用这条线来控制管道的坡度、高程和管槽深度。

为此按式(4.7)计算出每一坡度板顶向上或向下量的调整数,使下返数为预先确定的一个整数。

$$调整数 = 预先确定的下返数 - (板顶高程 - 管底设计高程) \qquad (4.7)$$

调整数为负值时,从坡度板顶向下量;反之则向上量。

(2)平行轴腰桩法。

现场条件不便采用龙门板时,对精度要求较低或现场不便采用坡度板法时,可用平行轴腰桩法测设施工控制标志。开工之前,在管道中线一侧或两侧设置一排或两排平行于管道中线的轴线桩,桩位应落在开挖槽边线以外。平行轴线离管道中线为 a,各桩间距以 15~20 m 为宜,在检查井处的轴线桩应与井位相对应。

为了控制管底高程,在槽沟坡上(距槽底 1 m 左右),测设一排与平行轴线桩相对应的桩,这排桩称为腰桩(又称水平桩),作为挖槽深度、修平槽底和打基础垫层的依据。在腰桩上钉一小钉,使小钉的连线平行于管道设计坡度线,并距管底设计高程为一整分米数,称为下返数。

测量的基本方法是利用空间三维坐标原理,测出市政给排水管道在 x、y、z 轴三个方向所需尺寸和角度。测量时要首先选择基准,主要包括水平线、水平面、垂直线和垂直面。选择基准应视施工现场的具体条件而定。建筑外墙、道路边缘石、中心线都可作为基准。

测量长度用钢卷尺或皮尺。管道转弯处应测量到转角的中心点。测量时,可在管道转角处两边的中心线上各拉一条线,两条线的交叉点就是管道转角的中心点。

测量标高一般用水准仪,也可以从已知的标高用钢卷尺测量推算。

测量角度可以用经纬仪。一般用的简便测量方法,是在管道转角处两边的中心线上各拉一条细线,用量角器或活动角尺测量两条线的夹角,该夹角就是管道弯头的角度。

①一般管道施工测量步骤。

a.进行一次站场的基线桩及辅助基线桩、水准基点桩的测量,复核测量时所布设的桩橛位置及水准基点标高是否正确无误,在复核测量中进行补桩和护桩工作。通过这一步骤的测量可以了解市政给排水管道工程与其他工程之间的相互关系。

b.按设计图纸坐标进行测量,对市政给排水管道及附属构筑物的中心桩及各部位置进行施工放样,同时做好护桩。

②测量与放线的注意事项。

a.施工前,建设单位应组织有关单位向施工单位进行现场交桩。

b.临时水准点和管道轴线控制桩的设置应便于观测且必须牢固,并应采取保护措施。开槽铺设管道的沿线临时水准点,每 200 m 宜不少于 1 个。

c.临时水准点的设置应与管道轴线控制桩、高程桩同时进行,并经过复核方可使用,还应经常校核。

d.已建管道、构筑物等与拟建工程衔接的平面位置和高程,开工前应校核。

e.施工测量的允许误差,应符合表 4.1 的规定。

表 4.1 施工测量允许误差

项目	允许误差	项目	允许误差
水准测量高程闭合差/ mm	平地 $\pm 20\sqrt{L}$ 山地 $\pm 6\sqrt{n}$	导线测量相对闭合差	1/3000
导线测量方位角闭合差/(")	$\pm 40\sqrt{n}$	直接丈量测距两次较差	1/5000

注:L 为水准测量闭合路线的长度,km;n 为水准或导线测量的测站数。

市政给排水管线测量工作应有正规的测量记录本,认真、详细记录,必要时应附示意图,并应将测量的时间、工作地点、工作内容,以及司镜、记录、对点、拉线、扶尺等参加测量人员的姓名逐一记入。测量记录应由专人妥善保管,随时备查,应作为工程竣工必备的原始资料加以存档。

③施工单位在开工前,建设单位应组织设计单位进行现场交桩,在交接桩前双方应共同拟定交接桩计划。在交接桩时,由设计单位提供有关图表、资料。交接桩具体内容如下。

a.双方交接的主要桩橛应为站场的基线桩及辅助基线桩、水准基点桩、构筑

物的中心桩及有关控制桩、护桩等,并应说明等级号码、地点及标高等。

b.交接桩时,由设计单位备齐有关图表,包括排水工程的基线桩、辅助基线桩、水准基点桩、构筑物中心桩以及各桩的控制桩及护桩示意图等,并按上述图表逐个桩橛进行点交。水准点标高应与邻近水准点标高闭合。交接桩结束时,应立即组织力量复测。交接桩时,应检查各主要桩橛的稳定性,护桩设置的位置、个数、方向是否符合标准,并应尽快增设护桩。设置护桩时,应考虑下列因素:不被施工挖土挖掉或弃土埋没;不被施工工地有关人员、运输车辆碰移或损坏;不在地下管线或其他构筑物的位置上;不因施工场地地形变动(如施工的填、挖)而影响观测。

c.交接桩完毕后,双方应做交接记录,说明交接情况、存在问题及解决办法,由双方交接负责人与有关交接人员签字盖章。

4. 管道放线

市政给排水管道及其附属构筑物的放线,可采取经纬仪定线、直角交会法或直接丈量法。

市政给排水管道放线前,应沿管道走向,每隔200 m左右用原站场内水准基点设临时水准点一个。临时水准点应与邻近固定水准基点闭合。排水管道在阀门井室处、检查井处、变换管径处、管道分支处均应设中心桩,必要时设置护桩或控制桩。

市政给排水管道放线抄平后,应绘制管路纵断面图,按设计埋深、坡度,计算出挖深。

4.2 沟槽开挖

4.2.1 沟槽断面形式及选择

给排水管道施工中常用的沟槽断面形式有直槽、梯形槽、混合槽、联合槽等。

正确地选择沟槽断面形式可以为管道施工创造良好的施工作业条件。在保证工程质量和施工安全的前提下,减少土方开挖量,降低工程造价,加快施工速度。合理选择沟槽断面形式,应综合考虑土的种类及物理力学性质(内摩擦角、黏聚力、湿度、密度等)、地下水情况、管道断面尺寸、埋深和施工环境等因素。

现以管道工程开挖为例分析。

沟槽底宽由式(4.8)确定。

$$W = B + 2b \qquad (4.8)$$

式中:W——沟槽宽度,m;B——基础结构宽度,m;b——工作面宽度,m。

沟槽上口宽度由式(4.9)计算。

$$S = W + 2nH \qquad (4.9)$$

式中:S——沟槽上口的宽度,m;n——沟槽槽壁边坡率;H——沟槽开挖深度,m。

沟槽槽壁边坡率值越小,边坡越陡,土体的下滑力越大,一旦下滑力大于该土体的抗剪强度,土体会下滑引起边坡坍塌。

含水量大的土的颗粒间会产生润滑作用,使土粒间的内摩擦力或黏聚力降低,因此应留有较缓的边坡。含水量小的砂土,其颗粒间内摩擦力小,不宜采用陡坡。当沟槽上荷载较大时,土体会在压力下产生滑移,因此边坡应缓一点,或采取支撑加固。深沟槽的上层槽应为缓坡。

沟槽开挖深度按管道设计纵断面确定。

当采用梯形槽时,其边坡应按土的类别选定并符合表 4.2 的规定。不需要支撑的直槽边坡一般采用 1:0.05。当槽深 h 不超过下列数值可开挖直槽,并且不需要支撑:砂土、砂砾土时,$h<1.0$ m;亚砂土、亚黏土时,$h<1.25$ m;黏土时,$h<1.5$ m。

表 4.2 深度在 5 m 以内的沟槽、基坑(槽)的最大边

土的类别	最大边坡(1:n)		
	坡顶无荷载	坡顶有静载	坡顶有动载
中密的砂土	1:1.00	1:1.25	1:1.50
中砂的碎石土(充填物为砂土)	1:0.75	1:1.00	1:1.25
硬塑的轻亚黏土	1:0.67	1:0.75	1:1.00
中密的碎石类土(充填物为黏性土)	1:0.50	1:0.67	1:0.75
硬塑的亚黏土、黏土	1:0.33	1:0.50	1:0.67
老黄土	1:0.10	1:0.25	1:0.33
软土(经井点降水后)	1:1.00	—	—

工作面宽度决定于管道尺寸和施工方法,每侧工作面宽度见表 4.3。

表 4.3 沟槽底部每侧工作面宽度

管道结构 宽度/mm	沟槽底部每侧工作面宽度/mm		管道结构 宽度/mm	沟槽底部每侧工作面宽度/mm	
	非金属管道	金属管道或砖沟		非金属管道	金属管道或砖沟
200~500	400	300	1100~1500	600	600
600~1000	500	400	1600~2500	800	800

注：①管道结构宽度无管座时，按管道外皮计；有管座时，按管座外皮计；砖砌或混凝土管沟按管沟外皮计。②沟底需设排水沟时，工作面应适当增加。③有外防水的砖沟或混凝土沟，每侧工作面宽度宜取800 mm。

4.2.2　沟槽和基坑土方量计算

1.沟槽土方量计算

沟槽上方量计算通常采用平均法，由于管径的变化、地面的起伏，为了更准确地计算土方量，应沿长度方向分段计算。

其计算公式见式(4.10)。

$$V_1 = \frac{1}{2}(F_1 + F_2)L_1 \tag{4.10}$$

式中：V_1——各计算段的土方量，m^3；L_1——各计算段的沟槽长度，m；F_1、F_2——各计算段两端断面面积，m^2。

将各计算段土方量相加即得总土方量。

2.基坑土方量计算

基坑土方量可按立体几何中柱体体积公式计算。

其计算公式为式(4.11)。

$$V = \frac{H}{6}(F_1 + 4F_0 + F_2) \tag{4.11}$$

式中：V——基坑土方量，m^3；H——基坑深度，m；F_1、F_2——基坑顶面、底面面积，m^2；F_0——基坑中断面面积，m^2。

4.2.3　沟槽及基坑的土方开挖

1.土方开挖的一般原则

(1)合理确定开挖顺序。应结合现场的水文、地质条件，合理确定开挖顺序。

如相邻沟槽和基坑开挖,应遵循先深后浅或同时进行的施工顺序。

(2)土方开挖不得超挖,减小对地基土的扰动。采用机械挖土时,可在设计标高以上留 20 cm 土层不挖,待人工清理。即使采用人工挖土也不得超挖。如果挖好后不能及时进行下道一工序,可在基底标高以上留 15 cm 土层不挖,下一道工序开始前再挖除。

(3)开挖时应保证沟槽槽壁稳定,一般槽边上缘至弃土坡脚的距离应不小于 0.8 cm,推土高度应不超过 1.5 cm。

(4)采用机械开挖沟槽时,应由专人负责控制挖槽断面尺寸和标高。施工机械离槽边上缘应有一定的安全距离。

(5)软土、膨胀土地区开挖土方或进入季节性施工时,应遵照有关规定。

2. 开挖方法

土方开挖方法分为人工开挖和机械开挖两种方法。为了减轻繁重的体力劳动,加快施工速度,提高劳动生产率,应尽量采用机械开挖。

沟槽、基坑开挖常用的施工机械有单斗挖土机和多斗挖土机两个种类。

(1)单斗挖土机。单斗挖土机种类很多,在沟槽或基坑开挖施工中应用广泛。单斗挖土机按工作装置,分为正铲、反铲、拉铲和抓铲等;按操纵机构,分为机械式和液压式两类。目前,液压式挖土机采用较多,它的特点是能够比较准确地控制挖土深度。

(2)多斗挖土机。多斗挖土机又称挖沟机、纵向多斗挖土机。多斗挖土机由工作装置、行走装置、动力操纵及传动装置等部分组成。

多斗挖土机与单斗挖土机相比,其优点为挖土作业连续,生产效率较高;沟槽断面整齐;开挖单位土方量所消耗的能量低;在挖土的同时能将土自动地卸在沟槽一侧。

多斗挖土机不宜开挖坚硬的土和含水量较大的土,宜于开挖黄土、亚黏土和亚砂土等。

多斗挖土机按工作装置分为链斗式和轮斗式两种;按卸土方法分为装卸土皮带运输器和未装卸土皮带运输器两种。

3. 开挖质量标准

(1)不扰动天然地基或地基处理符合设计要求。

(2)槽壁平整,边坡坡度符合施工设计规定。

（3）沟槽中心每侧净宽应不小于管道沟槽底部开挖宽度的一半。

（4）槽底高程允许偏差：开挖土方时为 ± 20 mm；开挖石方时为 +20 mm，−200 mm。

4. 沟槽、基坑土方工程机械化施工方案的选择

大型工程的土方工程施工中应合理地选择机械，使各种机械在施工中配合协调，充分发挥机械效率，保证工程质量，加快施工进度，降低工程成本。因此，在施工前要经过经济和技术分析比较，制定合理的施工方案，用以指导施工。

（1）制定施工方案的依据。

①工程类型及规模。

②施工现场的工程及水文地质情况。

③现有机械设备条件。

④工期要求。

（2）施工方案的选择。

在大型管沟、基坑施工中，可根据管沟、基坑深度、土质、地下水及土方量等情况，结合现有机械设备的性能、适合条件，采取不同的施工方法。

开挖沟槽常优先考虑挖沟机，以保证施工质量，加快施工进度。也可以根据管沟情况，用反向挖土机挖土从沟端开挖或沟侧开挖。

大型基坑施工可以采用正铲挖土机挖土，自卸汽车运土；当基坑有地下水时，可先用正铲挖土机开挖地下水位以上的土，再用反向铲（或拉铲、抓铲）开挖地下水位以下的土。

采用机械挖土时，为了不使地基土遭到破坏，管沟或基坑底部应留 200～300 mm 厚的土层，由人工清理整平。

（3）挖沟机的生产率计算。

挖沟机的生产率计算见式（4.12）。

$$Q = 0.06nqK_充 \frac{1}{K_松} KK_时 \tag{4.12}$$

式中：Q——挖沟机的生产率，m^3/h；n——土斗每分钟挖掘次数；q——土斗容量，L；$K_充$——土斗充盈系数；$K_松$——土的可松性系数；K——土的开挖难易程度系数；$K_时$——时间利用系数。

在一定的土质条件下，提高挖沟机的生产率的主要途径是提高开挖时的行驶速度。但应考虑皮带运输器是否有能力及时将土方卸出。

（4）单斗挖土机与自卸汽车配套计算。

①单斗挖土机生产率计算。

单斗挖土机生产率计算式为式（4.13）。

$$Q = 0.06nqK_1 \qquad (4.13)$$

式中：Q——单斗挖土机每小时挖土量，m^3/h；n——每分钟工作循环次数；q——土斗容量，L；K_1——土的影响系数（按土的等级确定：Ⅰ级土约为 1.0；Ⅱ级土约为 0.95；Ⅲ级土约为 0.8；Ⅳ级土约为 0.55）。

②挖土机数量确定。

按照土方量大小和工期，可确定挖土机数量 N（单位：台），即式（4.14）。

$$N = \frac{Q}{Q_d TCK_B} \qquad (4.14)$$

式中：Q——土方量，m^3；Q_d——挖土机生产率，$m^3/$台班；T——工期，工作日；C——每个工作日工作班数，班；K_B——时间利用系数，一般取 0.75～0.95。

若挖土机数量已定，工期 T（单位：工作日）可按式（4.15）计算。

$$T = \frac{Q}{NQ_d CK_B} \qquad (4.15)$$

式中：Q——土方量，m^3；Q_d——挖土机生产率，$m^3/$台班；N——挖土机数量，台；C——每个工作日工作班数，班；K_B——时间利用系数，一般取 0.75～0.95。

③自卸汽车配套计算。

自卸汽车装载容量 Q_1，一般宜为挖土机容量的 3～5 倍。

自卸汽车的数量，应保证挖土机连续工作，可按式（4.16）～式（4.18）计算。

$$N_1 = \frac{T}{t_1} \qquad (4.16)$$

$$T = t_1 + \frac{2L}{V_c} + t_2 + t_3 \qquad (4.17)$$

$$n = Q_1 \frac{K_S}{q} K_C \rho \qquad (4.18)$$

式中：N_1——自卸汽车的数量，台；T——自卸汽车每一工作循环延缓时间，min；t_1——自卸汽车第 n 次装车时间，min，$t_1 = nt_2$；L——运距，m；V_c——重车与空车的平均速度，m/min，一般取 20～30 km/h；t_2——卸车时间，一般为 1 min；t_3——操纵时间（包括停放待装、等车、让车等），一般取 2～3 min；n——自卸汽车第 n 次装土次数，K_S——土的最初可松性系数；q——挖土机斗容量，m^3；

K_c——土斗充盈系数,取 0.8~1.1;ρ——土的重力密度,一般取 17 kN/m³。

4.2.4　沟槽开挖的技术要点

(1)当沟槽挖深较大时,应合理确定分层开挖的深度,并应符合下列规定。

①人工开挖沟槽的槽深超过 3 m 时,应分层开挖,每层的深度宜不超过 2 m。

②人工开挖多层沟槽的层间留台宽度:放坡开槽时,应不小于 0.8 m;直槽时,应不小于 0.5 m;安装井点设备时,应不小于 1.5 m。

③采用机械挖槽时,沟槽分层的深度应按机械性能确定。

(2)沟槽每侧临时堆土或施加其他荷载时,应符合下列规定。

①不得影响建筑物、各种管线和其他设施的安全。

②不得掩埋消火栓、管道闸阀、雨水口、测量标志以及各种地下管道的井盖,且不得妨碍其正常使用。

③人工挖槽时,堆土高度宜不超过 1.5 m,且距槽口边缘宜不小于 0.8 m。

(3)采用坡度板控制槽底高程和坡度时,应符合下列规定。

①坡度板应选用有一定刚度且不易变形的材料制作,其设置应牢固。

②平面上成直线的管道,坡度板设置的间距宜不大于 20 m;成曲线管道的坡度板间距应加密,井室位置、折点和变坡点处,应增设坡度板。

③坡度板距槽底的高度宜不大于 3 m。

(4)当开挖沟槽发现已建的地下各类设施或文物时,应采取保护措施,并及时通知有关单位处理。

4.3　沟槽支撑

4.3.1　支撑的种类及其适用的条件

在施工中应根据土质、地下水情况、沟槽或基坑深度、开挖方法、地面荷载等因素确定是否支设支撑。

支撑的形式分为水平支撑、垂直支撑和板桩支撑,开挖较大基坑时还采用锚碇式支撑等几种。

水平支撑、垂直支撑由撑板、横梁或纵梁、横撑组成。

水平支撑的撑板水平设置,根据撑板之间有无间距又分为断续式水平支撑、连续式水平支撑和井字水平支撑 3 种。

垂直支撑的撑板垂直设置,各撑板间密接铺设,可在开槽过程中边开槽边支撑。在回填时可边回填边拔出撑板。

(1)水平支撑。

①断续式水平支撑。

断续式水平支撑适用于土质较好的、地下含水量较小的黏性土及挖土深度小于 3.0 m 的沟槽或基坑。

②连续式水平支撑。

连续式水平支撑适用于土质较差(较潮湿的或散粒土)及挖土深度不大于 5.0 m 的沟槽或基坑。

③井字水平支撑。

井字水平支撑是断续式水平支撑的一种特殊形式,一般适用于沟槽的局部加固,如地面上有建筑或有其他管线距沟槽较近。

(2)垂直支撑。

垂直支撑适用于土质较差、有地下水且挖土深度较大的情况。这种支撑便于安全操作。

(3)板桩支撑。

板桩支撑分为钢板桩、木板桩和钢筋混凝土板桩等。

板桩支撑是在沟槽土方开挖前就将板桩打入槽底以下一定深度。其优点是土方开挖及后续工序不受影响,施工条件良好。一般用于沟槽挖深较大、地下水丰富、有流砂现象或砂性饱和土层等情况。

①钢板桩。钢板桩基本分为平板桩和波浪形板状两类,每类又有多种形式。目前常用钢板桩由槽钢或工字钢组成。其轴线位移不得大于 50 mm,垂直度不得大于 1.5%。

②木板桩。木板桩的木板厚度应按设计要求制作,其允许偏差为 ±20 mm,同时要校核其强度。为了保证板桩的整体性和水密性,木板桩做成凹凸榫,凹凸榫应相互吻合,平整光滑。木板桩虽然打入土中一定深度,尚需要辅以横梁和横撑。

③钢筋混凝土板桩。钢筋混凝土板桩具有强度高、刚度大、取材方便、施工简易等优点,其外形可以根据需要制作,槽榫结构可以解决接缝防水,与钢板桩

相比不必考虑拔桩问题,因此在基坑工程中占有一席之地,在地下连续墙、钻孔灌注桩排桩式挡墙尚未发展以前,基坑围护结构基本采用钢板桩和钢筋混凝土板桩。

(4)锚碇式支撑。

锚碇式支撑适用于开挖面积大、深度大的基坑或使用机械挖土而不能安装撑杠的情况。

锚桩必须设置在土的破坏范围以外,挡土板水平钉在柱桩的内侧,柱桩一端打入土内,上端用拉杆与锚桩拉紧,挡土板内侧回填土。

当开挖较大基坑,且部分地段下部放坡不足时,可以采用短桩横隔板支撑或临时挡土墙支撑,以加固土壁。

4.3.2 支撑的材料要求

支撑材料的尺寸应满足设计的要求,一般取决于现场已有材料的规格,施工时常根据经验确定。

(1)木撑板。一般木撑板长 2～4 m,宽 20～30 cm,厚 5 cm。

(2)横梁。截面尺寸为 10 cm×15 cm～20 cm×20 cm。

(3)纵梁。截面尺寸为 10 cm×15 cm～20 cm×20 cm。

(4)横撑。采用 10 cm×10 cm～15 cm×15 cm 的方木或采用直径大于10 cm的圆木。为了支撑方便,尽可能采用工具式撑杆。横撑水平间距宜为1.5～3.0 m,垂直间距宜不大于 1.5 m。

撑板也可采用金属撑板,金属撑板长度为 2 m、4 m、6 m。横梁和纵梁通常采用槽钢。

4.3.3 支撑的支设和拆除

1. 水平支撑和垂直支撑的支设

沟槽挖到一定深度时,开始支设支撑,先校核沟槽开挖断面是否符合要求宽度,然后用铁锹将槽壁找平,按要求将撑板紧贴于槽壁上,再将纵梁或横梁紧贴撑板,继而将横撑支设在纵梁或横梁上,若采用木撑板,使用木楔、扒钉将撑板固定于纵梁或横梁上,下边钉一木托防止横撑下滑。支设施工中一定要保证横平竖直,支设牢固可靠。

施工中,若原支撑妨碍下一工序进行,原支撑不稳定,一次拆撑有危险或因其他原因必须重新安设支撑,需要更换纵梁和横撑位置,则这一过程称为倒撑。倒撑操作应特别注意安全,必须先制定安全措施。

2. 板桩支撑的支设

板桩施工要正确选择打桩方式、打桩机械,划分流水段,保证打入的板桩有足够的刚度,且板桩墙面平直,对封闭式板桩墙要封闭合拢。

打桩方式有单独打入法、双层围檩插桩法和分段复打法 3 种。

打桩机具设备主要包括桩锤、桩架及动力装置 3 部分。桩锤的作用是对桩施加冲击力,将桩打入土中;桩架的作用是支持桩身和将桩锤吊到打桩位置,引导桩的方向,保证桩锤按要求方向冲击;动力装置包括启动桩锤用的动力设施。

(1)桩锤的选择。桩锤的类型应根据工程性质、桩的种类、密集程度、动力及机械供应和现场情况等条件来选择。桩锤有落锤、单动汽锤、双动汽锤、柴油打桩锤、振动桩锤等。根据施工经验,双动汽锤、柴油打桩锤更适用于打设钢板桩。

(2)桩架的选择。桩架的选择应考虑桩锤的类型、桩的长度和施工条件等因素。桩架的形式很多,常用的有下列几种。

①滚筒式桩架。桩架的行走靠两根钢滚筒垫上滚动,其具有结构简单、制作容易的特点。

②多功能桩架。其机动性和适应性很强,适用于各种预制桩及灌注桩施工。

③履带式桩架。其便于移动,比多功能桩架灵活,适用于各种预制桩和灌注桩施工。

(3)钢板桩打设。钢板桩打设的工艺过程为钢板桩矫正、安装围檩支架、钢板桩打设、轴线修正和封闭合拢。

①钢板桩矫正。对所有要打设的钢板桩进行修整矫正,保证钢板桩外形平直。

②安装围檩支架。围檩支架的作用是保证钢板桩垂直打入和打入后的钢板桩墙面平直。围檩支架一般为钢制,由围檩和围檩桩组成。围檩在平面形式上有单面、双面之分,在高度方向上又分单层、双层和多层。围檩支架每次安装的长度视具体情况而定,最好能周转使用,以节约钢材。

③钢板桩打设。先用吊车将钢板桩吊至插桩点处进行插桩,插桩时锁口要对准,每插入一块即套上桩帽轻轻加以锤击。在打桩过程中,为保证钢板桩的垂直度,用两台经纬仪在两个方向加以控制,为防止锁口中心线平面位移,可在打

桩进行方向的钢板桩锁口处设卡板,阻止板桩位移。同时在围檩上预先标出每块板桩的位置,以便随时检查校正。

钢板桩分几次打入,打桩时,开始打设的第一、第二块钢板桩的打入位置和方向要确保精度,它可以起样板导向作用,一般每打入 1 m 测量一次。

④轴线修正和封闭合拢。沿长边方向打至离转角约有 8 块钢板桩时停止,量出到转角的长度和增加长度,在短边方向也按照上述方法进行。

根据长、短两边水平方向增加的长度和转角的尺寸,将短边方向的围檩桩分开,用千斤顶向外顶出,进行轴线外移,经核对无误后再将围檩和围檩桩重新焊接固定。

在长边方向的围檩内插桩,继续打设,插打到转角桩后,再转过来接着沿短边方向插打两块钢板桩。根据修正后的轴线沿短边方向继续向前插打,最后一块封闭合拢的钢板桩,设在短边方向从端部算起的三块板桩的位置处。

当钢板桩内的土方开挖后,应在基坑或沟槽内设横撑,若基坑特别大或不允许设横撑,则可设置锚杆来代替横撑。

3. 支撑的拆除

沟槽或基坑内的施工过程全部完成后,应将支撑拆除,拆除时必须边回填土边拆除,拆除时必须注意安全,继续排除地下水,避免材料损耗。

水平支撑拆除时,先松动最下面一层的横撑,抽出最下面一层撑板,然后回填土,回填完毕后再拆除上一层撑板,依次将撑板全部拆除,最后将纵梁拔出。

垂直支撑拆除时,先松动最下面一层的横撑,拆除最下面一层的横梁,然后回填土。回填完毕后,再拆除上一层横梁,依次将横梁拆除。最后拔出撑板或板桩,垂直撑板或板桩一般采用导链或吊车拔出。

4.3.4 沟槽支撑的技术要点

(1)沟槽支撑应根据沟槽的土质、地下水位、开槽断面和荷载条件等因素进行设计。支撑的材料可选用钢材或钢材木材混合使用。

(2)撑板支撑采用木材时,其构件规格宜符合下列规定。

①撑板厚度宜不小于 50 mm,长度宜不大于 4 m。

②横梁或纵梁宜为方木,其断面宜不小于 150 mm×150 mm。

③横撑宜为圆木,其梢径宜不小于 100 mm。

(3)撑板支撑的横梁、纵梁和横撑的布置应符合下列规定。

①每根横梁或纵梁不得少于 2 根横撑。

②横撑的水平间距宜为 1.5～2.0 m。

③横撑的垂直间距宜不大于 1.5 m。

(4)撑板支撑应随挖土的加深及时安装。

(5)在软土或其他不稳定土层中采用撑板支撑时,开始支撑的开挖沟槽深度不得超过 1.0 m;以后开挖与支撑交替进行,每次交替的深度宜为 0.4～0.8 m。

(6)撑板的安装应与沟槽糟壁紧贴,当有空隙时应填实;横排撑板应水平,立排撑板应顺直,密排撑板的对接应严密。

(7)横梁、纵梁和横撑的安装应符合下列规定。

①横梁应水平,纵梁应垂直,且必须与撑板密贴,连接牢固。

②横撑应水平,并与横梁或纵梁垂直,且应支紧,连接牢固。

(8)采用横排撑板支撑,当遇有地下钢管道或铸铁管道横穿沟槽时,管道下面的撑板上缘应紧贴管道安装;管道上面的撑板下缘距管道顶面宜不小于100 mm。

(9)采用钢板桩支撑,应符合下列规定。

①钢板桩支撑可采用槽钢、工字钢或定型钢板桩。

②钢板桩按具体条件可设计为悬臂、单铺,或多层横撑的钢板桩支撑,并应通过计算确定钢板桩的入土深度和横撑的位置与断面。

③钢板桩支撑采用槽钢做横梁时,横梁与钢板桩之间的孔隙应采用木板垫实,并应将横梁和横撑与钢板桩连接牢固。

(10)支撑应经常检查,当发现支撑构件有弯曲、松动、移位或劈裂等迹象时,应及时处理。雨期及春季解冻时期应加强检查。

(11)支撑的施工质量应符合下列规定。

①支撑后,沟槽中心线每侧的净宽应不小于施工设计的规定。

②横撑不得妨碍下管与稳管。

③安装应牢固,安全可靠。

④钢板桩的轴线位移不得大于 50 mm;垂直度不得大于 1.5%。

(12)上下沟槽应设安全梯,不得攀登支撑。

(13)承托翻土板的横撑必须加固。翻土板的铺设应平整,其与横撑的连接必须牢固。

(14)拆除支撑前,应对沟槽两侧的建筑物、构筑物和槽壁进行安全检查,并应制定拆除支撑的实施细则和安全措施。

(15)拆除撑板支撑时应符合下列规定。

①支撑的拆除应与回填土的填筑高度配合进行,且在拆除后应及时回填。

②采用排水沟的沟槽,应从两座相邻排水井的分水岭向两端延伸拆除。

③多层支撑的沟槽,应待下层回填完成后再拆除其上层槽的支撑。

④拆除单层密排撑板支撑时,应先回填至下层横撑底面,再拆除下层横撑,待回填至半槽以上,再拆除上层横撑。

当一次拆除有危险时,宜采取替换拆撑法拆除支撑。

(16)拆除钢板桩支撑时应符合下列规定。

①在回填达到规定要求高度后,方可拔除钢板桩。

②钢板桩拔除后应及时回填桩孔。

③回填桩孔时应采取措施填实。当采用砂灌填时,可冲水助沉;当控制地面沉降有要求时,宜采取边拔桩边注浆的措施。

4.4　沟槽降排水

沟槽施工时,常会遇到地下水、雨水及其他地表水,如果没有可靠的排水措施,让这些水流入沟槽,将会引起基底湿软、隆起、滑坡、流砂、管涌等事件。

雨水及其他地表水的排除方法,一般是在沟槽的周围筑堤截水,并采用地面坡度设置沟渠,把地面水疏导他处。

地下水的排除一般有明沟排水和人工降低地下水位两种方法。

选择施工排水的方法时,应根据土层的渗透能力、降水深度、设备状况及工程特点等因素,经周密考虑后确定。

4.4.1　明沟排水

明沟排水由排水井和排水明沟组成。在开挖沟槽之前先挖好排水井,然后在开挖沟槽至地下水面时挖出排水沟,沟槽内的地下水先流入排水沟,再汇集到排水井内,最后用水泵将水排至地面排水系统。

(1)排水井。

排水井宜布置在沟槽以外,距沟槽底边 1.0～2.0 m,每座井的间距与含水层的渗透系数、出水量的大小有关,一般间距宜不大于 150 m。当作业面不大或在沟槽外设排水井有困难时,可在沟槽内设置排水井。

排水井井底应低于沟槽底 1.5～2.0 m,保持有效水深 1.0～1.5 m,并使排水井水位低于排水沟内水位 0.3～0.5 m 为宜。

排水井应在开挖沟槽之前先施工。排水井井壁可用木板密撑、直径 600～1250 mm 的钢筋混凝土管、钢材等支护。一般带水作业,挖至设置深度时,井底应用木盘或填卵石封底,防止井底涌砂,造成排水井四周坍塌。

(2)排水沟。

当沟槽开挖接近地下水位时,视槽底宽度和土质情况,在槽底中心或两侧挖出排水沟,使水流向排水井。排水沟断面尺寸一般为 30 cm×30 cm。排水沟底低于槽底 30 cm,以 3‰～5‰坡度坡向排水井。

排水沟结构依据土质和工期长短,可选用放置缸瓦管填卵石或者用木板支撑等形式,以保证排水畅通。

排水井明沟排水法,施工简单,所需设备较少,是目前工程中常用的一种方法。

4.4.2　人工降低地下水位

在非岩性的含水层内钻井抽水,井周围的水位就会下降,并形成倒伞状漏斗,如果将地下水降低至槽底以下(应不小于 0.5 m),即可干槽开挖。这种降水方法称为人工降低地下水位法。

人工降低地下水位的方法有轻型井点、喷射井点、电渗井点、深井井点、管井井点,选用时应根据地下水的渗透性能、地下水水位、土质及所需降低的地下水位深度等情况确定,可参见表 4.4。

表 4.4　各种井点的适用范围

井点类型	土层渗透系数/(m·d^{-1})	降低水位深度/m
一级轻型井点	0.1～50	3～6
二级轻型井点	0.1～50	6～12
喷射井点	0.1～5	8～20
电渗井点	<0.1	根据选用的井点确定
深井井点	10～250	>15
管井井点	20～200	3～5

其中,轻型井点降水系统具有机具设备简单,使用灵活,装拆方便,降水效果好,降水费用较低等优点,是目前沟槽工程施工中使用较广泛的降水系统,现已

有定型的成套设备。

1. 轻型井点系统的组成

轻型井点系统由滤水管、井点管、弯联管、总管、抽水设备等组成。

滤管为进水设备,通常采用长 1.0～1.5 m、直径 38 mm 或 55 mm 的无缝钢管,管壁钻有直径为 12～18 mm 的呈梅花形排列的滤孔,骨架管外面包有滤网和保护网,滤管下端为一铸铁塞头。滤管上端与井点管连接。

井点管为直径 38 mm 或 51 mm、长 5～7 m 的钢管,可整根或分节组成。井点管的上端用弯联管与总管相连。

弯联管为连接井点管和集水总管的管道。弯联管通常采用软管,如加固橡胶管或透明的聚乙烯塑料管,以使井管与总管沉陷时有伸缩余地,连接头一定要紧固密封,不得漏气。集水总管为直径 100～127 mm 的无缝钢管,每段长 4 m,其上装有与井点管连接的短接头,间距为 0.8～1.6 m。总管与总管之间采用法兰连接。

抽水设备:轻型井点抽水设备有自引式、真空式和射流式三种。自引式抽水设备是用离心泵直接连接总管抽水,其地下水位降深仅为 2～4 m,适宜于降水深度较小的情况。真空式抽水设备是用真空泵和离心泵联合工作。真空式抽水设备的地下水位降落深度为 5.5～6.5 m。射流式抽水装置具有体积小、设备组成简单、使用方便、工作安全可靠、地下水位降落深度较大等特点,因此被广泛采用。

2. 井点系统布置及要求

井点系统的布置,应根据基坑大小与深度、土质、地下水位高低与流向、降水深度要求等而定,有平面布置和高程布置。

井点管的平面布置有单排、双排和环形三种布置方式。其中,单排和双排布置形式一般用于沟槽降水,环形布置形式一般用于基坑降水。

采用单排或双排降水井点,应根据计算确定,沟槽两端井点延伸长度为沟槽宽度的 1～2 倍,也可根据各地方的经验来确定,如上海地方规定:当横列板沟槽宽度小于 4 m 或钢板桩槽宽小于 3.5 m 时,可用单排线状井点,布置在地下水流的上游一侧;当横列板槽宽大于等于 4 m 或钢板桩槽宽大于等于 3.5 m 时,则用双排线状井点,在地下水补给方向可加密,在地下水排泄方向可减少。面积较大的基坑宜用环状井点,有时亦可布置成 U 形,以利挖土机和运土车辆出入基坑。

井点管与沟槽(或基坑)壁的距离一般可取 0.7～1.2 m,以防局部发生漏气。井点管间距一般为 0.8 m、1.2 m、1.6 m,由计算或经验确定。井点管在总管四角部位。

高程布置主要指井点的埋设深度。轻型井点的降水深度理论上可达 10.3 m,但由于管路系统的水头损失,其实际降水深度一般不超过 6 m。井点管埋设深度 H(不包括滤管)按式(4.19)计算。

$$H \geqslant H_1 + h + iL \tag{4.19}$$

式中:H_1——井点管埋设面至槽底面的距离,m;h——降低后的地下水位至槽底的距离,应不小于 0.5 m,一般取 0.5～1.0 m;i——降水曲线坡度,根据实测,单排井点 1/5～1/4,双排井点 1/7,环状井点 1/12～1/10;L——水平距离,单排布置时,L 为井点管至对边坡脚的水平距离,双排布置时,L 为井点管至沟槽中心的水平距离。

根据式(4.19)算出的 H 值,如大于 6 m,则应降低井点管抽水设备的埋置面,以适应降水深度要求。将井点系统的埋置面接近原有地下水位线(要事先挖槽),个别情况下甚至稍低于地下水位(当上层土的土质较好时,先用集水井排水法挖去一层土,再布置井点系统),就能充分利用抽吸能力,使降水深度增加,井点管露出地面的长度一般为 0.2～0.3 m,以便与弯联管连接,滤管必须埋在透水层内。

当一级轻型井点达不到降水要求时,可采用二级轻型井点,即先挖去第一级井点所疏干的土,然后再在其底部装设第二级井点。

3. 井点系统施工

轻型井点系统施工内容包括冲沉井点管、安装总管和抽水设备等。其中冲沉井点管有冲孔、埋管、填砂和黏土封口四个步骤。

4. 井点管的冲沉方法

可根据施工条件及土层情况选用不同方法,当土质较松软时,宜采用高压水冲孔后,沉设井点管;当土质比较坚硬时,采用回转钻或冲击钻冲孔沉设井点管。

井点系统全部安装完毕后,需进行试抽,以检查系统运行是否有良好的降水效果。试抽应在井点系统排除清水后才能停止。井点管施工应注意的事项如下。

(1)井点管、滤水管及总管弯联管均应逐根检查,管内不得有污垢、泥砂等杂物。

（2）过滤管孔应畅通,滤网应完好,绑扎牢固,下端装有丝堵时应拧紧。

（3）每组井点系统安装完成后,应进行试抽水,并对所有接头逐个进行检查,如发现漏气现象,应认真处理,使真空度符合要求。

（4）选择好滤料级配,严格回填,保证有较好的反滤层。

（5）井点管长度偏差应为 ±100 mm,井点管安装高程的偏差也应不超过100 mm。

井点系统使用过程中,应经常检查各井点出水是否澄清,滤网是否堵塞造成死井现象,并随时做好降水记录。

井点降水符合施工要求后方可开挖沟槽。应采取必要的措施,防止停电或机械故障导致泡槽等事故。待沟槽回填土夯实至原来的地下水位以上不小于50 cm时,方可停止排水工作。在降水范围内若有建筑物、构筑物,应事先做好观测工作,并采取有效的保护措施,以免因基础沉降过大影响建筑物或构筑物的安全。

4.5　管道基础施工

4.5.1　管道基础的种类

管道应有适当的基础,管道基础的作用是防止管底只支在几个点上,使得整个管段下沉,引起管道损坏。

管道的基础一般由地基、基础和管座 3 个部分组成。地基是指沟槽底的土壤部分。它承受管子和基础的重量、管内水重、管上土压力和地面上的荷载。基础是指管子与地基间经人工处理过的或专门建造的设施,其作用是将管道较为集中的荷载均匀分布,以减少对地基单位面积的压力,或由于土的特殊性质的需要,为使管道安全稳定地运行而采取的一种技术措施,如原土夯实、混凝土基础等。管座是管子下侧与基础部分之间的部分,设置管座的目的在于使管子与基础连成一个整体,以减少对地基的压力和管子的反力。管座包角的中心角越大,基础所受的单位面积的压力和地基对管子作用的单位面积的反力越小。

为保证市政给排水管道系统能安全正常运行,除管道工艺设计、施工正确外,管道的地基与基础应有足够的承受荷载的能力和可靠的稳定性。否则管道可能产生不均匀沉陷,造成管道错口、断裂、渗漏等现象,导致对附近地下水的污染,甚至影响附近建筑物的基础。一般应根据管道本身情况及其外部荷载的情况、覆土的厚度、土壤的性质合理地选择管道基础。

根据原有土壤情况,常用的基础有天然弧形素土基础、砂垫层基础和混凝土枕基、混凝土带形基础、桩基础等。

(1)天然弧形素土基础。

当土壤耐压力较高和地下水位较低时,可不做基础处理,管道可直接敷设在管沟(槽)中未扰动的天然地基上即天然弧形素土基础。这种基础适用于无地下水、原土能挖成弧形的干燥土壤,管道直径小于 600 mm 的混凝土管、钢筋混凝土管、陶土管,管顶覆土厚度为 0.7~2.0 m 的街坊污水管道,不在车行道下的次要管道及临时性管道。

(2)砂垫层基础。

砂垫层基础是在岩石或半岩石地基处,在挖好的弧形管槽上,用带棱角的粗砂填 100~150 mm 厚的砂垫层的基础。这种基础适用于无地下水、岩石或多石土壤,管道直径小于 600 mm 的混凝土管、钢筋混凝土管及陶土管,管顶覆土厚度为 0.7~2.0 m 的排水管道。

(3)混凝土枕基。

混凝土枕基是一般只在管道接口处才设置的管道局部基础。通常在管道接口下用 C10 混凝土做成枕状垫块,这种基础适用于干燥土壤中的雨水管道及不太重要的污水支管。常与素土基础或砂垫层基础一起使用。

(4)混凝土带形基础。

混凝土带形基础是沿管道全长铺设的基础,按管座的形式不同可分为 90°、135°、180° 3 种基础。这种基础适用于各种潮湿土壤以及地基软硬不均匀的排水管道,管径为 200~2000 mm,无地下水时在槽底老土上直接浇筑混凝土基础;有地下水时常在槽底铺 100~150 mm 厚的卵石或碎石垫层,然后才在上面浇筑混凝土基础,一般采用强度等级为 C10 的混凝土。当管顶覆土厚度为 0.7~2.5 m 时采用 90° 管座基础;管顶覆土厚度为 2.6~4.0 m 时采用 135° 基础;覆土厚度为 4.1~6 m 时采用 180° 基础。在地震区,土质特别松软、不均匀沉陷严重地段,最好采用钢筋混凝土带形基础。

(5)桩基础。

若遇到土壤特别松软或通过沼泽地带,承载能力达不到设计要求时,根据一些地区的经验,可采用各种桩基础。

在粉砂、细砂地层中或天然淤泥层土壤中埋管,同时地下水位又高时,应在埋管时排水,降低地下水位或选择地下水位低的季节施工,以防止流砂,影响施工质量。此时,管道基础土壤应加固,可采用换土法,即挖掉淤泥层,填入砂砾石、砂或干土夯实;或采用填块石法,即施工时边挖土边抛入块石到发生流砂的土层中,厚度为 0.3～0.6 m,块石间的缝隙较大时,可填入砂砾石;或在流砂层铺草包和竹席,上面放块石加固,再做混凝土基础。

4.5.2 管道基础处理及施工

在给排水工程中,无论是给水排水构筑物,还是给水排水管道,其荷载都作用于地基土上,导致地基土产生附加应力,附加应力引起地基土的沉降,沉降量取决于土的孔隙率和附加应力的大小。只有沉降量在允许范围内,构筑物才能稳定安全,否则,结构的稳定性就会遭到破坏。

地基在构筑物荷载作用下,不会因地基土产生的剪应力超过土的抗剪强度而导致地基和构筑物破坏的承载力称为地基容许承载力。因此,地基应同时满足容许沉降量和容许承载力的要求,如不满足,则采取相应措施对地基土进行加固处理,地基处理的目的如下。

(1)改善土的剪切性能,提高抗剪强度。

(2)降低软弱土的压缩性,减少基础的沉降或不均匀沉降。

(3)改善土的透水性,起截水、抗渗的作用。

(4)改善土的动力特性,防止砂土液化。

(5)改善特殊土的不良地基特性(主要是指消除或减少湿陷性和膨胀土的胀缩性等)。

地基处理的方法有换土垫层、碾压夯实、挤密振实、注浆液加固和排水固结5类。近年来,国内外在地基处理技术方面发展很快。地基处理的方法应从当地地基条件、目的要求、工程费用、施工进度、材料来源、可能达到的效果以及环境影响等方面进行综合考虑,并应通过试验和比较,采用合理、有效和经济的基础处理方案,必要时还需要在给排水构筑物整体性方面采取相应的措施。

灰土的含水量应适宜,以手紧握土料成团,两指轻捏能碎为宜。灰土应拌和均匀,颜色一致,拌好后应及时铺好夯实,避免未夯实的灰土受雨淋,铺土应分层进行,每层铺土厚度参照表 4.5 和表 4.6 确定。垫层质量控制其压实系数不小于 0.93。灰土打完后,应及时进行基础施工,及时回填,否则要临时遮盖,防止日晒雨淋。冬期施工时,不得采用冻土或夹有冻土的土料,并应采取防冻措施。

表 4.5 砂和砂石垫层的施工方法及每层铺筑厚度、最佳含水量

捣实方法	每层铺设厚度 /mm	施工时的最佳含水量/(%)	施工说明	备注
平振法	200~250	15~20	用平板式振捣器往复振捣(宜用功率较大者)	不宜使用于细砂或含泥量较大的砂
插捣法	振捣器插入深度	饱和	(1)用插入式振捣器。 (2)插入间距可根据机械振幅大小决定。 (3)不应插至下卧黏性土层。 (4)插入振捣完毕后,所留的孔洞,应用砂填实	不宜使用于细砂或含泥量较大的砂
水撼法	250	饱和	(1)注水高度应超过每次铺筑面层。 (2)用钢叉摇撼捣实,插入点间距为100 mm。 (3)钢叉分四齿,齿的间距 8 cm,长 300 mm。木柄长 900 mm	湿陷性黄土、膨胀土地区不得使用
夯实法	150~200	8~12	(1)用木夯或机械夯。 (2)木夯质量 40 kg,落距 0.4~0.5 m。 (3)一夯压半夯,全面夯实	
碾压法	250~350	8~12	质量 6~10 t 压路机往复碾压	(1)适用于大面积。 (2)不宜用于地下水位以下的砂垫层

表 4.6 灰土最大虚铺厚度

夯实机具种类	重量/kN	厚度/mm
木夯	0.049~0.098	150~200

夯实机具种类	重量/kN	厚度/mm
石夯	0.392～0.784	200～250
蛙式夯	无要求	200～250
压路机	58.86～98.1	200～300

1. 换土垫层

换土垫层是一种直接置换地基持力层软弱土的处理方法。施工时将基底下一定深度的软弱土层挖除,分层填回砂、石、灰土等材料,并加以夯实振密。换土垫层是一种较简易的浅层地基处理方法,在各地得到广泛应用。

(1)素土垫层。

素土垫层一般适用于处理湿陷性黄土和杂填土地基,可消除1～3 m厚黄土的湿陷性。素土垫层是先挖去基础下的部分土层或全部软弱土层,然后分层回填,分层夯实素土而成。

软土地基土的垫层厚度,应根据垫层底部软弱土层的承载力决定,其厚度应不大于3 m。

素土垫层的土料,不得使用淤泥、耕土、冻土、垃圾、膨胀土以及有机物含量大于8%的土作为填料。土料含水量应控制在最佳含水量范围内,误差不得大于2%。填料前应将基底的草皮、树根、淤泥、耕植土铲除,清除全部的软弱土层。施工时,应做好地面水或地下水的排除工作,填土应从最低部分开始进行,分层铺设、分层夯实。垫层施工完毕后,应立即进行下一道工序施工,防止晒裂、水浸。

(2)砂和砂石垫层。

砂和砂石垫层适用于处理在坑(槽)底有地下水或地基土的含水量较大的黏性土地基。

①材料要求。

砂和砂石垫层所需材料,宜采用颗粒级配良好,质地坚硬的中砂、粗砂、卵石、砾石和碎石,也可采用细砂,宜掺入按设计规定数量的卵石或碎石。最大粒径宜不大于50 mm。

②施工要点。

a.施工前应验槽,坑(槽)内无积水,边坡稳定,槽底和两侧如有孔洞应先填实;同时应将浮土清除。

b.采用人工级配的砂石材料,按级配拌和均匀,再分层铺筑,分层捣实。

c.垫层施工按表 4.5 选用,每铺好一层垫层,经压实系数检验合格后方可进行下一个施工工序。

d.分段施工时,接槎处应做成斜坡,每层错开 0.5~1.0 m,并应充分捣实。

e.砂垫层和砂石垫层的底面宜铺设在同一标高上,如深度不同,施工应按先深后浅的顺序进行,土面应挖成台阶或斜坡搭接,搭接处应注意捣实。

(3)灰土垫层。

灰土垫层是用石灰和黏性土拌和均匀,然后分层夯实而成的,适用于一般黏性土地基加固或挖深超过 15 cm 时或地基扰动深度小于 1.0 m 等情况。该种方法具有施工简单、取材方便、费用较低等优点。

①材料要求。

土料所含有机质的量不宜超过规定值,土料应过筛,粒径宜不大于 15 mm;石灰应提前 1~2 d 熟化,不能含有生石灰块或水分过多。一般灰土中石灰与土的体积配合比 2∶8 或 3∶7。

②施工要点。

施工前应验槽,清除积水、淤泥,待干燥后再铺灰土。

③碾压与夯实。

a.机械碾压。

机械碾压法采用压路机、推土机、羊足碾或其他压实机械来压实松散土,常用于大面积填土的压实和杂填土地基的处理。

碾压的效果主要取决于压实机械的压实能量和被压实土的含水量。应根据具体的碾压机械的压实能量,控制碾压土的含水量,选择合适的铺土厚度和碾压遍数。每层铺填厚度及压实遍数最好通过现场试验确定,在不具备试验条件的场合,可参照表 4.7 选用。

表 4.7 垫层的每层铺填厚度及压实遍数

施工设备	每层铺填厚度/cm	每层压实遍数
平碾(8~12 t)	20~30	6~8
羊足碾(5~16 t)	20~35	8~16
蛙式夯(200 kg)	20~25	3~4
振动碾(8~15 t)	60~130	6~8

续表

施工设备	每层铺填厚度/cm	每层压实遍数
振动压实机(2 t,振动力 98 kN)	120～150	10
插入式振动器	20～50	—
平振式振动器	15～25	—

b. 重锤夯实法。

重锤夯实法是利用移动式起重机悬吊夯锤至一定高度后,然后让其自由下落,重复夯实以加固地基的方法。该方法适用于地下水位 0.8 m 以上稍湿的黏性土、砂土、湿陷性黄土、杂填土等地基加固。

夯锤一般采用钢筋混凝土截头圆锥体。其底面直径为 1.0～1.5 m,质量为 1.5～3.0 t,落距 2.5～4.5 m。起重机采用履带式,起重量应不小于 1.5 倍的锤重。

重锤夯实施工前,应进行试夯,确定夯实内容(包括锤重、夯锤底面直径、落点形式、落距及夯击遍数等)。重锤夯击遍数应根据最后下沉量和总下沉量确定,最后下沉量是指重锤最后两击土面的平均沉降值,黏性土为 10～20 mm,砂土为 5～10 mm。夯锤的落点形式及夯打顺序,条形坑(槽)采用一夯换一夯顺序进行。在一次循环中同一夯位应连夯两下,下一循环的夯位应与前一循环错开 1/2 锤底直径。非条形基坑,一般采用先周边后中间。

夯实完毕后,应检查夯实质量,一般采用在地基上选点夯击检查最后下沉量,夯击检查点数,每一单位基础至少应有一点;沟槽每 30 m² 应有一点;整片地基每 100 m² 不得少于两点,检查后,如质量不合格,应进行补充夯实,直至合格为止。

c. 振动压实法。

振动压实法是利用振动机振动压实浅层地基的一种方法,其适用于处理砂土地基和黏性土含量较少、透水性较好的松散杂填土地基。

振动压实机的工作原理是由电动机带动两个偏心块以相同速度、相反方向转动而产生很大的垂直振动力。这种振动机的频率为 1160～1180 r/min,振幅为 3.5 mm,自重 20 kN,振动力可达 100 kN,并能通过操纵机操纵其前后移动或转弯。

振动压实效果与填土成分、振动时间等因素有关,一般来说,振动时间越长,效果越好,但超过一定时间后,振动引起的下沉已基本稳定,因此,需要在施工前进行试振,以测出振动稳定下沉量与时间的关系。对于主要是由炉渣、碎砧、瓦块等组成的建筑垃圾,其振动时间在 1 min 以上。对于含炉灰等细颗粒填土,振动时间为 3～5 min,有效振实深度为 1.2～1.5 m。注意振动对周围建筑物的影响。一般情况下振源离建筑物的距离应不小于 3 m。

2.挤密桩与振冲桩

1)挤密桩

挤密桩加固可采用类似沉管灌注桩的机具和工艺,通过振动或锤击沉管等方式在承压土层内打入很多桩孔,在桩孔内灌入各种密实物(砂、石灰、灰土或其他材料),以挤密土层,减小土体孔隙率,增加土体强度。

挤密桩除了挤密土层加固土壤,还起换土作用,在桩孔内以工程性质较好的土置换原来的弱土或饱和土,在含水黏土层内,砂桩还可作为排水井。挤密桩体与周围的原土组成复合地基,共同承受荷载。

根据桩孔内填料不同,挤密桩分为砂桩、生石灰桩、土桩、灰土桩、砾石桩、混凝土桩。下面主要详细介绍一下砂桩和生石灰桩。

(1)砂桩。

①一般要求。

砂桩的直径一般为 220～320 mm,最大可达 700 mm。砂桩的加固效果与桩距有关,桩距较密时,土层各处加固效果较均匀。其间距为 1.8～4.0 倍桩直径。砂桩深度应达到压缩层下限处,或压缩层内的密实下卧层。砂桩布置宜采用梅花形。

②施工过程。

a.桩孔定位。按设计要求的位置准确确定桩位,并做上记号,其位置的允许偏差为桩直径。

b.桩机设备就位。使桩管垂直吊在桩位的上方。

c.打桩。通常采用振动沉桩机将工具管沉下,灌砂,拔管即成。振动力以 30～70 kN 为宜,砂桩施工顺序应从外围或两侧向中间进行,桩孔的垂直度偏差应不超过 1.5%。

d.灌砂。砂子粒径以 0.3～3 mm 为宜,含泥量不大于 5%,还应控制砂的含水量,一般为 7%～9%。砂桩成孔后,应保证桩深满足设计要求。此时,将砂由上料斗投入工具管内,提起工具管,砂从舌门漏出,再将工具管放下,舌门关闭与砂子接触,此时,开动振动器将砂击实,往复进行,直至用砂填满桩孔。每次填砂

厚度应根据振动力而定,保证填砂的干密度满足要求。

③桩孔灌砂量的计算。

一般按式(4.20)计算。

$$g = \frac{\pi d^2 h \gamma (1 + \omega\%)}{4(1+e)} \tag{4.20}$$

式中:g——桩孔灌砂量,kN;d——桩孔直径,m;h——桩长,m;γ——砂的重力密度,kN/m³;ω——砂含水量;e——桩孔中砂击实后孔隙比。

也可以取桩管入土体积。实际灌砂量不得少于计算的 95%,否则,可在原位进行复打灌砂。

(2)生石灰桩。

在下沉钢管成孔后,灌入生石灰碎块或在生石灰中掺加适量的水硬性掺合料(如粉煤灰、火山灰等,约占 30%),经密实后便形成了桩体。生石灰桩之所以能改善土的性质,是由于生石灰的水化膨胀挤密、放热、离子交换、胶凝反应等作用和成孔挤密、置换作用。

生石灰桩直径采用 300~400 mm,桩距为 3~3.5 倍桩径,桩距超过 4 倍桩径时,挤密效果常不理想。生石灰桩适用于处理地下水位以下的饱和黏性土、粉土、松散粉细砂、杂填土以及饱和黄土等地基。

2)振冲桩

在砂土中,利用加水和振动可以使地基密实。振冲法就是根据这个原理而发展起来的一种方法。振冲法施工的主要设备是振冲器,它类似于插入式混凝土振捣器,由潜水电动机、偏心块和通水管 3 部分组成。振冲器就位后,同时启动电动机和射水泵,在高频振动和高压水流的联合作用下,振冲器下沉到预定深度,周围土体在压力水和振动作用下变密,此时地面出现一个陷口,往陷口内填砂,一边喷水振动,一边填砂密实,逐段填料振密,逐段提升振冲器,直到地面,从而在地基中形成一根较大直径的密实的碎石桩体,一般称为振冲碎石桩。

从振冲法所起的作用来看,振冲法分为振冲置换和振冲密实两类。振冲置换法适用于处理不排水抗剪强度不小于 20 kPa 的黏性土、粉土、饱和黄土和人工填土等地基,它是在地基土中制造一群以石块、砂砾等材料组成的桩体,这些桩体与原地基土一起构成复合地基。而振动密实法适用于处理砂土、粉土等,它是利用振动和压力水使砂层发生液化,砂粒重新排列,孔隙减少,从而提高砂层的承载力和抗液化能力。

3. 浆液加固

浆液加固是指利用水泥浆液、黏土浆液或其他化学浆液,采用压力灌入、高压喷射或深层搅拌,使浆液与土颗粒胶结,以改善地基土的物理力学性质的地基处理方法。

浆液加固可以提高地基容许承载力,降低土的孔隙比及渗透性,常用于修建人工防水帷幕等。

(1)浆液。

①浆液要求。

化学反应生成物凝胶质安全可靠,有一定耐久性和耐水性。

a. 凝胶质对土颗粒着力良好。

b. 凝胶质有一定强度,施工配料和注入方便,化学反应速度调节可由调节配合比来实现。

c. 浆液注入,一昼夜后土的容许承载力应不小于 490 kPa。

d. 浆液应无毒、价廉、不污染环境。

②浆液种类。

a. 水泥类浆液。

水泥类浆液就是用不同种水泥配制水泥浆,水泥浆液可加固裂隙、岩石、砾石、粗砂及部分中砂,一般加固颗粒粒径范围为 0.4~1.0 mm,水泥固结时间较长,当地下水流速超过 100 m/d 时,不宜采用水泥浆加固。

水泥浆的水灰比,根据需要加固强度、土颗粒粒径和级配、渗透系数、注入压力、注管直径和布置间距等因素,结合现场试验确定,一般为 1:1~1.5:1。为了提高水泥的凝固速度,改善可注性,提高土体早强强度,可掺入适量的早强剂、悬浮剂和填料等。水泥浆液均为碱性,不宜用于强酸性土层。

水泥类浆液能形成强度较高、渗透性较小的结石体。它取材容易、配方简单、价格便宜、不污染环境,是国内外常用的浆液。

b. 水玻璃类浆液。

水玻璃是一种古老注浆材料,具有价格低廉、渗入性较高和无毒性等优点。在水玻璃溶液中加进氯化钙、磷酸、铝酸钠等制成复合剂,可满足不同土质加固的需要。

对于不含盐类的砂砾、砂土、轻亚黏土等,可用水玻璃加氯化钙双液加固。

对于粉砂土,可用水玻璃加磷酸溶液双液加固。也可以将水泥浆渗入水玻璃液作为速凝剂制成悬浊液。

c.聚氨酯注浆液。

聚氨酯注浆液分水溶性聚氨酯和非水溶性聚氨酯两类。注浆工程一般使用非水溶性聚氨酯,其黏度低,可灌性好,浆液遇水即反应成含水凝胶,故可用于动水堵漏。其操作简便,不污染环境,耐久性亦好。非水溶性聚氨酯一般把主剂合成聚氨酯的低聚物(预聚体),使用前把预聚体和外加剂配成浆液。

d.丙烯酰胺类浆液。

丙烯酰胺类浆液亦称 MG-646 化学浆液,它是以有机化合物丙烯酰胺为主剂,配合其他外加剂,以水溶液状态灌入地层中,发生聚合反应,形成有弹性、不溶于水的聚合体,是一种性能优良和用途广泛的注浆材料。但该浆液具有一定毒性,它对神经系统有毒,且对空气和地下水有污染。

e.铬木素类溶液。

铬木素类溶液由亚硫酸盐纸浆液和重铬酸钠按一定的比例配制而成,适用于加固细砂和部分粉砂,加固土颗粒粒径 0.04~10 mm,固结时间在几十秒至几十分钟,固结体强度可达到 980 kPa。

铬木素类液凝胶的化学稳定性较好,不溶于水、弱酸和弱碱,抗渗性也好,价格低,但是浆液有毒,应注意施工安全。铬木素浆液为强酸性,不宜用于强碱性土层。

(2)施工方法。

通常采用施工的方法是旋喷法和注浆法,无论采用哪种施工方法,必须使浆液均匀分布在需要加固的土层中。

①旋喷法。

旋喷法是利用钻机钻孔到预定深度。然后用高压泵将浆液通过钻杆端头的特殊喷嘴,以高压水平喷入土层,喷嘴在喷浆液时,一边缓慢旋转,一边徐徐提升,借高压浆液水平射流不断切削土层并与切削下来的土充分搅拌混合,在有效射程内,形成圆柱状凝固体,继而形成桩体,这种桩称为旋喷桩。旋喷法施工工序如下:钻孔至设计标高→旋喷开始→边旋喷边提升→旋喷结束成桩。

旋喷法采用单管法、二重管法、三重管法,各有特点,可根据工程需要和土质条件选用。旋喷法主要机具和参数见表4.8。

表 4.8 旋喷法主要机具和参数

项目		单管法	二重管法	三重管法
参数	喷嘴孔径/mm	2~3	2~3	2~3
	喷嘴个数	2	1~2	1~2
	旋转速度/(r/min)	20	10	5~15
	提升速度/(mm/min)	200~250	100	50~150
机具性能	高压泵　压力/MPa	20~40	20~40	20~4
	高压泵　流量/(L/min)	60~120	60~120	60~120
	空压机　压力/MPa	—	0.7	0.7
	空压机　流量/(L/min)	—	1~3	1~3
	泥浆泵　压力/MPa	—	—	3~5
	泥浆泵　流量/(L/min)	—	—	100~150
配比	按设计要求配比			

旋喷法施工要点如下。

a.钻机定位要准确,保持垂直,倾斜度不得大于 1.5%。检查各设备运转是否正常。

b.单管法、二重管法可用旋喷管水射冲孔或用锤击振动等使喷管到达设计深度,然后再进行旋喷;三重管法须先由钻机钻孔,然后将三重管插至孔底,进行旋喷。

c.旋喷开始时,先送高压水,再送浆液和压缩空气。在桩底部边旋转边喷射 1 min 后,当达到预定的喷射压力及喷浆量后,再逐渐提升喷射管。旋喷中冒浆量应控制在 10%~25%。

d.相互两桩旋喷间隔时间不小于 48 h,两桩间距应不小于 1 m。

e.检查旋喷桩的质量和承载力。

旋喷法适用于砂土、黏性土、人工填土和湿陷性黄土等土层。其表现的主要作用是:旋喷桩与桩间土组成复合地基,作为连续防渗墙,防止储水池、板状体或地下室渗漏;制止流砂以及用于地基事后补强等。

②注浆法。

注浆管由内径 20~50 mm,壁厚不小于 5 mm 的钢管制成,包括管尖、有孔管和无孔管 3 部分。

a.管尖。管尖是一个 25°~30° 的圆锥体,尾部带有丝扣。

b.有孔管。一般长为 0.4～1.0 m,孔眼呈梅花状布置,每米长度内应有孔眼 60～80 个,孔眼直径为 1～3 mm,管壁外包扎滤网。

c.无孔管。每节长度 1.5～2.0 m,两端有丝扣,可根据需要接长。

注浆管有效加固半径一般根据现场试验确定,其经验数据参见表 4.9。

表 4.9 有效加固半径

土的类型及加固方法	渗透系数	加固半径/m	土的类型及加固方法	渗透系数	加固半径/m
砂土双液加固法	2～10	0.3～0.4	湿陷性黄土单液加固法	0.1～0.3	0.3～0.4
	10～20	0.4～0.6		0.3～0.5	0.4～0.6
	20～50	0.6～0.8		0.5～0.1	0.6～0.9
	50～80	0.8～1.0		1.0～2.0	0.9～1.0

③深层搅拌法。

深层搅拌法是通过深层搅拌机将水泥、生石灰或其他化学物质(固化剂)与软土颗粒相结合而硬结成具有足够强度、水稳性以及整体性的加固土。它改变了软土的性质,并满足强度和变形要求。在搅拌、固化后,地基中形成柱状、墙状、格子状或块状的加固体,与地基构成复合地基。

使用的固化剂状态不同,施工方法也不同,把粉状物质(水泥粉、磨细的干生石灰粉)用压缩空气经喷嘴与土混合,称为"干法";把液状物质(一定水灰比的水泥浆液、水玻璃等)经专用压力或注浆设备与土混合,称为"湿法"。其中干法适合含水量高的饱和软黏土地基。

深层搅拌法施工工序如下:定位下沉→沉入底部→喷浆搅拌上升→重复搅拌(下沉)→重复搅拌(上升)→加固完毕。

4.6 下管与稳管

管道铺设前,首先应检查管道沟槽开挖深度、沟槽断面、沟槽边坡、堆土位置是否符合规定,检查管道地基处理情况等。同时,还必须对管材、管件进行检验,质量要符合设计要求,确保不合格或已经损坏的管材及管件不下入沟槽。

4.6.1 下管

管子经过检验、修补后,运至沟槽边。按设计进行排管,核对管节、管件位置无误后可下管。

下管方法分人工下管和机械下管两类。可根据管材种类、单节管重及管长、机械设备、施工环境等因素来选择下管方法。无论采取哪一种下管法，一般采用沿沟槽分散下管，以减少在沟槽内的运输。当不便于沿沟槽下管时，允许在沟槽内运管，可以采用集中下管法。

1. 人工下管

人工下管多用于施工现场狭窄、质量不大的中小型管子，以施工方便、操作安全、经济合理为原则。

（1）贯绳法。

贯绳法适用于管径小于 300 mm 的混凝土管、缸瓦管。用一端带有铁钩的绳子钩住管子一端，绳子另一端由人工徐徐放松直至将管子放入槽底。

（2）压绳下管法。

压绳下管法是人工下管法中常用的一种方法，适用于中、小型管子，方法灵活，可作为分散下管法。压绳下管法包括人工撬棍压绳下管法和立管压绳下管法。人工撬棍压绳下管法具体操作是在沟槽上边土层打入两根撬棍，分别套住一根下管大绳，绳子一端用脚踩牢，用手拉住绳子的另一端，听从一人号令，徐徐放松绳子，直至将管子放至沟槽底部。立管压绳下管法是在沟边一定距离处，直立埋设一节或两节管子，管子埋入一半立管长度，内填土方，将下管用两根大绳缠绕在立管上（一般绕一圈），绳子一端固定，另一端由人工操作，利用绳子与立管管壁之间的摩擦力控制下管速度，操作时注意两边放绳要均匀，防止管子倾斜。

（3）集中压绳下管法。

此种方法适用于较大管径的管道下管。集中压绳下管法即从固定位置往沟槽内下管，然后在沟槽内将管子运至稳管位置。下管用的大绳应质地坚固、不断股、不糟朽、无夹心。

（4）搭架下管法。

搭架下管法常用三脚架或四脚架法。其操作过程如下：首先在沟槽上搭设三脚架或四脚架等搭架，在搭架上安设吊链；然后在沟槽铺上方木或细钢管，将管子运至方木或细钢管上；最后吊链将管子吊起，撤出原铺方木或细钢管，操作吊链使管子徐徐放入槽底。

（5）溜管法。

此种方法适用于管径小于 300 mm 的混凝土管、缸瓦管等。将出两块木板组成的三角木槽斜放在沟槽内，管子一端用带有铁钩的绳子钩住管子，绳子另一端由人工控制，将管子沿三角木槽缓慢溜入沟槽内。

2. 机械下管

机械下管速度快、安全，并且可以减轻工人的劳动强度，劳动效率高，所以有条件应尽可能采用机械下管。

机械下管一般根据管子的重量选择起重机械，常用汽车式或履带式起重机械下管。下管时，起重机沿沟槽开行。起重机的行走道路应平坦、畅通。当沟槽两侧堆土时，其一侧堆土与槽边应有便于起重机开行的足够距离。起重机距沟边至少 1 m，以免槽壁坍塌。起重机与架空输电线路的距离应符合电力管理部门的有关规定，并由专人看管。禁止起重机在斜坡地方吊着管子回转。轮胎式起重机作业前应将支腿垫好，轮胎不应承担起吊重量。支腿距沟边要有 2 m 以上距离，必要时应垫木板。在起吊作业区内，任何人不得在吊钩或被吊起的重物下面通过或站立。

机械下管一般为单机单管节下管。下管时，起重吊钩与铸铁管或混凝土管及钢筋混凝土管端相接触处，应垫上麻袋，以保护管口不被破坏。起吊或搬运管材、配件时，对于法兰盘面、非金属管材承插口工作面、金属管防腐层等，均应采取保护措施，以防损坏，吊装闸阀等配件时不得将钢丝绳捆绑在操作轮及螺栓孔上。管节下入沟槽时，不得与槽壁支撑及槽下的管道相互碰撞，沟内运管不得扰动天然地基。

机械下管不应一点起吊，采用两点起吊时吊绳应找好重心，平吊轻放。

为了减少沟内接口工作量，同时由于钢管有足够的强度，所以通常在地面将钢管焊接成长串，然后由 2～3 台起重机联合下管，这称为长串下管。由于多台设备不易协调，长串下管一般不要多于 3 台起重机。管子起吊时，管子应缓慢移动，避免摆动，同时应有专人负责指挥。下管时应按有关机械安全操作规程执行。

4.6.2 稳管

稳管是管道施工中的重要工序，其目的是确保施工中管道稳定在设计规定的空间位置上。通常包括管子对中和对高程两个环节，管道铺设高程和平面位置应严格符合设计要求，一般以逆流方向进行铺设，使已铺的下游管道先期投入使用,同时用于施工排水。

稳管工序是决定管道施工质量的重要环节,必须保证管道的中心线与高程的准确性。允许偏差值应按《给水排水管道工程施工及验收规范》(GB 50268—2008)技术规程规定执行,一般均为 10 mm。稳管时,相邻两管节底部应齐平。为避免因紧密相接而使管口破损,便于接口,柔性接口允许有少量弯曲,一般大口径管子两管端面之间应预留约 10 mm 间隙。

管道的稳管常用坡度板法和边线法控制管道中心与高程。边线法控制管道中心和高程比坡度板法速度快,但准确度不如坡度板法。

1. 坡度板法

重力流排水管道施工,用坡度板法控制安管的中心与高程时,坡度板埋设必须牢固,而且要方便安管过程中的使用,因此对坡度板的设置有以下要求。

(1)坡度板应选用有一定刚度且不易变形的材料,常用 50 mm 厚木板,长度根据沟槽上口宽,一般跨槽每边不小于 500 mm,埋设必须牢固。

(2)坡度板设置间距一般为 10 m,最大间距宜不超过 15 m,变坡点、管道转向及检查井处必须设置。

(3)单层槽坡度板设置在槽上口跨地面,坡度板距槽底不超过 3 m。多层槽坡度板设在下层槽上口跨槽台,距槽底也不宜大于 3 m。

(4)在坡度板上施测中心与高程时,中心钉应钉在坡度板顶面,高程板一侧紧贴中心钉(不能遮挡挂中线)钉在坡度板侧面,高程钉钉在靠中心钉一侧的高程板上。

(5)坡度板上应标井室号、明桩号及高程钉至各有关部位的下返常数(简称下返数)。下返数变换处,应在坡度板两面分别书写清楚,并分别标明其所用高程钉。

安管前,准备好必要的工具(垂球、水平尺、钢尺等),按坡度板上的中心钉、高程板上的高程钉挂中心线和高程线(至少是 3 块坡度板),看有无折线,是否正常;根据给定的高程下返数,在高程尺上量好尺寸,刻上标记,经核对无误后,再进行安管。

安管时,在管端吊中心垂球,当管径中心与垂线对正,不超过允许偏差时,安管的中心位置为正确。小管分中可用目测;大管可用水平尺标示出管中。

控制安管的管内底高程:将高程线绷紧,把高程尺杆下端放至管内底上,当尺杆上的标记与高程线距离不超过允许偏差时,安管的高程为正确。

2. 边线法

边线的设置要求如下。

(1)在槽底给定的中线桩一侧钉边线铁钎,上挂边线,边线高度应与管中心高度一致,边线距管中心的距离等于管外径的 1/2 加上一常数(常数以小于50 mm为宜)。

(2)在槽帮两侧适当的位置打入高程桩,其间距 10 m 左右(宜不大于 15 m)一对,并施测上钉高程钉。连接槽帮两侧高程桩上的高程钉,在连线上挂纵向高程线,看有无折点,是否正常(线必须拉紧查看)。

(3)根据给定的高程下返数,在高程尺杆上量好尺寸,并写上标记,经核对无误,再进行安管。

安管时,如管子外径相同,则用尺量取管外皮距边线的距离,与选定的常数相比,不超过允许偏差时为正确;如安外径不同的管,则用水平尺找中,量取至边线的距离,与给定管外径的 1/2 加上常数相比,不超过允许偏差为正确。

安管中线位置控制的同时,应控制管内底高程。将高程线绷紧,把高程尺杆下端放在管内底上并直立,当尺杆上标记与高程线距离不超过允许偏差时为正确。

4.7 管道安装与试验

4.7.1 给水管道安装

1. 给水球墨铸铁管安装

给水管道在沟槽开挖和基底处理后就可进行安装了。

柔性连接球墨铸铁管属于柔性管道,具有强度高、韧性大、抗腐蚀能力好等优点。球墨铸铁管的接口主要有滑入式接口(T 形接口)、机械式接口(K 形接口)和法兰式接口(RF 形接口),以滑入式居多。这里主要介绍滑入式球墨铸铁管的安装。

1)滑入式球墨铸铁管的安装程序

滑入式球墨铸铁管安装的安装程序为:下管→管口清理→清理胶圈→上胶圈→安装机具设备→在插口外表面和胶圈上涂刷润滑剂→顶推管子使插口插入

承口→检查。

2)滑入式球墨铸铁管的安装要点

(1)滑入式球墨铸铁管柔性接口。

滑入式球墨铸铁管柔性接口目前广泛用于 DN 1000 以下的球墨铸铁管,具有结构简单、安装方便、密封性较好等特点。这种接口能适应一定的基础变形,具有一定的抗振能力,同时利用其偏转角实现管线长距离的转向。其缺点在于防止管道脱落的能力较差,接口不能承受轴向力,因此在管线的转弯处要设置抵抗轴向力的基墩。

(2)滑入式球墨铸铁管连接。

施工步骤如下。

①安装前的清扫与检查。

a.仔细清扫承口内表密封面以及插口外表面的沙、土等杂物。

b.仔细检查连接用密封圈,不得有任何杂物。

c.仔细检查插口倒角是否满足安装需要。

②放置橡胶圈。

a.对较小规格的橡胶圈,将其弯成"心"形放入承口密封槽内。

b.对较大规格的橡胶圈,将其弯成"十"字形。

c.橡胶圈放入后,应施加径向力使其完全放入密封槽内。

③涂润滑剂。

为了便于管道安装,安装前在管道及橡胶圈密封面处涂上一层润滑剂。

润滑剂不得含有有毒成分;应具有良好的润滑性质,不影响橡胶圈的使用寿命;应对管道输送介质无污染;且现场易涂抹。

④检查插口安装线。

铸管出厂前已在插口端标志安装线。如在插口没标出安装线,或铸管切割后,需要重新在插口端标出。标志线距离插口端为承口深度 10 mm。

⑤连接。

a.对于小规格的铸管(一般指<DN 400),以导链或撬杠为安装工具,采用撬杠作业时,须先在承口垫上硬木块保护。

b.对中、大规格的铸管(一般指≥DN 400),采用的安装工具为挖掘机。采用挖掘机须先在铸管与掘斗之间垫上硬木块保护,慢而稳地将铸管推入;采用起重机械安装,须采用专用吊具在管身吊两点,确保平衡,有工人扶着将铸管推入承口。

c.管件安装:管件自身重量较轻,在安装时采用单根钢丝绳,容易使管件方向偏转,导致橡胶圈被挤,不能安装到位,因此可采用双倒链平行用力的方法使管件平行安装,胶圈不致被挤。

⑥承口连接检查。

安装完承口、插口连接后,一定要检查连接间隙。沿插口圆周用金属尺插入承插口内,直到顶到橡胶圈的深度,检查所插入的深度应一致。

⑦现场安装过程。

需切割铸管的,切割后要对铸管插口进行修磨、倒角,以便于安装。

(3)球墨铸铁管安装注意事项。

①内壁的保护。

球墨铸铁管(DN 80~DN 600)内壁均采用3~5 mm厚水泥砂浆内衬涂层作为防腐保护层,但若遇大的震动易局部脱落而失去防腐作用。为此,运输装卸时需要专用工具,不得从车上直接滚落,且应做到轻起轻放。管道安装下管就位应缓慢放置,不得用金属工具敲打对口。

②接口处理。

管道连接多为承插式橡胶"O"形密封圈密封接口,要严格控制其同心度及直线度(同心度不得超出2 mm,直线度不得大于4°),同心度的偏离易造成密封圈的过紧或过松,极易产生渗漏现象,而直线度的偏离除造成密封圈的受压、松弛现象外,还会产生水压轴向力的分压力,造成接口的破坏或加大渗漏的产生。为此,在安装施工中一般应在转角处采用混凝土加固措施。

3)顶推方法

滑入式球墨铸铁管的安装方法有撬杠顶入法、千斤顶顶入法、吊链拉入法和牵引机拉入等方法。

(1)撬杠顶入法。

将撬杠插入待安装管承口端工作坑的土层中,在撬杠与承口端面间垫以木板,扳动撬杠使插口进入已连接管的承口,将管顶入。

(2)千斤顶顶入法。

先在管沟两侧各挖一竖槽,每槽内埋一根方木作为后背,用钢丝绳、滑轮与符合管节模数的钢拉杆与千斤顶连接。启动千斤顶,将插口顶入承口。每顶进一根管子,加一根钢拉杆,一般安装10根管子移动一次方木。

(3)吊链(手拉葫芦)拉入法。

在已安装稳固的管子上拴住钢丝绳,在待拉入管子承口处放好后背横梁,用钢丝绳和吊链(手拉葫芦)连好绷紧对正,拉动吊链,即将插口拉入承口中。每接一根管子,将钢拉杆加长一节,安装数根管子后,移动一次拴管位置。

(4)牵引机拉入法。

在待连接管的承口处,横放一根后背方木,将方木、滑轮(或滑轮组)和钢丝绳连接好,启动牵引机械(如卷扬机、绞磨)将对好胶圈的插口拉入承口中。

(5)推进工具。

安装球墨铸铁管 T 形接口所使用的工具,按照顶推工艺的要求不同而有所差异,常用的工具有吊链、手扳葫芦、环链、钢丝绳、钩子、扳手、撬棍、探尺、钢卷尺等,也有一些专用工具,如连杆千斤顶和专用环。

对球墨铸铁管 T 形接口进行安装拆卸比较方便。连杆千斤顶适用的管径为 DN 80~DN 250,专用环适用的管径为 DN 300~DN 2000。

4)给排水管道铺设质量验收标准(适用所有管材)

(1)管道埋设深度、轴线位置应符合设计要求,无压管道严禁倒坡。

(2)刚性管道无结构贯通裂缝和明显缺损情况。

(3)柔性管道的管壁不得出现纵向隆起、环向扁平和其他变形情况。

(4)管道铺设安装必须稳固,管道安装后应线形平直,无线漏、滴漏现象。渗漏水程度检查按表 4.10 采用。

表 4.10　渗漏水程度描述适用的术语、定义和标识符号

术语	定义	标识符号
湿渍	混凝土管道内壁,呈现明显色泽变化的潮湿斑;在通风条件下,潮湿斑可消失,即蒸发量大于深入量的状态	╫
渗水	水从混凝土管道内壁渗出,在内壁上可观察到明显的流挂水膜范围;在通风条件下水膜也不会消失,即渗入量大于蒸发量的状态	○
水珠	悬挂在混凝土管道内壁顶部的水珠,管道内侧壁渗漏水用细短棒引流并悬挂在其底部的水珠,其滴落间隔时间超过 1 min;渗漏水用干棉纱能够拭干,但短时间内可观察到擦拭部位从湿润至水渗出的变化	◇
滴漏	悬挂在混凝土管道内壁顶部的水珠,管道内侧壁渗漏水用细短棒引流并悬挂在其底部的水珠,其滴落速度每 min 至少 1 滴;渗漏水用干棉纱不易拭干,且短时间内可观察到擦拭部位有水渗出和集聚的变化	▽
线流	指渗漏水为线流、流淌或喷水状态	↓

（5）管道内应光洁平整，无杂物、油污；管道无明显渗水和水珠现象。

（6）管道与井室洞口之间无渗漏水。

（7）管道内外防腐层完整，无破损现象。

（8）钢管管道开孔应符合钢管安装中的相应规定。

（9）闸阀安装应牢固、严密，启闭灵活，与管道轴线垂直。

（10）管道铺设的允许偏差应符合表 4.11 的规定。

表 4.11　管道铺设的允许偏差（mm）

检查项目		允许偏差		检查数量		检查方法
				范围	点数	
1	水平轴线	无压管道	15	每节管	1 点	经纬仪测量或挂中线用钢尺量测
		压力管道	30			
2	管底高程	$D_i \leqslant 1000$ 无压管道	±10			水准仪测量
		$D_i \leqslant 1000$ 压力管道	±30			
		$D_i > 1000$ 无压管道	±15			
		$D_i > 1000$ 压力管道	±30			

2. 给水钢管安装

钢管具有强度高、耐震动、长度大、接头少和加工接口方便等优点，但易生锈，不耐腐蚀，价格高。通常只在口径大、水压高以及穿越铁路、河谷和地震地区使用。

钢管在下管前一定要检查其质量是否符合要求，钢管在运输和安装过程中一定要注意保护防腐层不被破坏。管道安装前，管节应逐根测量、编号，宜选用管径相差最小的管节组对对接。

钢管的接口形式有焊接、法兰连接和各种柔性接口等。

（1）钢管过河架空施工。

给水管道跨越河道时一般采用架空敷设，管材一般采用强度高、重量小、韧性好、耐震动、管节长、加工接头方便的钢管。于管线高处设自动排气阀；为了防止冰冻与震害，管道应采取保温措施，设置抗震柔口；在管道转弯等应力集中处应设置支墩。其架空方法一般有以下两种。

①管道附设于桥梁上。

管道跨河应尽量利用原建或拟建的桥梁铺设，可采用吊环法、托架法、桥台法或管沟法架设。

a.吊环法。

安装要点:架空管道宜安装在现有公路桥一侧,采用吊环将管道固定于桥旁。仅在桥旁有吊装位置或公路桥设计已预留敷管位置条件下方可使用;管子外围设置隔热材料,予以保温。

b.托架法。

安装要点:将过河管道架设在原建桥旁焊出的钢支架上通过,钢管过河管托架设置间距参见表 4.12。

表 4.12　钢管过河管托架设置间距

管径/mm		70	80	100	125	150	200	250	300
间距/m	保温	4.0	4.0	4.5	5.0	6.0	7.0	8.0	8.5
	不保温	6.0	6.0	6.5	7.0	8.0	9.5	11.0	11.5

c.桥台法。

安装要点:将过河管架设在现有桥旁的桥墩端部,桥墩间距不得大于钢管管道托架要求改道的间距。

②支柱式架空管(桥管)。

设置管道支柱时,应事先征得航运部门、航道管理部门及农田水利规划部门的同意,并协商确定管底标高、支柱断面、支柱跨度等。管道宜选择于河宽较窄,两岸地质条件较好的老土地段。支柱可采用钢筋混凝土桩架式支柱或预制支柱。

连接架空管和地下管之间的桥台部位,通常采用 S 弯部件,弯曲曲率为 $45°\sim 90°$。若地质条件较差,可于地下管道与弯头连接处安装波形伸缩节,以满足管道不均匀沉陷的需要。若处强震区地段,可在该处加设抗震柔口,以适应地震波引起管道沿轴向波动变形的需要。

(2)硬聚氯乙烯(聚乙烯管、聚丙烯管及其复合管)给水管道安装。

硬聚氯乙烯管、聚乙烯管、聚丙烯管及其复合管为柔性管道。

①管道及管件的质量检查。

管节及管件的规格、性能应符合国家有关标准规定和设计要求,进入施工现场时其外观质量应符合下列规定。

a.不得有影响结构安全、使用功能及接口连接的质量缺陷。

　　b.内、外壁光滑、平整、无气泡、无裂纹、无脱皮和严重的冷斑及明显的痕纹、凹陷。

　　c.管节不得有异向弯曲,端口应平整。

　　②管道铺设。

　　a.采用承插式(或套筒式)接口时,宜人工布管且在沟槽内连接;槽深大于3 m或管外径大于400 mm的管道,宜用非金属绳索兜住管节下管;严禁将管节翻滚抛入槽中。

　　b.采用电熔、热熔接口时,宜在沟槽边上将管道分段连接后以弹性铺管法移入沟槽;移入沟槽时,管道表面不得有明显的划痕。

　　(3)玻璃钢夹砂管道安装。

　　玻璃钢夹砂管是一种柔性的非金属复合材料管道,管道具有重量轻、刚度高、阻力小及抗腐蚀等特点。管节及管件的规格、性能应符合国家有关标准规定和设计要求,进入施工现场时其外观质量应符合要求:内、外径偏差,承口深度(安装标记环),有效长度,管壁厚度,管端面垂直度等应符合产品标准规定;内、外表面应光滑平整,无划痕、分层、针孔、杂质、破碎等现象;管端面应平齐、无毛刺等缺陷;橡胶圈应符合相应的标准。以下是安装要点。

　　①当沟槽深度和宽度达到设计要求,在基础相对应的管道接口位置下挖一个长约50 cm、深约20 cm的接口工作坑。

　　②下管前进行外观检查,并清理管内壁杂物和泥土,特别是要注意将管内壁的一层塑料薄膜撕干净,以防供水时随水流剥落堵塞水表。

　　③准确测量已安装就位管道承口上的试压孔到承口端的距离,之后在待安装的管道插口上画限位线。

　　④在承口内表面均匀涂上润滑剂,然后把两个"O"形橡胶圈分别套装在插口上。

　　⑤每根玻璃钢管道承口端均有试压孔,安装时一定要将试压孔摆放在上部,并使其处于两胶圈之间。

　　⑥用纤维带吊起管道,将承口与插口对好,采用手拉葫芦或顶推的方法将管道插口送入,直至限位线到达承口端为止。校核管道高程,使其达到设计要求,管道安装完毕。

　　⑦在试压孔上安装试压接头,进行打压试验,一般试验时间为3～5 min,压力降为零即表示合格。

4.7.2　给水附属构筑物的施工

1. 阀门及阀门井的施工

(1)阀门检验。

①阀门的型号、规格符合设计,外形无损伤,配件完整。

②对所选用每批阀门按 10% 且不少于 1 个,进行壳体压力试验和密封试验,当不合格时,加倍抽检,仍不合格时,此批阀门不得使用。

③壳体的强度试验压力。当试验压力≤1.0 MPa 的阀门时,试验压力为 1.5 MPa,试验时间为 8 min,以壳体无渗漏为合格。

④阀门试验均由双方会签阀门试验记录,检验合格的阀门挂上标志、编号,按设计图位号进行安装。

(2)阀门的安装。

①阀门安装,应处于关闭位置。

②阀门与法兰临时加螺栓连接,吊装于所处位置。阀门起吊时,绳子应该系在法兰上,不要系在手轮或阀杆上,以免损坏这些部件。

③法兰与管道点焊固位,做到阀门内无杂物堵塞,手轮处于便于操作的位置,安装的阀门应整洁美观。

④将法兰、阀门和管线调整成同轴,在法兰与管道连接处于自由受力状态下进行法兰焊接、螺栓紧固。法兰螺栓紧固时,要注意对称均匀地把紧螺栓。

⑤阀门安装后,做空载启闭试验,做到启闭灵活、关闭严密。

(3)注意事项。

①闸阀不要倒装(即手轮向下),否则会使介质长期留存在阀盖空间,容易腐蚀阀杆,同时更换填料极不方便。

②明杆闸阀,不要安装在地下,否则由于潮湿会腐蚀外露的阀杆。

③升降式止回阀,安装时要保证其阀瓣垂直,以便升降灵活。

④旋启式止回阀,安装时要保证其销轴水平,以便旋启灵活。减压阀要直立安装在水平管道上,各个方向都不要倾斜。

(4)阀门井的砌筑。

①安装管道时,准确地测定井的位置。

②阀门井的井底距承口或法兰盘下缘以及井壁与承口或法兰盘外缘应留有安装作业空间,其尺寸应符合设计要求。

③砌筑时认真操作,管理人员严格检查,选用同厂同规格的合格砖,砌体上下错缝,内外搭砌、灰缝均匀一致,水平灰缝、凹面灰缝,宜取 5～8 cm,井里口竖向灰缝宽度不小于 5 mm,边铺浆边上砖,一揉一挤,使竖缝进浆。收口时,层层用尺测量,每层收进尺寸,四面收口时不大于 3 cm,三面收口时不大于 4 cm,保证收口质量。

④安装井圈时,井墙必须清理干净,湿润后,在井圈与井墙之间摊铺水泥浆后稳井圈,露出地面部分的检查井,周围浇筑混凝土,压实抹光。

(5)直埋式软密封闸阀安装。

直埋式软密封闸阀也称地埋式软密封闸阀,阀门可直接埋入地下,不用垒砌窨井,减少了路面开挖的面积。安装直埋式软密封闸阀注意事项如下。

①应保持阀门与管道连接自然顺畅,避免产生垂直于管线的弯曲力,闸阀与井室、井管部分应保持竖直安装。

②安装时,保证伸缩管与伸缩杆连接可靠,井室位置应以井室顶端与地面持平,要求阀门伸缩杆顶端到井室顶端的距离以 8～10 cm 为宜。

2. 支墩的施工

支墩侧基应建在原状土上,当原状土地基松软或被扰动时,应按设计要求进行地基处理。

(1)支墩施工。

①管节及管件的支墩结构和锚定结构位置准确,锚定牢固。钢制锚定件必须采取相应的防腐处理。

②支墩应在坚固的地基上修筑。当无原状土做后背墙时,应采取措施保证支墩在受力情况下不致破坏管道接口。当采用砌筑支墩时,原状土与支墩之间应采用砂浆填塞。

③支墩应在管节接口做完、管节位置固定后修筑。

④支墩施工前,应将支墩部位的管节、管件表面清理干净。

⑤支墩宜采用混凝土浇筑,其强度等级应不低于 C15。采用砌筑结构时,水泥砂浆强度应不低于 M7.5。

⑥管节安装过程中的临时固定支架,应在支墩的砌筑砂浆或混凝土达到规定强度后方可拆除。

⑦管道及管件支墩施工完毕,并达到强度要求后方可进行水压试验。

（2）支墩的质量要求。

①所有的原材料质量应符合国家有关标准的规定和设计要求。

②支墩地基承载力、位置符合设计要求；支墩无位移、沉降。

③砌筑水泥砂浆强度、结构混凝土强度符合设计要求；检查数量：每 50 m³ 砌体或混凝土每浇筑 1 个台班应留 1 组试块。

④混凝土支墩应表面平整、密实；砖砌支墩应灰缝饱满，无通缝现象，其表面抹灰应平整、密实。

⑤支墩支撑面与管道外壁接触紧密，无松动、滑移现象。

⑥管道支墩的允许偏差应符合表 4.13 的规定。

表 4.13　管道支墩的允许偏差

	检查项目	允许偏差/mm	检查数量		检查方法
			范围	点数	
1	平面轴线位置（轴向、垂直轴向）	15	每座	2	用钢尺测量或经纬仪测量
2	支撑面中心高程	±15		1	用水准仪测量
3	结构断面尺寸（长、宽、厚）	+10		3	用钢尺测量

4.7.3　给水管道严密性试验

给水管道一般为压力管道（工作压力大于或等于 0.1 MPa 的给排水管道），水压试验是检验压力管道安装质量的主控项目。水压试验是在管道部分回填之后且全部回填之前进行的。

水压试验分为预试验和主试验阶段。单口水压试验合格的大口径球墨铸铁管、玻璃钢管、预应力钢筋混凝土管或预应力混凝土管等管道，设计无要求时，压力管道可免去预试验阶段，直接进行主试验阶段。

管道水压试验的试验压力按表 4.14 确定。

表 4.14　管道水压试验的试验压力　　　　　　　　　　　单位：MPa

管材种类	工作压力 p	试验压力
钢管	p	$p+0.5$，且不小于 0.9
球墨铸铁管	≤0.5	$2p$
	>0.5	$p+0.5$

续表

管材种类	工作压力 p	试验压力
预(自)应力混凝土管、预应力钢筋混凝土管	≤0.6	$1.5p$
	>0.6	$p+0.3$
现浇钢筋混凝土管渠	p	$1.5p$
化学建材管	p	$1.5p$,且不小于0.8

规范规定:水压试验合格的判定依据为允许压力降值和允许渗水量值,按设计要求确定。如设计无要求,应根据工程实际情况,选用其中一项值或同时采用两项值作为试验合格的最终判定依据。

(1)测定压力降值。

以允许压力降值作为最终合格判定依据时,需测定试验管段的压力降。停止注水补压,稳定 15 min;15 min 后,压力降不超过表 4.15 所列允许压力降数值时,将试验压力降至工作压力并保持恒压 30 min,进行外观检查,若无漏水现象,则水压试验合格。

表 4.15　压力管道水压试验的允许压力降　　　　单位:MPa

管材种类	试验压力	允许压力降
钢管	$p+0.5$,且不小于0.9	0
球墨铸铁管	$2p$	0.03
	$p+0.5$	
预(自)应力混凝土管、预应力钢筋混凝土管	$1.5p$	
	$p+0.3$	
现浇钢筋混凝土管渠	$1.5p$	
化学建材管	$1.5p$,且不小于0.8	0.02

(2)测定渗水量(放水法)。

当采用允许渗水量作为最终合格判定依据时,需测定试验管段的渗水量。

水压升至试验压力后开始计时,每当压力下降,应及时向管道内补水,但最大降压不得大于 0.03 MPa,保持管道试验压力始终恒定,恒压延续时间不得少于 2 h,并计算恒压时间内补入试验管段内的水量。

实测渗水量应按式(4.21)计算。

$$q = \frac{W}{T \times L} \times 1000 \tag{4.21}$$

式中:q——实测渗水量,L/(min·km);W——恒压时间内补入管道的水量,L;T——从开始计时至保持恒压结束的时间,min;L——试验管段的长度,m。

当实测渗水量小于等于表 4.16 的规定及式(4.22)~式(4.26)规定的允许渗水量时,水压试验为合格。

表 4.16　压力管道水压试验的允许渗水量

管道内径 D_i/mm	允许渗水量 /[L/(min·km)]		
	焊接接口钢管	球墨铸铁管、 玻璃钢管	预(自)应力混凝土管、 预应力钢筋混凝土管
100	0.28	0.70	1.40
150	0.42	1.05	1.72
200	0.56	1.40	1.98
300	0.85	1.70	2.42
400	1.00	1.95	2.80
600	1.20	2.40	3.14
800	1.35	2.70	3.96
900	1.45	2.90	4.20
1000	1.50	3.00	4.42
1200	1.65	3.30	4.70
1400	1.75	—	5.00

注:管道内径大于表 4.16 中的数值时,允许渗水量应按式(4.22)~式(4.26)计算。

钢管:

$$q = 0.05 \sqrt{D_i} \qquad (4.22)$$

铸铁管、球墨铸铁管:

$$q = 0.1 \sqrt{D_i} \qquad (4.23)$$

预(自)应力混凝土管、预应力钢筋混凝土管:

$$q = 0.14 \sqrt{D_i} \qquad (4.24)$$

现浇钢筋混凝土管:

$$q = 0.014 \sqrt{D_i} \qquad (4.25)$$

硬聚氯乙烯管：

$$q = 3 \times \frac{D_i}{25} \times \frac{p}{0.3a} \times \frac{1}{1440} \qquad (4.26)$$

式中：q——管道允许渗水量，L/（min·km）；D_i——管道内径，mm；p——压力管道的工作压力，MPa；a——温度-压力折减系数，当试验水温为 0～25℃时，a 取 1；当试验水温 25～35℃时，a 取 0.8；当试验水温 35～45℃时，a 取 0.63。

给水管道必须水压试验合格，并网运行前进行冲洗与消毒，经检验水质达到标准后，方可允许并网通水投入运行。

4.7.4 排水管道安装

下面以（钢筋）混凝土排水管道安装（铺设）为例，简要介绍排水管道安装施工。

（钢筋）混凝土排水管道铺设主要根据管道基础和接口形式，灵活地处理平基、稳管、管座和接口之间的关系，合理地安排施工顺序。排水管道常用的铺设方法有普通法、四合一法、前三合一法、后三合一法和垫块法等。前四种方法用于刚性基础、刚性接口的管道安装，垫块法常用于大、中型刚性接口及柔性接口的管道安装。

1. 管道接口

（钢筋）混凝土排水管的接口有刚性接口和柔性接口两种形式。

（1）刚性接口。

刚性接口不允许管道有轴向的交错，用在地基良好、有带形基础的无压管道上，主要包括水泥砂浆抹带接口和钢丝网水泥砂浆抹带接口。

（2）柔性接口。

柔性接口一般用在地基软硬不一，沿管道轴向沉陷不均匀的无压管道上。主要包括以下类型。

①承插式橡胶圈接口。此种承插式管道与前所述承插口混凝土管不同，它在插口处设一凹槽，防止橡胶圈脱落，该种接口的管道有配套的"O"形橡胶圈。此种接口施工方便，适用于地基土质较差，地基硬度不均匀，或地震区。

②企口式橡胶圈接口。这是从国外引进的新型工艺。配有与接口配套的"q"形橡胶圈。该种接口适用于地基土质不好，有不均匀沉降的地区，既可用于开槽施工，也可用于顶管施工。

2.管道与检查井连接

①管道与检查井的连接应按设计图纸施工。当采用承插管件与检查井井壁连接时,承插管件应由生产厂配套提供。

②管件或管材与砖砌或混凝土浇制的检查井连接,可采用中介层法。在管材或管件与井壁相接部位的外表面预先用聚氯乙烯胶黏剂、粗砂做成中介层,然后用水泥砂浆砌入检查井的井壁。中介层的做法按以下步骤:先用毛刷或棉纱将管壁的外表面清理干净,然后均匀地涂一层聚氯乙烯胶黏剂,紧接着在上面甩撒一层干燥的粗砂,固化 10~20 min,即形成表面粗糙的中介层。中介层的长度视管道砌入检查井内的长度而定,可采用 0.24 m。

③当管道与检查井采用柔性连接时,可用预制混凝土套环和橡胶密封圈接头。混凝土外套环应在管道安装前预制,套环的内径按相应管径的承插口管材的承口内径尺寸确定。套环的混凝土强度等级应不低于 C20,最小壁厚应不小于 60 mm,长度应不小于 240 mm。套环内壁必须平滑,无孔洞、鼓包。混凝土外套环必须用水泥砂浆砌筑。在井壁内,其中心位置必须与管道轴线对准。安装时,可将橡胶圈先套在管材插口指定的部位与管端一起插入套环。

④预制混凝土检查井与管道连接的预留孔直径应大于管材或管件外径 0.2 m,在安装前预留孔环内表面应凿毛处理,连接构造宜采用中介层法。

⑤检查井底板基底砂石垫层,应与管道基础垫层平缓顺接。管道位于软土地基或低洼、沼泽、地下水位高的地段时,检查井与管道的连接,宜先采用长 0.5~0.8 m 的短管按第②条或第③条的要求与检查井连接,后面接一根或多根(根据地质条件)长度不大于 2.0 m 的短管,然后再与上下游标准管长的管段连接。

4.7.5　排水管道严密性试验

污水、雨污水合流管道及湿陷土、膨胀土、流砂地区的雨水管道,在回填土之前必须进行严密性试验。排水管道严密性试验常用闭水试验,如水源缺失,也可用闭气试验。

闭水试验要在检查的管段内充满水,并具有一定的作用水头,在规定的时间内观察漏水量的多少。闭水试验宜从上游往下游进行分段,上游段试验完毕,可往下游段倒水,以节约用水。

1.闭水试验准备工作

(1)试验装置。

闭水试验装置如图 4.2 所示。

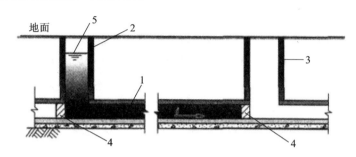

图 4.2　闭水试验装置

1—试验管段;2—上游检查井;3—下游检查井;4—砖堵(或用橡胶气囊封堵);5—试验水头

(2)试验管段的划分。

试验管段的划分原则如下。

①试验管段应按井距分隔,抽样选取,带井试验。

②当管道内径大于 700 mm 时,可按管道井段数量抽样选取 1/3 进行试验,试验不合格时,抽样井段数量应在原抽样基础上加倍。

③若条件允许,可一次试验不超过 5 个连续井段。

对于无法分段试验的管道,应由工程有关方面根据工程具体情况确定。

(3)闭水试验条件。

闭水试验时,试验管段应符合下列条件。

①管道及检查井外观质量检查已验收合格。

②管道未回填土且沟槽内无积水。

③全部预留孔应封堵,不得渗水。

④管道两端堵板承载力经核算应大于水压力的合力,除预留进出水管外,应封堵坚固,不得渗水。

(4)闭水试验水头。

闭水试验水头,应按下列规定计算。

①试验段上游设计水头不超过管顶内壁时,试验水头应以试验段上游管顶内壁加 2 m 计。

②试验段上游设计水头超过管顶内壁时,试验水头应以试验段上游设计水

头加 2 m 计。

③计算出的试验水头小于 10 m,但已超过上游检查井井口时,试验水头应以上游检查井井口高度为准。

2. 试验步骤

(1)将试验管段两端的管口封堵,如用砖砌,则砌 24 cm 厚砖墙并用水泥砂浆抹面,养护 3～4 d 达到一定强度后,再向试验段内充水,在充水时注意排气。

(2)试验管段灌满水后浸泡时间不少于 24 h,同时检查砖堵、管身、接口有无渗漏。

(3)将闭水水位升至试验水头水位,观察管道的渗水量,直至观测结束时,应不断地向试验管段内补水,保持标准水头恒定。渗水量的观测时间不小于 30 min。

(4)实测渗水量可按式(4.27)计算。

$$q = \frac{W}{TL} \tag{4.27}$$

式中:q——实测渗水量,L/(min·m);W——补水量,L;T——渗水量观测时间,min;L——试验管段长度,m。

当 q 小于或等于允许渗水量时,即认为合格。排水管道闭水试验允许渗水量见表 4.17。

表 4.17　排水管道闭水试验允许渗水值

管材管径/mm	钢筋混凝土管	
	m³/(24 h·km)	L/(h·m)
200	17.60	0.73
300	21.62	0.90
400	25.00	1.04
500	27.95	1.16
600	30.60	1.27
700	33.00	1.38
800	35.35	1.47
1000	39.52	1.65

续表

管材管径/mm	钢筋混凝土管	
	m³/(24 h·km)	L/(h·m)
1100	41.45	1.64
1200	43.30	1.80
1300	45.00	1.88
1400	46.70	1.94
1500	48.40	2.01
1600	50.00	2.08
1700	51.50	2.15
1800	53.00	2.20
1900	54.48	2.27
2000	55.90	2.33

注:①管道内径大于表 4.17 中规定时,允许渗水量应按式(4.28)计算。

$$q = 1.25 \sqrt{D_i} \qquad (4.28)$$

②化学管材管道的允许渗水量应按式(4.29)计算。

$$q = 0.0046D_i \qquad (4.29)$$

式中:q——实测渗水量,$m^3/(24\ h \cdot km)$;D_i——管道内径,mm。

4.8　沟槽回填

市政给排水管道施工完毕并经检验合格应及时进行土方回填,以保证管道的正常位置,避免沟槽(基坑)坍塌,且尽可能早日恢复地面交通。

回填施工包括返土、摊平、夯实、检查等过程。其中关键是夯实,夯实应符合设计规定的密实度要求。依据《给水排水管道工程施工及验收规范》(GB 50268—2008)的要求,管道沟槽位于路基范围内时,管顶以上 25 cm 范围内回填土表层的压实度应不小于 87%,沟槽回填作为路基的最小压实度见表 4.18,管道两侧回填土的密实度应不小于 90%;当年没有修路计划的回填土,在管道顶部以上高为 50 cm,管道结构两侧密实度应不大于 85%,其余部位,当设计文件没有规定时,应不小于 90%。

表 4.18　沟槽回填作为路基的最小压实度

由路槽底算起的深度范围/cm	道路类别	最低压实度/(%)	
		重型击实标准	轻型击实标准
≤80	快速路及主干路	95	98
	次干路	93	95
	支干路	90	92
80~150	快速路及主干路	93	95
	次干路	90	92
	支干路	87	90
>150	快速路及主干路	87	90
	次干路	87	90
	支干路	87	90

注:①表 4.18 中重型击实标准的压实度和轻型击实标准的压实度,分别以相应的标准击实验法求得的最大干密度为 100%。②回填土的要求压实度,除注明者外,均为轻型击实标准的压实度(以下同)。

4.8.1　回填土方夯实

沟槽回填通常采用人工夯实和机械夯实两种方法。管顶 50 cm 以下部分返土的夯实,应采用轻夯,夯击力不应过大,为防止损坏管壁与接口,可采用人工夯实。管顶 50 cm 以上部分返土的夯实,应采用机械夯实。

常用的夯实机械有蛙式夯、内燃打夯机、履带式打夯机及轻型压路机等几种。

(1)蛙式夯。

蛙式夯由夯头架、拖盘、电动机和传动减速结构组成。该机具轻便、构造简单,目前广泛采用。例如,功率为 2.8 kW 蛙式夯,在最佳含水量条件下,铺土厚 200 cm,夯击 3~4 遍,压实系数可达 0.95 左右。

(2)内燃打夯机。

内燃打夯机又称"火力夯",一般用来夯实沟槽、基坑、墙边墙角,同时返土方便。

(3)履带式打夯机。

用履带起重机提升重锤,夯锤重 9.8~39.2 kN,夯击高度为 1.5~5.0 m。夯实土层的厚度可达 3 m,它适用于沟槽上部夯实或大面积夯土工作。

(4)轻型压路机。

沟槽上层夯实,常采用轻型压路机,工作效率较高。碾压的重叠宽度不得小于 20 cm。

4.8.2 土方回填施工

沟槽回填前,应建立回填制度。根据不同的夯实机具、土质、密实度要求、夯击遍数等确定返土厚度和夯实后厚度。

1. 沟槽回填前期要求

(1)预制管铺设管道的现场浇筑混凝土基础强度、接口抹带或预制构件现场装配的接缝水泥砂浆强度应不小于 5 N/mm²。

(2)市政给排水管道沟槽的回填应在闭水试验合格后及时进行。

(3)现浇混凝土管渠的强度达到设计规定。

(4)混合结构的矩形管渠或拱形管渠,其砖石砌体水泥砂浆强度应达到设计规定;当管渠顶板为预制盖板时,并应装好盖板。

(5)现场浇筑或预制构件现场装配的钢筋混凝土管渠或其他拱形管渠应采取措施,防止回填时发生位移或损伤。

2. 沟槽回填具体要求

(1)沟槽回填顺序,应按沟槽排水方向由高向低分层进行。回填时,槽内不得有积水,不得回填淤泥、腐殖土及有机质。

(2)沟槽的回填材料,除设计文件另有规定外,应符合下列规定。

①回填采用沟槽原土时,槽底到管顶以上 50 cm 范围内,不得含有机物,冻土以及大于 50 mm 的砖、石等硬块;在抹带接口处、防腐绝缘层或电缆周围,应采用细粒土回填;冬季回填时在此范围以外可均匀掺入冻土,其数量不得超过填土总体积的 15%,并且冻块尺寸不得超过 100 mm。

②采用石灰土、砂、砂砾等材料回填时,其质量要求应按设计规定执行。

(3)回填土的含水量,宜按土类和采用的压实工具控制在最佳含水量附近。

(4)回填土的每层虚铺厚度,应按采用的压实工具和要求的压实度确定。木夯、铁夯的虚铺厚度不大于 20 cm;蛙式夯、火力夯的虚铺厚度为 20~25 cm;压路机的虚铺厚度为 20~30 cm;振动压路机的虚铺厚度不大于 40 cm。

(5)回填土每层的压实遍数应按要求的压实度、压实工具、虚铺厚度和含水量,经现场试验确定。

(6)当采用重型压实机械压实或较重车辆在回填土上行驶时,管道顶部以上应用一定厚度的压实回填土,其最小厚度应按压实机械的规格和管道的设计承载力,通过计算确定。

(7)沟槽回填时,应符合下列规定。

①砖、石、木等杂物应清除干净。

②混凝土、钢筋混凝土和铸铁圆形管道,其压实度应不小于 90%。

③当管道覆土厚度较小,管道的承载力较低,压实工具的荷载较大,或原土回填达不到要求的压实度时,可与设计单位协商采用石灰土、砂、砂砾等具有结构强度或可以达到要求的其他材料回填。

④管道沟槽回填土,当原土含水量高、不具备降低含水量条件而不能达到要求压实度时,管道两侧及沟槽位于路基范围内的管道顶部以上,应回填石灰土、砂、砂砾或其他可以达到要求压实度的材料。

⑤沟槽两侧应同时回填夯实,以防管道位移。回填土时不得将土直接砸在抹带接口和防腐绝缘层上。

⑥夯实时,胸腔和管顶上 50 cm 内,夯击力过大,将会使管壁和接口或管沟壁开裂,因此,应根据管道线管沟强度确定夯实方法,管道两侧和管顶以上 50 cm 范围内,应采用轻夯夯实,管道两侧回填的高差应不超过 30 cm。

⑦每层土夯实后,应检测密实度。测定的方法有环刀法和贯入法两种。采用环刀法时,应确定取样的数目和地点。由于表面土常易夯碎,每个土样应在每层夯实土的中间部分切取。土样切取后,根据自然密度、含水量、干密度等数值,即可算出密实度。

⑧回填应使槽上土面略呈拱形,以免日久因土沉陷而造成地面下凹。拱高一般为槽宽的 1/20,常取 15 cm。

第5章 市政给排水管道不开槽施工技术

5.1 顶管施工

顶管法是最早使用的一种非开挖施工方法,它是将新管用大功率的顶推设备顶进至终点来完成铺设任务的施工方法。顶管施工一般工艺流程如图5.1所示。

5.1.1 顶管的基本概论

1.顶管的分类

顶管的分类方法很多,每一种方法都强调某一侧面,有局限性。

(1)按口径(内径)分。

管道按口径可分为小口径顶管、中口径顶管和大口径顶管。

小口径顶管指不适宜进入操作的管道,而大口径顶管指操作人员进出管道比较方便的管道,根据实际经验,我国确定的三种口径如下。

小口径顶管:内径<800 mm。

中口径顶管:800 mm≤内径≤1800 mm。

大口径顶管:内径>1800 mm。

(2)按顶进距离分。

顶管按顶进距离不同可分为中短距离顶管、长距离顶管和超长距离顶管。

这里所说的距离指管道单向一次顶进长度,以 L 代表距离。

中短距离顶管:$L \leqslant 300$ m。

长距离顶管:300 m$< L \leqslant 1000$ m。

超长距离顶管:$L > 1000$ m。

(3)按管材分。

顶管按管材不同可分为钢筋混凝土顶管、钢顶管、玻璃钢顶管、复合管顶

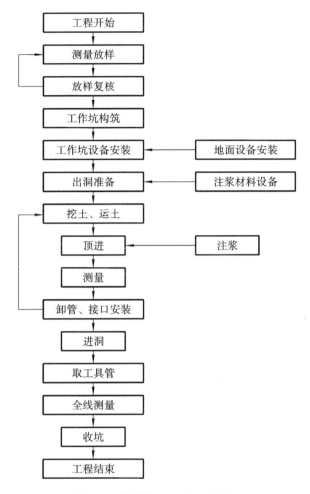

图 5.1　顶管施工一般工艺流程

管等。

（4）按顶管掘进机或工具管的作业方式分。

①按掘进功能分为手掘式顶管、挤压式顶管、半机械式顶管、机械式顶管、水力挖掘式顶管。

②按防塌功能分为机械平衡式顶管、泥水平衡式顶管、土压平衡式顶管、气压平衡式顶管。

③按出泥功能分为干出泥顶管、泥水出泥顶管。

（5）按地下水位分。

顶管按地下水位不同可分为干法顶管和水下顶管。

(6)按管轴线分。

顶管按管轴线可分为直线顶管和曲线顶管。

2. 顶管管材

顶管常用的管材有钢管、钢筋混凝土管和玻璃纤维加强管三种。下面着重介绍钢管和钢筋混凝土管。

(1)钢管。

大口径顶管一般采用钢板卷管。管道壁厚应能满足顶管施工的需要,根据施工实践可表示为式(5.1)。

$$t = kd \tag{5.1}$$

式中:t——钢管壁厚,mm;k——经验系数,取 0.008~0.010;d——钢管内径,mm。

为了减少井下焊接的次数,每段钢管的长度一般不小于 6 m,有条件的可以适当加长。

顶管钢管内外壁均要防腐。敷设前要用环氧沥青防锈漆(三层),对外表面进行防腐处理,待施工结束后再根据管道的使用功能选用合适的涂料涂内表面。

钢管管段的连接采用焊接。焊缝的坡口形式有两种,其中 V 形焊缝为单面焊缝,适用于小管径顶管;K 形和 X 形焊缝为双面焊缝,适用于大中管径顶管。

(2)钢筋混凝土管。

混凝土管与钢管相比耐腐蚀,施工速度快(因无焊接时间)。混凝土管的管口形式有企口和平口两种。其中企口连接形式由于只有部分管壁传递顶力,只适用于较短距离的顶管。平口连接由于密封、安装情况不同分为 T 形和 F 形接头。T 形接头是在两管段之间插入一端钢套管(壁厚 6~10 mm,宽度 250~300 mm),钢管套与两侧管段的插入部分均有橡胶密封圈。而 F 形接头是 T 形接头的发展,安装时应先将钢套管与前段管段牢固连接。用短钢筋将钢套管与钢筋混凝土管钢筋笼焊接在一起;或在管端事先预留钢环预埋件以便于与钢套管连接。两段管端之间加入木质垫片(中等硬度的木材,如松木、杉木等),既可用来均匀地传递顶力,又可起到密封作用。

5.1.2 顶管施工工艺的组成

顶管施工工艺的组成部分如图 5.2 所示。

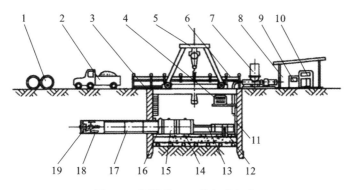

图 5.2　顶管施工工艺组成部分

1—混凝土管;2—运输车;3—扶手;4—主顶油泵;5—行车;6—安全扶手;7—润滑注浆系统;

8—操纵房;9—配电系统;10—操纵系统;11—后座;12—测量系统;13—主顶油缸;14—导轨;

15—弧形顶铁;16—环形顶铁;17—混凝土管;18—运土车;19—机头

1. 掘进设备

顶管掘进机安装在管段最前端,起到导向和出土的作用。它是顶管施工中的关键机具,在手掘式顶管施工中不用顶管掘进机,只用工具管。

2. 顶进设备

(1)主顶装置。

主顶装置由主顶油缸、主顶油泵、操纵系统等组成。其中主顶油缸是管子顶进的动力,顶力一般采用 1000 kN、2000 kN、3000 kN、4000 kN,由多台千斤顶组成。主顶千斤顶成对称状布置在管壁周边,一般为双数。千斤顶在工作坑内常用的布置方式为单列、双列、双层并列等形式。主顶进装置除了主顶千斤顶,还有千斤顶架(支承主顶千斤顶)、主顶油泵(供给主顶千斤顶以压力油)、控制台(控制千斤顶伸缩的操纵控制,操纵方式有电动和手动两种,前者使用电磁阀或电液阀,后者使用手动换向阀)。油泵、换向阀和千斤顶之间均用高压软管连接。

(2)中继间。

当顶管顶进距离较长,顶进阻力超出主顶千斤顶的容许总顶力、混凝土管节的容许压力、工作井后靠土体反作用力,无法一次达到顶进距离要求时,应使用中继间作接力顶进,实行分段逐次顶进。中继间之前的管道利用中继间千斤顶顶进,中继间之后的管节则利用主顶千斤顶顶进。利用中继间千斤顶将降低原顶进速度。因此,当运用多套中继间接力顶进时,应尽量使多套中继间同时工

作,以提高顶进速度。根据顶进距离的长短和后座墙能承受的反作用力的大小以及管外壁的摩擦力,确定中继间的数量。

(3)顶铁。

若采用主顶千斤顶不能一次将管节顶到位,必须在千斤顶缩回后在中间加垫块或几块顶铁。顶铁分为环形、弧形、马蹄形三种。使用环形顶铁的目的是使主顶千斤顶的推力可以较均匀地加到所顶管道的周边。使用弧形和马蹄形顶铁是为了弥补千斤顶行程不足。弧形顶铁开口向上,通常用于手掘式、土压平衡式;马蹄形顶铁开口向下,通常用于泥水平衡式。

(4)后座墙。

后座墙是主顶千斤顶的支承结构,后座墙由两大部分组成:一部分是用混凝土浇筑成的墙体,亦有采用原土后座墙的;另一部分是靠主顶千斤顶尾部的厚铁板或钢结构件,称为钢后靠,钢后靠的作用是尽量把主顶千斤顶的反力分散。

(5)导轨。

顶进导轨由两根平行的轨道组成,其作用是使管节在工作井内有一个较稳定的导向,引导管段按设计的轴线顶入土中,同时使顶铁能在导轨面上滑动。在钢管顶进过程中,导轨也是钢管焊接的基准装置。导轨应选用钢质材料制作,可用轻轨、重轨、型钢或滚轮做成。

①导轨安装应满足的要求。

a.安装后导轨应当牢固,不得在使用中产生位移。

b.基底务求平整,满足设计高程要求。

c.导轨铺设必须严格控制内距、中心线、高程,其纵坡要求与管道纵坡一致。

d.导轨材料必须顺直,一般采用 43 kg/m 重型钢轨制成,也可视实际条件采用 18 kg/m 轻型钢轨,或用 150 mm×150 mm 方木制成木导轨。

②导轨间内距。

导轨通常是铺设在基础之上的钢轨或方木,管中心至两钢轨的圆心角在70°～90°。

两导轨内距计算见式(5.2)。

$$A = 2\sqrt{(D+2t)(h-c)-(h-c)^2} \tag{5.2}$$

式中:A——导轨内距,m;D——待顶管内径,m;t——待顶管壁厚,m;h——导轨高,m;c——管外壁与基础面垂直净距,为 0.01～0.03 m。

③导轨安装要求和允许偏差。

导轨应顺直、平行、等高,其纵坡应与管道设计坡度一致;导轨安装的允许偏差:轴线位置为 3 mm;顶面高程为 3 mm;两轨内距为 2 mm。

3. 泥水输送设备(进排泥泵)

进排泥泵是泥水式顶管施工中用于进水输送和泥水排送的水泵,是一种离心式水泵,前者称为进水泵或进泥泵,后者称为排泥泵。

不是所有的离心泵都能作为泥水式顶管施工中的进排泥泵,选用时我们应遵循以下原则。

(1)不仅能泵送清水,而且能泵送比重 1.3 以下的泥水的离心泵才可被选作进(排)泥泵。

(2)被输送的泥水有大量的砂粒,它对泵的磨损特别大,因此,选用的泵应具有很强的耐磨性能,密封件也应有很强的耐磨性能。只有这类离心泵可以被选为进(排)泥泵。

(3)输送的泥水可能有较大的块状、条状或纤维状物体。其中,块状物体可能是坚硬的卵石,也可能是黏土团。而进(排)泥泵在输送带有上述物体时不应受到堵塞。尤其是输送粒径占进(排)泥管直径 1/3 的块状物体时,泵的叶轮不允许卡死。

(4)泵能在额定流量和扬程下长期连续工作,并且寿命比较长,故障比较少,效率比较高。

4. 测量设备

管道顶进中应不断观测管道的位置和高程是否满足设计要求。顶进过程中及时测量纠偏,一般每推进 1 m 应测定标高和中心线一次,特别对正在入土的第一节管的观测尤为重要,纠偏时应增加测量次数。

(1)测量。

①水准仪测平面与高程位置。

a.用水准仪测平面位置的方法是在待测管首端固定一个小十字架,在坑内架设一台水准仪,使水准仪十字对准十字架,顶进时,若十字架与水准仪上的十字丝发生偏离,即表明管道中心线发生偏差。

b.用水准仪测高程位置的方法是在待测管首端固定一个小十字架,在坑内架设一台水准仪。检测时,若十字架在管首端相对位置不变,其水准仪高程必然固定不变。只要量出十字架交点偏离的垂直距离,即可读出顶管顶进中的高程偏差。

②垂球法测平面与高程位置。

在中心桩连线上悬吊的垂球标示出了管道的方向。在顶进过程中,若管道出现左右偏离,则垂球与小线必然偏离;再在第一节管端中心尺上沿顶进方向放置水准仪,若管道发生上下移动,则水准仪气泡也会发生偏移。

③激光经纬仪测平面与高程位置。

采用架设在工作坑内的激光经纬仪照射待测管首端的标示牌,即可测定顶进中的平面与高程的误差值。

(2)校正。

①挖土校正。

偏差值为 10~30 mm 时可采用此法。当管子偏离设计中心一侧时,应适当超挖,使迎面阻力减小,而在管子中心另一侧少挖或留台,使迎面阻力加大,形成力偶,让首节管子调向,借预留的土体迫使管子逐渐回位。如果发现顶进过程中管子"低头",则在管顶处多挖土,管底处少挖土;如果顶进中管子"抬头",则在管前端下多挖土,管顶少挖土,这样再顶进时即可得以校正。

②强制校正法。

强迫管节向正确方向偏移的方法如下。

a.衬垫法:在首节管的外侧局部管口位置垫上钢板或木板迫使管子转向。

b.支顶法:应用支柱或千斤顶在管前设支撑,斜支于管口内的一侧,以强顶校正。

c.主压千斤顶法:一般在顶进 15 m 内发现管中心偏差,可用主压千斤顶进行校正。若管中心向左偏,则左管外侧顶铁比右侧顶铁加长 10~15 mm,左顶力大于右侧而得到校正。

d.校正千斤顶法:在首节工具管之后安装校正环,校正环内有上、下、左、右几个校正千斤顶,偏向哪侧,便开动相应侧的纠偏千斤顶。

③激光导向法。

激光导向法是应用激光束极高的方向准直性这一特点,利用激光准直仪发射的光束,通过光点转换和有关电子线路来控制指挥液压传动机构,达到顶进的方向测量与偏差校正自动化。

纠偏时掌握条件,无论何种纠偏方法,都应在顶进中进行。顶进中注意勤测勤纠,纠偏时注意控制纠偏角度。

5. 注浆设备

现在的顶管施工都离不开润滑浆,也离不开注润滑浆的设备。只有当所顶进的管道的周边与土之间有一个很好的浆套把管子包裹起来,才能有较好的润滑和减摩作用。它的减摩效果有时可达到惊人的程度,即其综合摩擦阻力低于没有注润滑浆的一半。

现在使用的注润滑浆设备大体有三类:往复活塞式注浆泵、曲杆泵、胶管泵。

往复活塞式注浆泵有的是高压大流量的,有的是低压小流量的。而顶管施工中常用的则是低压小流量的,这种注浆泵在早期的顶管施工中使用得比较多。这种往复活塞式泵有较大的脉动性,不能很好地形成一个完整的浆套包裹在管子的外周,会降低注浆的效果。

为了弥补往复活塞式注浆泵的不足,现在大多采用曲杆泵。这种泵体的构造较简单,外壳是一个橡胶套,套中间有一根螺杆。当螺杆按设计的方向均匀地转动时,润滑浆的浆液就从进口吸入,从出口均匀地排出。

这种曲杆泵的最大特点是它压出的浆液完全没有脉动,因此,由它输出的浆液就能够很好地挤入刚刚形成的管子与土之间的缝隙里,很容易在管子外周形成一个完整的浆套。但是,曲杆泵除无脉动和有较大的自吸能力这两个优点以外,也有两个较大的缺点,那就是浆液里不能有较大的颗粒和尖锐的杂质(如玻璃)等,否则很容易损坏橡胶套,从而使泵的工作效率下降或无法正常工作。另外是曲杆泵绝对不能在无浆液的情况下干转,否则会损坏。

胶管泵在国内的顶管中使用得很少,国外则应用得较普遍。它的工作原理如下。当转动架旋转时,压轮把胶管内的浆液由泵下部的吸入口向上部的排出口压出,而挡轮则挡在胶管的两侧。当下部的压轮往上压的时候,胶管内已没有浆液。这时,由于胶管的弹性作用,在其恢复圆形断面的过程中,浆液从吸入口又吸到胶管内,等待下一个压轮来挤压,这样不断重复,就能使泵正常工作了。

胶管泵除了脉动比较小,还有以下一些特点。

(1)可输送颗粒含量较多又较大的黏度高的浆液。

(2)经久耐用,保养方便。

(3)即使空转也不会损坏。

6. 吊装设备

用于顶管施工的起重设备大体有两类:行车和吊车。

用于顶管的行车的规格从 5 t 到 30 t 不等。它的起吊吨位与顶进的管径有关,管径小的用起吊吨位小的行车,管径大的则用起吊吨位大的行车。一般而言,决定起吊吨位的主要因素是所顶管节的质量。

顶管施工中所用的另一类起重设备就是吊车。吊车的类型有汽车吊、履带吊、轮胎吊等。吊车的起吊半径较小，没有行车灵活，而且随着活动半径的增大，起重吨位下降。另外，吊车自重比较大，所停的工作坑旁边要有非常坚固的地基，使用吊车的噪声也比较大。除非行车的起重量不够，不能起吊诸如掘进机等大的设备，这时才采用吊车，一般情况下多采用行车。

7. 通风设备

在长距离顶管中，通风是一个不容忽视的问题。因为长距离顶进的时间比较长，人员在管子内要消耗大量的氧气，久而久之，管内就会缺氧，影响作业人员的健康。另外，管内的涂料，尤其是钢管内的涂料会散发出一些有害气体，也必须用大量新鲜空气来稀释。掘进过程中可能有一些土层的有害气体逸出，也会影响作业人员健康。这在手掘式及土压式中表现较为明显。作业过程还会有一些粉尘浮游在空气中，同样会影响作业人员健康。最后钢管焊接过程中有许多有害烟雾，它不仅影响测量工作，而且也影响作业人员健康。以上问题都必须靠通风来解决。

常见的通风的形式有三种：鼓风式、抽风式和组合式。

鼓风式通风是把风机置于工作井的地面上，且在进风口附近的环境要好一些，把地面上的新鲜空气通过鼓风机和风筒鼓到掘进机或工具管内。

抽风式通风又称吸入式抽风，它是将抽风机安装在工作坑的地面上，把抽风管道一直通到挖掘面或掘进机操作室内。

组合式通风有两种：一种是长鼓短抽，另一种是长抽短鼓。长鼓短抽就是以鼓风为主、抽风为辅的组合通风系统。该系统的鼓风距离长，风筒长；抽风的距离短，风筒也短。长抽短鼓是以抽风为主的通风系统，称为长抽短鼓式，即抽风距离比较长，鼓风距离比较短。

8. 照明设备

照明设备一般有高压网和低压网两种。小管径、短距离顶管一般直接供电，380 V 动力电源送至掘进机中。大管径、长距离顶管中一般用高压电输送，经变压器降压至 380 V 后送至掘进机的电源箱中。照明用电一般为 220 V 电源。

5.1.3　顶管工作井的基本知识

1. 工作坑和接收坑的种类

顶管施工虽不需要开挖地面,但在工作坑和接收坑处则必须开挖。

工作坑是安放所有顶进设备的场所,也是顶管掘进机或工具管的始发地,同时又是承受主顶油缸反作用力的构筑物。接收坑则是接收顶管掘进机或工具管的场所。工作坑比接收坑坚固、可靠,尺寸也较大。工作坑和接收坑按形状划分为矩形坑、圆形坑、多边形坑等。

工作坑和接收坑按结构划分为钢筋混凝土坑、钢板桩坑、瓦楞钢板坑等。在土质条件好而所顶管子口径比较小、顶进距离又不长的情况下,工作坑和接收坑也可采用放坡开挖式,只不过在工作坑中需浇筑一堵后座墙。

工作坑和接收坑按构筑方法分为沉井坑、地下连续墙坑、钢板桩坑、混凝土砌块或钢瓦楞板拼装坑以及采用特殊施工方法构筑的坑等。

2. 工作坑和接收坑的选取原则

在选取哪一种工作坑和接收坑时,应全盘综合考虑,然后再不断优化。

首先,在工作井和接收坑的选址上应尽量避开房屋、地下管线、河塘、架空电线等不利于顶管施工作业的场所。尤其是工作坑,它不仅在坑内布置大量设备,而且在地面上要有堆放管子、注浆材料和提供渣土运输或泥浆沉淀池以及其他材料堆放的场地,还要有排水管道等。

其次,工作坑和接收坑的选定要根据顶管施工全线的情况,选取合理的工作坑和接收坑的个数。工作坑的构筑成本肯定会大于接收坑,因此,在全线范围内应尽可能地把工作坑的数量降到最少。

最后,一个工作坑中还要尽可能向正反两个方向顶,这样会减少顶管设备转移的次数,从而有利于缩短施工周期。例如,有两段相连通的顶管,这时应尽可能地把工作坑设在两段顶管的连接处,分别向两边的两个接收坑顶。设一个工作坑,配两个接收坑,这样比较合理。

5.1.4 顶管施工

1. 一般规定

（1）施工前应进行现场调查研究，并对建设单位提供的工程沿线的有关工程地质、水文地质和周围环境情况，以及沿线地下与地上管线、周边建（构）筑物、障碍物及其他设施的详细资料进行核实确认；必要时应进行坑探。

（2）施工前应编制施工方案，包括下列主要内容：顶进方法以及顶管段单元长度的确定；顶管机选型及各类设备的规格、型号及数量；工作井位置选择、结构类型及其洞口封门设计；管节、接口选型及检验，内外防腐处理；顶管进、出洞口技术措施，地基改良措施；顶力计算、后背设计和中继间设置；减阻剂选择及相应技术措施；施工测量、纠偏的方法；曲线顶进及垂直顶升的技术控制及措施；地表及构筑物变形与形变监测和控制措施；安全技术措施，应急预案。

（3）施工前应根据工程水文地质条件、现场施工条件、周围环境等因素，进行安全风险评估，并制定防止发生事故以及事故处理的应急预案，备足应急抢险设备、器材等物资。

（4）根据工程设计、施工方法、工程和水文地质条件，对邻近建（构）筑物、管线，应采用土体加固或其他有效的保护措施。

（5）施工中应根据设计要求、工程特点及有关规定，对管（隧）道沿线影响范围地表或地下管线等建（构）筑物设置观测点，进行监控测量。监控测量的信息应及时反馈，以指导施工，发现问题及时处理。

（6）监控测量的控制点（桩）设置应符合《给水排水管道工程施工及验收规范》（GB 50268—2008）的规定，每次测量前应对控制点（桩）进行复核，如有扰动，应进行校正或重新补设。

（7）施工设备、装置应满足施工要求，并符合下列规定。

①施工设备、主要配套设备和辅助系统安装完成后，应经试运行及安全性检验，合格后方可掘进作业。

②操作人员应经过培训，掌握设备操作要领，熟悉施工方法、各项技术参数，考试合格方可上岗。

③管道内涉及的水平运输设备、注浆系统、喷浆系统以及其他辅助系统应满足施工技术要求和安全、文明施工要求。

④施工供电应设置双路电源，并能自动切换；动力、照明应分路供电，作业面

移动照明应采用低压供电。

⑤采用顶管、盾构、浅埋暗挖法施工的管道工程,应根据管道长度、施工方法和设备条件等确定管道内通风系统模式;设备供排风能力、管道内人员作业环境等还应满足国家有关标准规定。

⑥采用起重设备或垂直运输系统:起重设备必须经过起重荷载计算,使用前应按有关规定进行检查验收,合格后方可使用;起重作业前应试吊,吊离地面100 mm 左右时,应检查重物捆扎情况和制动性能,确认安全后方可起吊;起吊时工作井内严禁站人,当吊运重物下井距作业面底部小于 500 mm 时,操作人员方可近前工作;严禁超负荷使用;工作井上、下作业时必须有联络信号。

⑦所有设备、装置在使用中应按规定定期检查、维修和保养。

2. 顶力计算与后背土体稳定验算

(1)顶力计算。

顶管的顶力可根据管道所处土层的稳定性,地下水的影响,管径、材料和重量,顶进的方法和操作熟练程度,计划顶进长度,减阻措施,以及经验等因素按式(5.3)计算。

$$P = (P_1 + P_2)L + P_3 \tag{5.3}$$

式中:P——计算的总顶力,kN;P_1——顶进时,管道单位长度周围土压力对管道产生的阻力,kN/m;P_2——顶进时,管道单位长度的自重与其周围土层之间的阻力,kN/m;L——管道的计算顶进长度,m;P_3——顶进时,工具管的迎面阻力,kN。

管道单位长度周围土压力对管道产生的阻力 P_1 按式(5.4)计算。

$$P_1 = 2f(P_V + P_H)D_1 \tag{5.4}$$

式中:f——管道与其周围土层的摩擦系数,可按表 5.1 采用;P_V——管道单位长度上管顶以上的竖向土压力强度,kN/m²,并按式(5.5)计算;P_H——管道单位长度上的侧向土压力,kN/m²,并按式(5.6)计算;D_1——管道外直径,m。

表 5.1 管道与周围土层的摩擦系数

土类	摩擦系数 f	
	湿	干
黏性土	0.2~0.3	0.4~0.5
砂性土	0.3~0.4	0.5~0.6

$$P_V = \gamma H \qquad\qquad (5.5)$$

$$P_H = K_a \gamma (H + D_1/2) \qquad\qquad (5.6)$$

式中:P_V——管道长度上管顶以上的竖向土压力强度,kN/m²;P_H——管道单位长度上的侧向土压力,kN/m²;γ——管道所处土层的重力密度,kN/m²;H——管道顶部以上覆盖土层的厚度,m;K_a——主动土压力系数,按式(5.7)计算。

$$K_a = \tan^2(45 - \varphi/2) \qquad\qquad (5.7)$$

式中:K_a——主动土压力系数;φ——土的内摩擦角,(°)。

管道单位长度的自重与其周围土层之间的阻力 P_2 按式(5.8)计算。

$$P_2 = fW \qquad\qquad (4.37)$$

式中:P_2——管道单位长度的自重与其周围土层之间的阻力,kN/m;W——管道单位长度的自重,kN/m;f——管道与周围土层的摩擦系数。

工具管的迎面阻力 P_3 根据不同的顶进方法确定。

当采用人工掘进,且工具管顶部及其两侧允许超挖时,$P_3 = 0$。

当工具管顶部及其两侧不允许超挖或采用挤压顶管时,P_3 按式(5.9)计算。

$$P_3 = \pi D_{av} t R \qquad\qquad (5.9)$$

当采用网格挤压法顶管时,P_3 按式(5.10)计算。

$$P_3 = (\pi/4) a D_1^2 R \qquad\qquad (5.10)$$

当采用土压平衡法和泥浆平衡法顶管时,P_3 按式(5.11)计算。

$$P_3 = (\pi/4) D_1^2 R \qquad\qquad (5.11)$$

式中:D_{av}——工具管刃脚或挤压喇叭口的平均直径,m;t——工具管刃脚厚度或挤压喇叭口的平均宽度,m;R——手工掘进顶管法的工具管迎面阻力或挤压、网格挤压的挤压阻力,前者可采用 500 kN/m²,后者按工具管前端中心处的被动土压力计算,kN/m²;D_1——工具管外直径,m;a——网格截面系数,一般取 0.6~1.0。

(2)后背土体稳定验算。

后背是千斤顶的支撑结构,承受着管子顶进时的全部水平力,并将顶力均匀地分布在后座墙上,后座墙在顶进时承受所有阻力,故应具有足够稳定性。为保证顶进质量和施工安全,应进行后座墙的承载力计算,见式(5.12)。

$$F_C = K_t B_0 H (h + H/2) \gamma K_P \qquad\qquad (5.12)$$

式中:F_C——后座墙的承载力,kN;K_t——后座墙的土坑系数,不打钢板桩时,$K_t = 0.85$,打钢板桩时,$K_t = 0.9 + 5 h/H$;B_0——后座墙的宽度,m;H——

后座墙的高度,m;h——后座墙至地面的高度,m;γ——土的容重,kN/m³;K_P——被动土压力系数,与土的内摩擦角有关,$K_P = \tan^2(45° + \phi/2)$。

一般以顶进管所承受的最大顶力为先决条件,反过来验算工作坑后座墙是否能承受最大顶力的反作用力。若工作坑能承受,那么这个最大顶力为总顶力;若后座墙不能承受,那么以后座墙能承受的最大顶力为总顶力。施工全过程决不允许超过最大顶力,否则会使管子被顶坏或后座墙被顶翻,有时会造成相当严重的后果,这在顶管施工中必须引起足够重视。

3. 管道顶进技术

(1)技术措施。

①中继间技术,以满足长距离顶进要求。

②采取管节表面熔蜡、触变泥浆套等减少顶进阻力措施,以减少管外壁摩擦阻力和稳定周围土体。

③使用机械、水力等管内土体水平运输方式,以减少劳动强度、加快施工进度。

④采用激光定向等测量技术,以保证顶进控制精度、缩短测量周期。

(2)中继间顶进规定。

采用中继间顶进时,其设计顶力、设置数量和位置应符合施工方案,并应符合下列规定。

①设计顶力严禁超过管材允许顶力。

②第一个中继间的设计顶力,应保证其允许最大顶力能克服前方管道外壁摩擦阻力及顶管机的迎面阻力之和;而后续中继间设计顶力应克服两个中继间之间的管道外壁摩擦阻力。

③确定中继间位置时,应留有足够的顶力安全系数,第一个中继间位置应根据经验确定并提前安装,同时考虑正面阻力反弹,防止地面沉降。

④中继间密封装置宜采用径向可调式,密封配合面的加工精度和密封材料的质量满足要求。

⑤超深、超长距离顶管工程,中继间应具有可更换密封止水圈的功能。

(3)触变泥浆注浆工艺的规定。

①注浆工艺方案应包括:泥浆配比、注浆量及压力的确定;制备和输送泥浆的设备及其安装;注浆工艺、注浆系统及注浆孔的布置。

②确保顶进时管外壁和土体之间的间隙能形成稳定、连续的泥浆套。

③泥浆材料的选择、组成和技术指标要求,应经现场试验确定;顶管机尾部同步注浆宜选择黏度较高、失水量小、稳定性好的材料;补浆的材料宜黏滞系数小、流动性好。

④触变泥浆应搅拌均匀,并具有下列性能:在输送和注浆过程中应呈胶状液体,具有流动性;注浆后经一定的静置时间应呈胶凝状,具有一定的固结强度;管道顶进时,触变泥浆被扰动后胶凝结构破坏,又呈胶状液体;触变泥浆材料对环境无危害。

⑤顶管机尾部的后续几节管节应连续设置注浆孔。

⑥应遵循"同步注浆与补浆相结合"和"先注后顶、随顶随注、及时补浆"的原则,制定合理的注浆工艺。

⑦施工中应对触变泥浆的黏度、重度、pH值,注浆压力,注浆量进行检测。

(4)控制地层变形。

根据工程实际情况正确选择顶管机,顶进中对地层变形的控制应符合下列要求。

①通过信息化施工,优化顶进的控制参数,使地层变形最小。

②采用同步注浆和补浆,及时填充管外壁与土体之间的施工间隙,避免管道外壁土体扰动。

③发生偏差应及时纠偏。

④避免管节接口、中继间、工作井洞口及顶管机尾部等部位的水土流失和泥浆渗漏,并确保管节接口端面完好。

⑤保持开挖量与出土量的平衡。

(5)施工测量。

顶管施工测量一般建立独立的相对坐标,设工作坑及接受坑的中心连线是 z 轴,工作坑的竖直方向是 y 轴,两轴的零点位置根据现场情况确定,如可以把顶进方向的工作坑壁作为零点。

顶管测量分中心水平测量和高程测量两种,一般采用经纬仪和水准仪,测站设在千斤顶的中间。

中心水平误差的测量是先在地面上精确地测定管轴线的方位,再用重球将管轴线引至工作坑内,然后利用经纬仪直接测定顶进方向的左右偏差。随着顶进距离的增加,经纬仪测量越来越困难,当顶管距离超过 400 m 时,应采用激光指向仪和计算机进行光靶交会测量。

高程方向的误差一般采用水准仪测量。当管道距离较长时,宜采用水位连通器。这种方法是在工作坑内设置水槽,确立基准水平面;在工具管后侧设立水位标尺,水槽与水位标尺间以充满水的软管相连,则可以水准面测定高差。

(6)误差校正。

产生顶管误差的原因很多:开挖时不注意坑道形状质量,坑道一次挖进深度较大;工作面土质不匀,管子向软土一侧偏斜;千斤顶安装位置不正确导致管子受偏心顶力影响、并列的两个千斤顶的行程速度不一致、后背倾斜等。另外在弱土层或流砂层内顶进,管端很容易下陷;机械掘进的工具管重量较大,易使管端下陷;管前端堆土过多、外运不及时,易使管端下陷等。

顶管过程中,如果发现高程或水平方向出现偏差,应及时纠正,否则偏差将随着顶进长度的增加而增大。管道标高及水平方向坐标允许偏差与检验方法见表 5.2。

表 5.2 管道标高及水平方向坐标允许偏差与检验方法

项目		允许偏差/mm		检验频率		检验方法
				范围	点数	
中线位移		50		每节管	1	测量并查阅测量记录
管内底高程	DN<1500 mm	+30 −40	每节管	1		用水准仪测量
	DN≥1500 mm	+40 −50	每节管	1		
相邻管间错口		15%管壁厚, 且不大于 20		每个接口	1	用尺量
对顶时管子错口		50		每个接口	1	用尺量

5.2　盾构法施工

5.2.1　盾构机

1.盾构机的定义

盾构机,简称盾构,全称叫盾构隧道掘进机,是一种隧道掘进的专用工程机

械。它是一个横断面外形与隧道横断面外形相同，尺寸稍大，利用回旋刀具开挖，内藏排土机具，自身设有保护外壳用于暗挖隧道的机械。

2. 盾构机的发展

盾构机问世至今已有 200 年的历史，其始于英国，发展于日本、德国。近年来，土压平衡式、泥水式盾构机的关键技术得以发展，如盾构机的有效密封、刀具使用寿命的延长、在密封条件下的刀具更换，盾构机有了很快的发展。随着材料科学的发展，功能更强、缺陷更少的切割刀具得以制造，使得机器可以运行数百千米而无须停顿更换刀具。现在，盾构机力求实现机器的地面控制，从而避免为保证隧道内人员安全而采取的各种产生昂贵费用的措施，一些小型隧道上已经实现地面控制。

3. 盾构机的原理

盾构机的原理就是一个圆柱体的钢组件沿隧洞轴线边向前推进边对土壤进行挖掘。该圆柱体组件的壳体即护盾，它对挖掘出的还未衬砌的隧洞段起着临时支撑的作用，承受周围土层的压力，有时还承受地下水压以及将地下水挡在外面。挖掘、排土、衬砌等作业在护盾的掩护下进行。

4. 盾构机的基本构造

盾构机通常由盾构机壳体、推进系统、拼装系统、出土系统组成。

5. 盾构机的特点

用盾构机进行隧洞施工具有自动化程度高、节省人力、施工速度快、一次成洞、不受气候影响、开挖时可控制地面沉降、减少对地面建筑物的影响和在水下开挖时不影响水面交通等特点，在隧洞洞线较长、埋深较大的情况下，用盾构机施工更为经济合理。现代盾构掘进机集光、机、电、液、传感、信息技术于一体，具有开挖切削土体、输送碴土、拼装隧道衬砌、测量导向纠偏等功能，而且要按照不同的地质进行设计制造，可靠性要求极高，已广泛应用于地铁、铁路、公路、市政、水电等隧道工程。

6. 盾构机的种类

盾构的分类较多，可按盾构切削面的形状，盾构自身构造的特征、尺寸的大小、功能,挖掘土体的方式,掘削面的挡土形式,稳定掘削面的加压方式,施工方法,适用土质的状况进行分类。下面按照盾构机内部是否有隔板分隔切削刀盘和内部设备进行分类。

(1)全敞开式盾构机。

全敞开式盾构机的特点是掘削面敞露,挖掘状态是干态状,所以出土效率高,适用于掘削面稳定性好的地层,对于自稳定性差的冲积地层应辅以压气、降水、注浆加固等措施。

①手掘式盾构机。手掘式盾构机的前面是敞开的,所以盾构的顶部装有防止掘削面顶端坍塌的活动前檐和使其伸缩的千斤顶。掘削面上每隔 2~3 m 设有一道工作平台,即分割间隔为 2~3 m。另外,支撑环柱安装有正面支撑千斤顶。掘削面从上往下,掘削时按顺序调换正面支撑千斤顶,掘削下来的砂土从下部通过皮带传输机输给出土台车。掘削工具多为鹤嘴锄、风镐、铁锹等。

②半机械式盾构机。半机械式盾构机是在人工式盾构机的基础上安装掘土机械和出土装置,以代替人工作业。掘土装置有铲斗、掘削头及两者兼备三种形式。具体装备形式为:铲斗、掘削头等装置设在掘削面的下部;铲斗装在掘削面的上半部,掘削头在下半部;掘削头和铲斗装在掘削面的中心。

③机械式盾构机。盾构机的前部装有旋转刀盘,故掘削能力大增。掘削下来的砂土由装在掘削刀盘上的旋转铲斗,经过斜槽送到输送机。掘削和排土连续进行,故工期缩短,作业人员减少。

(2)部分开敞式盾构机。

部分开敞式盾构机即挤压式盾构机,其构造简单、造价低。挤压式盾构机适用于流塑性高、无自立性的软黏土层和粉砂层。

①半挤压式盾构机(局部挤压式盾构机)。在盾构机的前端用胸板封闭以挡住土体,防止发生地层坍塌和水土涌入盾构机内部机的危险。盾构机向前推进时,胸板挤压土层,土体从胸板上的局部开口处挤入盾构机,因此可不必开挖,提高掘进效率,改善劳动条件。

②全挤压式盾构机。在特殊条件下,可将胸板全部封闭而不开口放土,构成全挤压式盾构机。

③网格式盾构机。网格式盾构机在挤压式盾构的基础上加以改进,可形成一种胸板为网格的网格式盾构机,其构造是在盾构机切口环的前端设置网格梁,与隔板组成许多小格子的胸板;借土的凝聚力,网格胸板可对开挖面土体起支撑作用。当盾构机推进时,土体克服网格阻力从网格内挤入,把土体切成许多条状

253

土块,在网格的后面设有提土转盘,将土块提升到盾构机中心的刮板运输机上并运出盾构机,然后装箱外运。

(3)封闭式盾构机。

①泥水式盾构机。该类型盾构机是在机械式盾构机刀盘的后侧设置一道封闭隔板,隔板与刀盘间的空间定名为泥水仓。把水、黏土及其外加剂混合制成的泥水,经输送管道压入泥水仓,泥水充满整个泥水仓,并具有一定压力后,形成泥水压力室。泥水的加压作用和压力保持机构能够维持开挖工作面的稳定。盾构机推进时,旋转刀盘切削下来的砂土经搅拌装置搅拌后形成高浓度泥水,用流体输送方式送到地面泥水分离系统,将砂土、水分离后重新送回泥水仓,这就是泥水加压平衡式盾构法的主要特征。

②土压式盾构机。土压式盾构机把土料(必要时添加泡沫等对土壤进行改良)作为稳定开挖面的介质,刀盘后隔板与开挖面之间形成泥土室,刀盘旋转开挖使泥土料增加,再由螺旋输料器旋转将土料运出,泥土室内土压可由刀盘旋转开挖速度和螺旋输出料器出土量(旋转速度)进行调节。它又可细分为削土加压盾构机、加水土压盾构机、加泥土压盾构机和复合土压盾构机。

5.2.2 盾构法

盾构机是集地下掘进和衬砌为一体的施工设备,广泛应用于地下给排水管沟、地下隧道、水下隧道、水工隧洞、城市地下综合管廊等工程。

盾构法根据挖掘方式可分为手工挖掘和机械挖掘式盾构法,根据切削环与工作面的关系可分为开口形与密闭形盾构法。

盾构法与顶管法相比有下列特点:顶管法中被顶管道既起掘进空间的支护作用,又是构筑物的本身。顶管法与盾构法在这一双重功能上是相同的,不同的是顶管法顶入土中的是管段,而盾构法接长的是以管片拼装而成的管环,拼装处是在盾构机的后部。两者相比,顶管法适合于较小的管径,管道的整体性好,刚度大。盾构法适合于较大的管径,管径越大,越显示其优越性。

盾构法施工表现的主要优点如下。

(1)因需顶进的是盾构机本身,同一土层所需的顶力为一常数,不受顶力大小的限制。

(2)盾构机断面形状可以任意选择,而且可以形成曲线走向。

(3)操作安全,可在盾构机设备的掩护下,进行土层开挖和衬砌。

(4)施工时不扰民,噪声小,对交通影响小。

(5)盾构法进行水底施工,不影响航道通行。

(6)严格控制正面超挖,加强衬砌背面空隙的填充,可控制地表沉降。

1.盾构法施工准备

(1)施工准备工作。

盾构法施工前根据设计提供图纸和有关资料,对施工现场应进行详细勘察,对地上、地下障碍物,地形,土质,地下水和现场条件等方面进行了解,根据勘察结果编制盾构机施工方案。

盾构法施工的准备工作还应包括测量定线、衬块预制、盾构机的机械组装、降低地下水位、土层加固以及工作坑开挖等。上述这些准备工作视情况选用,并编入施工方案中。

(2)盾构机壳体尺寸的确定。

盾构机壳体尺寸应适应隧道的尺寸,一般按下列几个模数确定。

①盾构机的外径。

盾构机的内径应大于隧道衬砌的外径,见式(5.13)。

$$D = d + 2(x + \delta) \tag{5.13}$$

式中:D——盾构机外径,m;d——衬砌外径,m;x——盾构机厚度,m;δ——盾构建筑间隙,m。

根据盾构机调整方向的要求,一般盾构建筑间隙为衬砌外径的 $0.8\% \sim 1.0\%$。其最小值要满足式(5.14)。

$$x = \frac{Ml}{d} \tag{5.14}$$

式中:x——盾构建筑间隙,m;M——盾尾掩盖部分的衬砌长度;l——盾尾内衬砌环上顶点能转动的最大水平距离,通常采用 $l = d/80$;d——衬砌外径,m。

所以 $x = 0.0125M$,一般取用 $30 \sim 60$ mm。

②盾构机长度。

盾构机长度为前檐、切削环、支撑环和盾尾长度的总和,其大小取决于开挖方法及预制衬砌环的宽度,也与盾构机灵敏度有关系。盾构机灵敏度指盾构机长度 L 与其外径 D 的比例关系。灵敏度一般采用如下标准。

小型盾构机($D = 2 \sim 3$ m),L/D 为 1.5 左右。

中型盾构机($D = 3 \sim 6$ m),L/D 为 1.0 左右。

大型盾构机,L/D 为 0.75 左右。

盾构机直径确定后,选择适当灵敏度,即可决定盾构机长度。

(3)盾构机推进时系统顶力计算。

盾构机的前进是靠千斤顶来推进和调整方向的。所以千斤顶应有足够的力量,来克服盾构机前进过程中所遇到的各种阻力。

①外壳与周围土层间摩擦阻力 F_1 计算见式(5.15)。

$$F_1 = v_1 [2(P_V + P_H)LD] \tag{5.15}$$

式中: v_1 ——土与钢之间的摩擦系数,一般取 $0.2 \sim 0.6$; P_V ——盾构机顶部的竖向土压力,kN/m^2 ; P_H ——水平土压力值,kN/m^2 ; L ——盾构机长度,m; D ——盾构机外径,m。

②切削环部分刃口切入土层阻力 F_2 计算见式(5.16)。

$$F_2 = D\pi L(P_V \tan\phi + c) \tag{5.16}$$

式中: ϕ ——土的内摩擦角; c ——土的黏聚力,kN/m^2 。其余符号意义同前。

③砌块与盾尾之间的摩擦力 F_3 计算见式(5.17)。

$$F_3 = v_2 G'L' \tag{5.17}$$

式中: v_2 ——后尾与衬砌之间的摩擦系数,一般为 $0.4 \sim 0.5$; G' ——环衬砌重量; L' ——盾尾中衬砌的环数。

④盾构机自重产生的摩擦阻力 F_4 计算见式(5.18)。

$$F_4 = Gv_1 \tag{5.18}$$

式中: G ——盾构机自重; v_1 ——钢土之间的摩擦系数,一般为 $0.2 \sim 0.6$ 。

⑤开挖面支撑阻力 F_5 ,应按支撑面上的主动土压力计算。

其余项阻力,需根据盾构法施工时的实际情况予以计算,叠加后组成盾构机推进的总阻力。由于上述计算均为近似值,实际确定千斤顶总顶力时,尚需乘以 $1.5 \sim 2.0$ 的安全系数。

有的资料提供经验公式确定盾构机总顶力 P ,见式(5.19)。

$$P = \frac{(700 \sim 1000)\pi D^2}{4} \tag{5.19}$$

式中: D ——盾构机外径,m。

盾构机千斤顶的顶力:小型断面用 $500 \sim 600$ kN 的顶力;中型断面用 $1000 \sim 1500$ kN 的顶力;大型断面($D > 10$ m)用 25000 kN 的顶力。我国使用的千斤顶的顶力多数为 $1500 \sim 2000$ kN。

2.盾构机械组装

盾构机是用于地下开槽法施工时进行地层开挖及衬砌拼装起支护作用的施

工设备,其基本构造由开挖系统、推进系统和衬砌拼装系统组成。

(1)开挖系统。

盾构机壳体形状可任意选择,用于给排水管沟,由切削环、支撑环、盾尾 3 部分组成,由外壳钢板连接成一个整体。

①切削环。

切削环位于盾构的最前端,它的前端做成刃口,以减少切土时对地层的扰动。切削环也是盾构机施工时容纳作业人员挖土或安装挖掘机械的部位。

盾构机开挖系统均设置于切削环中。根据切削环与工作面的关系,可分开放式和密闭式两类。当土质不能保持稳定,如松散的粉细砂、液化土等,应采用密闭式盾构机。当需要对工作面支撑,可采用气压或泥水压力盾构机,这时在切削环与支撑环之间设密封隔板分开。

②支撑环。

支撑环位于切削环之后,处于盾构机中间部位,承担地层对盾构的土压力、千斤顶的顶力以及刃口、盾尾、砌块拼装时传来的施工荷载等。通常在支撑环的外沿布置千斤顶。大型盾构机将液压、动力设备、操作系统、衬砌拼装机等均集中布置在支撑环中;在中、小型盾构机中,部分设备可放在盾构后面的车架上。

③盾尾。

它的作用主要是掩护衬砌的拼装,并且防止水、土及注浆材料从盾尾间隙进入盾构机。盾尾密封装置由于盾构位置千变万化,极易损坏,要求材质耐磨、耐拉并富有弹性。曾采用橡胶的、橡胶加弹簧钢板的、充气式的、毛刷型的等多种盾尾密封装置,但至今效果不够理想,一般多采用多道密封及可更换盾尾密封装置。

(2)推进系统。

推进系统是盾构机核心部分,依靠千斤顶使盾构机向前移动。千斤顶控制采用油压系统,由高压油泵、操作阀件和千斤顶等设备构成。

阀门转换器的工作原理如下:当滑块处于左端时,高压油自进油管流入分油箱,推动千斤顶出镐;若需回镐,将滑块移向右端,高压油从阀门转换器推动千斤顶回镐,并将回油管中的油流向分油箱。

(3)衬砌拼装系统。

盾构机顶进后应及时进行衬砌工作,衬砌块作为盾构千斤顶的后背,承受顶力,施工过程中作为支撑结构,施工结束后作为永久性承载结构。

砌块采用钢筋混凝土或预应力钢筋混凝土,砌块形状有矩形、梯形、缺形、中

缺形等,砌块尺寸视衬砌方法而定。根据施工条件和盾构机直径,确定矩形砌块每环的分割数。矩形砌块形状简单,容易砌筑,产生误差时容易纠正,但整体性差。梯形砌块的衬砌环的整体性较矩形砌块好。为了提高砌块环的整体性,可采用中缺形砌块,但安装技术水平要求高,而且产生误差后不易调整。

3. 工作坑开挖与始顶

盾构法施工应当设置工作坑,作为开始、中间、结束井。开始工作坑作为盾构法施工起点,将盾构机下入工作坑内;中间工作坑根据需要设置,如为了减少土方、材料地下运输距离或者中间需要放置检查井、车站等构筑物时而设置中间工作坑;结束工作坑作为全线顶进完毕,需要将盾构机取出。

开始工作坑与顶管工作坑相同,其尺寸应满足盾构机和其顶进设备尺寸的要求。工作坑同壁应做支撑或采用沉井或连续加固,防止坍塌,同样盾构机顶进方向对面做好牢固后背。

盾构机在工作坑导轨上至盾构完全进入土中的这一段距离,借助外部千斤顶顶进。与顶管方法相同。

当盾构机进入土中后,在开始工作坑后背与盾构机衬砌环,各设置一个木环,其大小尺寸与衬砌环相等,在两个木环之间用圆木支撑,作为始顶段的盾构机千斤顶的支撑结构。一般情况下,衬砌环长度达 30 m 后,才能起后背作用,拆除工作坑内圆木支撑。

始端开始后,即可启用盾构机本身千斤顶,将切削环的刃口切入土中,在切削环掩护下进行掘土,一面出土一面将衬砌块运入盾构机内,待千斤顶回镐后,其空隙部分进行砌块拼装。再以衬砌环为后背,启动千斤顶,重复上述操作,盾构机便不断前进。

4. 盾构机掘进的挖土及顶进

盾构机掘进的挖土方法取决于土的性质和地下水情况,手挖盾构法适用于比较密实的土层。工人在切削环保护罩内挖土,将工作面挖成锅底形,一次挖深一般等于砌块的宽度。为了保证坑道形状正确,减少与砌块间的空隙,贴近盾壳的土应由切削环切下,厚度为 $10 \sim 15$ cm。在松散土层中掘进时,将盾构机刃脚先切入工作面,然后工人在保护罩切削环内挖土,根据土质条件进行局部挖土,局部挖出的工作面应支设支撑,应依次进行到全部挖掘面。局部挖掘从顶部开始,当盾构机刃脚难以先切入工作面,如砂砾石层,可以先挖后顶,但必须严格控制每次掘进的纵深。

盾构机推进时,应确保前方土体的稳定,在软土地层,应根据盾构机类型采取不同的正面支护方法;盾构机推进轴线应按设计要求控制质量,推进中每环测量一次;纠偏时应在推进中逐步进行;盾构机顶进应在砌块衬砌后立即进行。

推进速度应根据地质、埋深、地面的建筑设施及地面的隆陷值等情况而确定,通常为 50 mm/min。盾构机推进中,遇有需要停止推进且间歇时间较长时,必须做好正面封闭、盾尾密封并及时处理;在拼装管片或盾构机推进停歇时,应采取防止盾构机后退的措施;当推进过程中出现盾构机旋转时,采取纠正的措施。弯道、变坡掘进和校正误差时,应使用部分千斤顶。

根据盾构机选型、施工现场环境,土方可以由斗车、矿车、皮带或泥浆等方式运出。

5. 衬砌与灌浆

(1)一次衬砌与灌浆。

盾构机顶进后应及时进行衬砌工作,衬砌的目的是:砌块作为盾构机千斤顶的后背,随时承受顶力;掘进施工过程作为支撑;施工结束后作为永久性承载结构。

按照设计要求,确定砌块形状和尺寸以及接缝方法,接口有平口、企口和螺栓连接。

砌块接口涂抹黏结剂,提高防水性能,常用的胶黏剂有沥青、环氧胶泥等。

砌块外壁与土壁间的间隙应用水泥砂浆或豆石混凝土灌注。通常每隔3～5个衬砌环设 1 个灌注孔环,此环上设有 4～10 个灌注孔。灌注孔直径不小于36 mm。这种填充空隙的作业称为"缝隙填灌"。

砌块衬砌和缝隙填灌合称为一次衬砌。灌浆材料有水泥砂浆、细石混凝土、水泥净浆等。灌浆材料应不产生离析、丧失流动性,灌入后体积不减少,早期强度不低于承受压力。灌浆作业应该在盾尾土方未坍塌前进行。灌入按自下而上、左右对称地进行。灌浆材料灌入量应为计算孔隙量的 130%～150%,灌浆时应防止灌浆材料漏入盾构内。因此,在盾尾与砌块外皮间应做止水处理。

①无注浆钢筋超前锚杆。

锚杆可采用 φ22 螺栓钢筋,长度一般为 2.0～2.5 m,环向排列,其间距视土壤情况确定,一般为 0.2～0.4 m,排列至拱脚处为止。锚杆在每一次循环掘进中都打入一次。可用风动凿岩机打入拱顶上部,钢锚杆末端要焊接在拱架上。

此法适用于拱顶土壤较好的情况下,是防止坍塌的一种有效措施。

②注浆小导管。

当拱顶土层较差,需要注浆加固时,利用导管代替锚杆。导管可采用直径为 32 mm 钢管,长度为 3~7 m,环向排列间距为 0.3 m,仰角 7°~12°。导管管壁设有出浆孔,呈梅花状分布。导管可用风动冲击钻机或 PZ75 型水钻机成孔,然后推入孔内。

③喷射混凝土。

喷射混凝土是借助喷射机械,利用压缩空气或其他动力,将按一定配合比的拌和料,通过管道输送并以高速喷射到受喷面上凝结硬化而成的一种混凝土。

根据喷射混凝土拌和料的搅拌和运输方式,喷射方式一般分为干式和湿式两种。常采用干式。

干式喷射依靠喷射机压送干拌和料,在喷嘴处加水。在国内外应用较为普遍,它的主要优点是设备简单,输送距离长,速凝剂可在进入喷射机前加入。

湿式喷射用喷射机压送湿拌和料(加入拌和水),在喷嘴处加入速凝剂。它的主要优点是拌和均匀,水灰比能准确控制,速凝剂按比例计量添加,喷射质量较易控制。

喷射混凝土材料要求如下。

a.水泥。喷射混凝土应选用不小于 32.5 级的硅酸盐或普通硅酸盐水泥,因为这两种水泥的 C_3S 和 C_3A 含量较高,同速凝剂的相容性好,能速凝、快硬,后期强度也较高。当遇有较高可溶性硫酸盐的地层或地下水时,应选用抗硫酸盐类水泥。当构筑物要求喷射混凝土早强时,可使用硫铝酸盐水泥或其他早强水泥。

b.砂。喷射混凝土宜选用中粗砂,一般砂的级配应满足表 5.3 的要求。砂子过细,会使干缩变形增大;砂子过粗,则会回弹增加。砂子中小于 0.075 mm 的颗粒应不大于 20%。

表 5.3 砂的级配限度

筛孔尺寸/mm	通过百分数(以质量计)/(%)	筛孔尺寸/mm	通过百分数(以质量计)/(%)
4.75	95~100	0.6	25~60
2.36	80~100	0.3	10~30
1.18	50~85	0.15	2~10

c.石子。宜选用卵石,为了减少回弹,石子最大粒径宜不大于 20 mm,石子级配应符合表 5.4 的要求。若掺入速凝剂,石子中应不含有二氧化硅的石料,以免喷射混凝土开裂。

表 5.4 石子级配限度

筛孔尺寸 /mm	通过每个筛子的质量百分比/(%)		筛孔尺寸 /mm	通过每个筛子的质量百分比/(%)	
	级配 I	级配 II		级配 I	级配 II
19	100	—	5.0	0～15	10～30
16	90～100	100	2.5	0～5	0～10
9.5	40～70	85～100	1.25	—	0～5

d.速凝剂。使用速凝剂主要是使喷射混凝土速凝快硬,减少回弹损失,防止喷射混凝土因重力作用引起脱落,可适当加大一次喷射厚度等。

喷射混凝土拌和料的砂率宜控制在 45%～55%,水灰比宜为 0.4～0.5。

④回填注浆。

在暗挖法施工中,在初期支护的拱顶上部由于喷射混凝土与土层未密贴,拱顶下沉形成空隙,为防止地面下沉,采用水泥浆液回填注浆。这样不仅挤密了拱顶部分的土体,而且加强了土体与初期支护的形体性,有效防止地面的沉降。

注浆设备可采用灰浆搅拌机和柱塞式灰浆泵,根据地层覆盖条件确定注浆压力,一般为 50～200 kPa。

(2)二次衬砌。

按照功能要求,在一次衬砌合格后,可进行二次衬砌。二次衬砌浇筑豆石混凝土、喷射混凝土等。

完成初期支护施工之后,需进行洞体二次衬砌,二次衬砌采用现浇钢筋混凝土结构,选用 C20 以上,坍落度为 18～20 cm 的高流动混凝土。采用墙体和拱顶分步浇筑方案,即先浇侧墙,后浇拱顶。拱顶部分采用压力式浇筑混凝土。

6. 质量检查

盾构法施工的给排水管道允许偏差见表 5.5。

表 5.5 盾构法施工的给排水管道允许偏差

项目		允许偏差	项目	允许偏差
高程	给排水管道	−150～+15 mm	圆环变形	8%
	套管或管廊	每环±100 mm	初期衬砌相邻环高差	≤20 mm
轴线位移		150 mm		

注:圆环变形等于圆环水平及垂直直径差值与标准内径的比值。

5.3 水平定向钻施工

5.3.1 简介与原理

1. 简介

定向钻源于海上钻井平台钻进技术,现用于敷设管道。钻进方向由垂直方向变成水平方向,为了区分冠以"水平"二字,称其为"水平定向钻",简称"定向钻"。在欧美,水平定向钻敷设管道已在 20 世纪 70 年代广泛采用。我国采用水平定向钻始于 1985 年,由石油工业部引进了当时国际上最先进的一套大型水平定向钻机(RB-5)型,成功地敷设了一条穿越黄河的管道,显示了水平定向钻穿越复杂地层的独特优越性,从此开创了我国用水平定向钻穿越大江大河的先例。但大型水平定向钻对于大量需要穿越且长度较短的管道来说显得过于笨重,20 世纪 90 年代,中小型水平定向钻开始充实我国市场。目前,水平定向钻已被广泛用于敷设口径 1 m 以下管道的穿越工程。穿越长度超过千米的已有数根,其中穿越钱塘江输油管道的直径为 273 mm、穿越长度为 2308 m,创造了定向钻穿越长度的记录,标志着我国定向钻的施工技术跨入世界先进行列。

水平定向钻在管道非开挖施工中对地面破坏最少,施工速度最快。管轴线一般为曲线,可以非常方便地穿越河流、道路、地下障碍物。因其有显著的环境效益,施工成本低,目前已在天然气、自来水、电力和电信部门广泛采用。

定向钻的轴线一般是各种形状的曲线,管道在敷设中要随之弯曲。所以,用水平定向钻敷设的管道受到直径的限制,不能太大。随着施工技术和定向精度

的提高,水平定向钻敷管的管径也在增大,长距离穿越的最大管径已达
1016 mm。

2. 原理

定向钻的工作原理与液压钻机类似。在钻先导孔过程中利用膨润土、水、气
混合物来润滑、冷却和运载切削下来的土到地面。钻头上装有定向测控仪,可改
变钻头的倾斜角度。钻孔的长度就是钻杆总长度。先导孔施工完成后,一般采
用回扩,即在拉回钻杆的同时将先导孔扩大,随后拉入需要铺设的管道。

地质情况不同,钻机的给进力、起拔力、扭矩、转速也是不同的,因此定向钻
施工前要探明地质情况。这样有利于对钻机的选型或评价,确定是否适用。另
外还要探明地下障碍物的具体位置,如探明已有金属管线、已有各种电缆,从而
绕过这些障碍物。

定向钻施工时不需要工作坑,可以在地面直接钻斜孔,钻到需要深度后再转
弯。钻头钻进的方向是可以控制的,钻杆可以转弯,但转弯半径是有限制的,不
能太小,最小转弯半径应大于 30 m。最小转弯半径取决于铺设管的管径和材
料,一般管径较大或管道柔性较差时,转弯半径应加大,并且要有接收坑(兼下管
坑),管道回拖时以平直状态为好。管径较小,管道柔性较好时,可不设接收坑,
管道直接从地面拖入。

定向钻适用土层为黏土、粉质黏土、黏质粉土、粉砂土等。铺管长度根据土
质情况和钻机的能力而定,在黏性土中,大型钻机可达 300 m。

定向钻施工特点如下。

(1)定向钻穿越施工不会阻碍交通,不会破坏绿地植被,解决了传统开挖施
工会对居民生活产生干扰的问题,不会对交通、环境、周边建筑物基础产生破坏
和不良影响。

(2)现代化穿越设备的穿越精度高,易于调整敷设方向和埋深,管线弧形敷
设距离长,完全可以满足设计要求埋深,并且可以使管线绕过地下的障碍物。

(3)城市管网埋深一般达到 3 m,穿越河流时,一般埋深在河床下 9～18 m,
所以采用水平定向钻机穿越,对周围环境没有影响,不破坏地貌和环境,适应环
保的各项要求。

(4)采用水平定向钻机穿越施工时,没有水上、水下作业,不影响江河通航,
不损坏江河两侧堤坝及河床结构,施工不受季节限制,具有施工周期短、人员少、
成功率高、施工安全可靠等特点。

（5）与其他施工方法比较，进出场地速度快，施工场地可以灵活调整，尤其在城市施工时可以充分显示出其优越性，并且施工占地少，工程造价低，施工速度快。

（6）大型河流穿越时，管线埋在地层以下 9～18 m，地层内部的氧及其他腐蚀性物质很少，所以起到自然防腐和保温的功用，可以保证管线运行时间更长。

5.3.2　系统组成及设备安装

各种规格的水平定向钻机都是由钻机系统、动力系统、导向系统、泥浆系统、钻具及辅助机具组成的，它们的结构及功能介绍如下。

1.钻机系统

钻机系统是穿越设备钻进作业及回拖作业的主体，它由钻机主机、转盘等组成。钻机主机放置在钻机架上，用以完成钻进作业和回拖作业。转盘装在钻机主机前端，连接钻杆，并通过改变转盘转向和输出转速及扭矩大小，达到不同作业状态的要求。

（1）钻机。

钻机根据工作位置分为地表始钻式和坑内始钻式。

地表始钻式钻机具有行走机构，方便迁移。铺管施工时，可不需要起始坑和出口坑，但管线连接时需要开挖。如果要求在地下相同深度连接其他管线，可能会浪费几米新管。地表始钻式钻机有几种桩定方式锚固钻机，性能完善的钻机桩定系统是液压驱动的。一些地表始钻式钻机是整装式的，载有钻井液用搅拌池和泵，以及动力辅助装置、阀和控制系统，有的还配置钻杆自动装卸系统，定长的钻杆装在一个"传送盘"上，随钻进或回扩的过程自动地在钻杆柱上加、减钻杆；有的搅拌池和泵等设备是分离配置的。

坑内始钻式钻机一般体积较小，施工时在钻孔的两端都需要挖坑，可在操作空间受限的地方使用。坑内始钻式钻机固定在发射坑中，利用坑的前、后壁承受回拉力和给进力。一些设计紧凑的钻机的起始坑，比接钻杆所需的坑稍大一点即可。钻杆单根长度受坑的尺寸限制，将对铺设速度和钻杆成本造成影响。

（2）钻杆。

钻杆要求有一定的物理机械性能，必须有足够的轴向强度承受钻机给进力和回拖力；足够的抗扭强度承受钻机施加的扭矩；足够的柔韧性以适应钻进时的方向改变；还要尽可能地轻，以方便运输和使用；同时还要耐磨损。

选择合适的钻杆非常重要,钻杆的外径和壁厚对钻孔弯曲半径有影响。大直径钻杆不能安全地进行小曲率半径的弯曲,因而不能用于短距离弯曲孔。钻杆直径越小,越易弯曲,在适当的地层条件下更适合短距离孔。设计的钻孔弯曲半径应大于欲铺设的钢管和钻杆的允许弯曲半径。用其他非刚性材料的管道,如高密度聚乙烯管,弯曲半径可以更小。钻孔弯曲半径越大,回拉时铺设管线越安全。相反,如果钻孔轨迹设计按管材计算的最小弯曲半径,则没有误差的余地。

如要使用孔底泥浆马达,需要最大的钻杆内径或水眼,以提供合适的钻井液流量,将地表压力损失和钻杆压力损失降到最低,这样可给钻头提供最大水功率。钻杆、胶管、单动接头及其他接头的内径(水眼)是保证足够流量的重要因素。

2. 动力系统

动力系统由液压动力源和发电机组成,动力源是为钻机系统提供高压液压油作为钻机的动力,发电机为配套的电气设备及施工现场照明提供电力。

3. 导向系统

多数水平定向钻进技术要依靠准确的钻孔定位和导向系统。随着电子技术的进步,导向仪器的性能已有明显改善,能获得相当高的精度。

导向系统有几种类型,最常用的是手持式跟踪系统。它以一个装在钻头后部空腔内的探测器或探头为基础,探头发出的无线电信号由地面接收器接收,除了得到地下钻头的位置和深度,传输的信号还包括钻头倾角、斜面面向角、电池电量和探头温度等。这些信息通常也转送到钻机附属接收器上,使钻机操作者可直接掌握孔内信息,据此做出必要的轨迹调整。

手持式跟踪系统的主要限制是必须直接到达位于钻头上部的地面,这一不足可采用有缆式导向系统或装有电子罗盘的探头来克服。有缆式导向系统用通过钻杆柱的电缆从发射器向控制台传送信号。虽然缆线增加了复杂性,但由于不依靠无线电传送信号,对钻孔的导向可以跨越任何地形,且可用于受电磁干扰的地方。

为使电子元件免受严重动载,一种基于磁性计的导向系统用于有冲击作用的干式水平定向钻进系统。系统的永久磁铁装在冲击锤体上,当其旋转时产生磁场,磁场的强度及变化由地表磁力计探测,数据交由计算机处理,计算出钻头

的位置、深度及面向角。

4. 钻井液（泥浆）系统

钻井液（泥浆）系统由泥浆混合搅拌罐、泥浆泵及泥浆管路组成，为钻机系统提供适合钻进工况的泥浆。

多数定向钻机采用泥浆作为钻井液。钻井液可冷却、润滑钻头、软化地层、辅助破碎地层、调整钻进方向、携带碎屑、稳定孔壁、回扩和拖管时润滑管道；还可以在钻进硬地层时为泥浆马达提供动力。常用的钻井液是膨润土和水的混合物。导向孔施工完成后，泥浆可稳定孔壁，便于回扩。钻进岩石或其他硬地层时，可用钻井液驱动孔底"泥浆马达"。

一些钻机采用空气作为钻井液（泥浆），又称为"干式钻进工艺"。其操作简单，废弃物少，不需要太多的现场设备，但受铺管尺寸和地层条件的限制。与采用泥浆钻进工艺不同，干式钻机施工采用高频气动锤钻进。与采用泥浆钻进工艺一样，干钻的钻头也有一个斜面，当在某个方位停止回转冲击钻进时，可控制钻孔轨迹。铺设小直径的管道、导管或电缆线，可使用镶有碳化钨合金齿的锥形扩孔器。这种扩孔器安装了空气喷嘴，气流通过钻杆柱进入，在回扩时空气气流清除钻屑。对于大直径管道铺设，采用气动锤扩孔器，同样在其后部用单动接头连接管道。此时气动锤扩孔器在回扩孔中起主要作用，而不是钻机的回拉力，而且回扩过程中可不回转。

5. 钻具及辅助机具

（1）钻具。

钻具是钻机钻进中钻孔和扩孔时所使用的各种机具。钻具主要有适合各种地质的钻杆、钻头、泥浆马达、扩孔器、切割刀等。

钻具一般指孔内钻头至钻杆之间的所有钻进装置，又称孔底钻具组合。孔底钻具组合应根据使用的定位系统、土层条件和穿越深度的变化而改变。典型的装配如下。

软土层/手持式跟踪——孔底钻具组合由可改变角度和方向的喷射或铲形钻头、探头室和钻杆组成。

中-硬土层/手持式跟踪——孔底钻具组合由铣齿牙轮钻头、改变角度和方向控制的弯接头、探头室和钻杆组成。

硬土或岩石层/手持式跟踪——孔底钻具组合由镶齿牙轮钻头、预先安置好弯头的泥浆马达、探头室和钻杆组成。

软土层/有缆式——孔底钻具组合由钻头、弯接头、浮动接头、装有探头的定向接头、泥浆马达、无磁钻铤和钻杆组成。除钻头外,整个孔底钻具组合由无磁性钢材组成。

硬土或岩石层/有缆式——孔底钻具组合由钻头、泥浆马达、浮动接头、定向接头、无磁钻铤和钻杆组成。

(2)辅助机具。

辅助机具包括卡环、旋转活接头和各种管径的拖拉头。大量的附属和辅助设备在水平定向钻进施工中起着重要的作用。

①拉头。拉管的拉头类型很多,包括压力密封式拉头和专用于水平定向钻进的改进型拉头。水平定向钻进拉头的一个重要作用是防止钻井液或碎屑进入成品管,这对铺设饮用水管特别重要。

②单动接头。单动接头(又称旋转接头)是扩孔和拉管操作中的基本构件,应设计成防止泥浆和碎屑进入密封式轴承。

③安全接头。安全接头用于保护成品管。该接头有一系列在预定荷载下断开的销钉,可根据成品管的允许拉伸荷载断开接头。这种断开式接头不仅可以减少因疏忽造成损失的风险,而且可防止操作者试图追求高效率采用超过允许荷载回拉力。

④其他辅助设备。这类设备包括聚乙烯管焊接机、管道支护滚筒和电缆牵引器。在一些特殊条件下,还可采用管道顶推装置辅助拉管。

5.3.3　施工准备

1.施工场地

水平定向钻进穿越工程需要两个分离的工作场地:设备场地(钻机的工作区)和管线场地(与设备场地相对的钻孔出土点工作区)。场地大小取决于设备类型、铺管直径和钻进穿越长度。

(1)设备场地。

安放设备、施工操作需要充足的工作面积。一般应保证钻进设备周围具有至少大于钻杆单根长度的操作空间,设备上方应无障碍,以保证吊放和防止落物。如果设备是可分离的,摆放设备位置可由一些较小的、不规则的面积组成。

（2）管线场地。

应提供足够长的工作空间便于欲铺设管子的连接。穿越工程的设计,应尽量设法将欲铺设的管线做到全长度一次性拉入,并尽可能避免水平方向的弯曲。多次回拉连接管线会增加施工风险。

在城市市区施工时,由于受街道围墙的限制或必须在拥挤的小胡同、人行道、风景区或特殊的公共通道的地方工作,设备必须线性排列,占据空间不超过单行道宽度。

施工场地还应考虑可能干扰钻架或起重机操作的空中设施,以及可能影响设计轨迹线和钻机布置的地下设施。交通高峰期对工作时间的限制也影响施工场地的充分利用。

施工场地还需要考虑开挖进、出口坑和泥浆循环池。尽管水平定向穿越对公共设施的破坏最小,但必须告知财产所有者或管理机关,这些坑是定向穿越施工的必要组成部分。

2. 工作坑

进、出口工作坑是非常重要的,其作用如下。

（1）兼作地层情况和地下管线及构筑物的探坑。

（2）作为泥浆循环池的组成部分。

（3）作为连接与拆卸钻具、钻杆、管线的工作坑。

（4）坑内始钻式钻机的设备安放位置。

进、出口工作坑的大小取决于其功能和深度,一般至少应为 1 m×1 m,当深度较大时,还必须考虑挖掘工作中稳定坑壁,形成坡度,坑口尺寸更大。在考虑坑的功用时,如欲用于接管工作的出口坑,需考虑焊接工作的操作空间;如果欲铺设的管线直径大,则出口坑必须延长成适合管道平直回拖的长槽;等等。坑内始钻式钻机的工作坑,因需要利用坑的前、后壁承受钻进中的给进力和回拉力,则必须对坑壁进行加强和支护。

3. 泥浆循环法

泥浆循环池一般由返回池、沉淀池、供浆池组成。池之间由沟槽连接,其间还可有泥浆净化设备或装置。泥浆循环池的体积根据泥浆返回量的多少确定,一般至少应为 1 m×1 m×1 m,为保证泥浆自由沉淀的效果,沉淀池可大一些或多 1~2 个。

4. 钻井液

钻井液通常是钻进泥浆。钻进泥浆有许多功能,最基本的是维持钻孔的稳定性。另外,泥浆还有携带钻屑、冷却钻头、喷射钻进等功能。钻井液的成分根据底层条件、使用要求进行调整。管道与孔壁环状空间里的钻井液还有悬浮和润滑作用,有利于管道的回拖。

钻井泥浆经泥浆泵泵入钻杆,从钻头喷射出来,在经钻杆与孔壁的环状间隙还回地面。钻井液是一种由清水＋优质黏土(膨润土)＋处理剂(若需要)或清水＋少量的聚合物＋处理剂(若需要)的混合物。膨润土是常用的泥浆材料,它是一种无害的泥浆材料。

钻进过程中,监控和维持黏度、相对密度、固相含量等技术参数是极为重要的。当孔内情况有所改变时,可以按需要调整这些参数。

钻井液应在专用的搅拌池中配制。从钻孔中返回的泥浆需经泥浆沉淀池或泥浆净化设备处理后,再送回供浆池,或与新泥浆混合后再使用。常用的泥浆净化方法是分级滤出不同粒径的土屑,例如,从孔口返回的泥浆依次通过振动筛、除砂器、沉淀池处理。钻屑增加钻井液的固相含量,固相含量必须始终控制在30％以下,这样才能保证不堵塞钻孔。

作为环保施工技术,对非开挖水平定向钻进的钻井液进行适当处理可避免在地表不能存放钻井液的问题。使用后的膨润土泥浆(不含有害处理剂)常用的处理方法是散布在田野里,用后的膨润土泥浆散布在田地、牧场或管线周围,对工程承包商和土地主人都是有利的。预先设计好泥浆处理技术可降低实际处理成本。

5. 管线制作

(1)原则。

根据适用的规则和规范制作、装配管线。

(2)焊缝。

拉管前需用焊缝检测仪对管线进行连续检测,发现问题及时进行修理。

(3)过度弯曲。

控制最小允许弯曲半径和最大允许拉伸间距范围,可保证管线受力始终低于规定的最小屈服强度。

(4)减阻。

对于大直径管线,为了控制拉力在所用钻机的允许范围之内,需进行减阻。

减阻还有降低对涂覆层磨损的作用。

（5）回拖。

回拖期间，钻机操作者必须监测和记录相关数据，如拉力、扭矩、拉管速度和钻井液流量等。应注意不超过管线的最大允许拉力。

（6）管线涂层。

保护层有抗腐蚀和抗磨蚀的作用。定向穿越往往会遇到不同的地层情况，管道回拉时经常受磨蚀，所以需要在管线外层涂保护层。涂层与管线应有很好的黏结力以抵抗地层的破坏，并且表面应光滑结实，减少摩擦力。在管线施工中，推荐的保护层应与现场的接头保护层或内保护层一致。

①接头保护层。焊接部位也应涂敷保护层，这是防磨蚀管道的一个关键野外工序。为防止回拖时接头保护层脱落，不应使用缠绕式保护层。

②保护层的修复。回拖施工可能造成小面积的保护层损坏，对此应进行手工修补，如采用油漆刷或滚筒进行涂敷修复。胶带缠绕式修补不能用于回拉损坏保护层的修复。

③抗磨外层。穿越中管线如遇石头、卵砾石或坚硬岩石，推荐在防腐层之外再涂敷高强度耐磨层。

5.3.4 施工设计计算

1. 轨迹测量

一旦选择确定了施工位置，就应该对钻孔轨迹进行测量并准备详细的图纸。钻孔轨迹和基准线的最后精度取决于测量资料的精度。

2. 轨迹设计参数

（1）覆盖深度。

完成岩土勘察，确定了穿越的轨迹，就可确定穿越的覆盖深度，需要考虑的因素包括钻孔施工对地面道路、建筑物或河流的影响，以及对该位置已有管线的影响。推荐穿越的最小覆盖深度大于钻孔最终扩孔直径的 6 倍；在穿越河床时，覆盖深度应在河床断面最低处以下至少 5 m。

（2）入土角、出土角和曲率半径。

8°～20°的入土角、出土角适用于大多数的穿越工程。对地面始钻式，入土角和出土角应为 6°～20°（取决于欲铺设管的直径等）；对坑内始钻式，入土角和出土角一般应采用 0°或近似水平。进行大曲率的弯曲之前最好钻进一段直线段。曲率半径的确定由欲铺设管的弯曲特性确定,管径越大,曲率半径越大。

铺设金属管材的最小允许弯曲半径可用式(5.20)计算。但是,为了利于铺管,最小弯曲半径应尽可能大。

$$R_{\min} = \frac{206DS}{K_z} \tag{5.20}$$

式中:$R_{\min}$——最小弯曲半径,m;D——管子的外径,mm;S——安全系数,一般取 $1\sim 2$;K_z——管子的屈服极限,N/mm^2。

(3)辅助参数。

入土点或出土点与欲穿越的第一个障碍物之间的距离(例如道路、沟渠等)应至少大于 3 根钻杆的长度。与水体的最小距离应至少为 5 m,以保证不发生泥浆喷涌。

从钻进技术方面考虑,第一段和最后一段钻杆柱应没有垂直弯曲和水平弯曲,这两段钻杆柱的长度应至少为 10 m。

入土点与出土点有高差时,应专门另做讨论。

(4)钻进测量与精度。

孔内测量工具是测量倾角(上/下控制)、方位角(左/右控制)和深度等参数的电子装置。

钻孔轨迹精度很大程度上取决于孔内测量的精度。当有干扰时,例如,无线电发射台、大型钢结构(桥梁、桩及其他管线等)和电力运输线,会影响测量结果。合理的钻孔轨迹精度应是导向孔出口处左右±1 m,上下±1 m。

(5)钻孔轨迹控制。

钻进导向孔时,每 2～3 m 应进行一次测量计算。工程承包商在这些测量计算基础上做出钻孔轨迹图。

3. 管材壁厚的选择

根据金属管直径 D 选择壁厚 t:$D \leqslant 152$ mm,t 为 6.25 mm;D 为 152～305 mm,t 为 9.25 mm;D 为 305～762 mm,t 为 12.70 mm;$D \geqslant 762$ mm,$D/t <$50。以上推荐值仅供设计时参考,在最后的设计中,应根据计算应力进行选择。

对高密度聚乙烯管,推荐 D/t 值小于或等于 11,并且咨询制造厂家。

另外,选择管线壁厚应考虑铺管长度。铺管长度越大,管壁应越厚。

4. 校核计算

（1）开始拉管时的管线应力（摩擦力、重力）。

（2）全部拉入时的管线应力（摩擦力、浮力、弯曲）。

（3）由于过度弯曲造成的管线应力（出土角度）。

（4）拉入过程中的管线应力（内部压力、温度、弯曲、过度弯曲）。

（5）钻机的锚固力（水平和垂直）。

（6）钻进设备的尺寸（土壤、管线尺寸、钻孔剖面）。

在最后的校核设计计算中，必须计算管道在施工和使用时的应力大小，校核是否在材料强度允许的范围内。计算中，每一阶段的应力都必须从单独受力和联合受力分别考虑。例如，拉管时，滚柱间跨距造成的应力、做静压试验产生的应力、铺设时的拉力、管入孔时弯曲和钻孔轨迹弯曲产生的应力、钻孔内的附加力和工作应力。

计算出施工各个阶段的单独受力和联合受力后，必须与许用应力比较，进行强度校核。一般，许用应力按以下计算。

轴向最大许用应力：最小屈服强度的80％。

径向最大许用应力：最小屈服强度的72％。

组合应力下的许用应力：最小屈服强度的90％。

5.3.5 施工工艺

使用水平定向钻机进行管线穿越施工，一般分为两个阶段：第一阶段是按照设计曲线尽可能准确地钻一个导向孔；第二阶段是将导向孔进行扩孔，并将产品管线沿着扩大了的导向孔回拖到导向孔中，完成管线穿越工作。

1. 钻进导向孔

钻进导向孔是水平定向穿越施工的最重要阶段，它决定铺设管线的最终位置。要根据穿越的地质情况，选择合适的钻头和导向板或地下泥浆马达，钻杆按设计的进入点以预先确定的8°～12°角度钻入地层，在钻井液喷射钻进的辅助作用下，钻头向前延伸。在坚硬的岩层中，需要泥浆马达钻进，钻杆的末端有一个弯接头控制轨迹的方向。在每一根钻杆钻入后，应利用手持式跟踪仪或有缆式定位仪测量钻头位置，推荐钻进每根钻杆应至少测量一次。对有地下管线、关键的出口点或调整钻孔轨迹时,应增加测量点。将测量数据与设计轨迹进行比较,确定下一段要钻进的方向。钻头在出口处露出地面,测量实际出口是否在误差范围之内。如果钻孔的一部分超出误差范围,可能要拉回钻杆,重新钻进钻孔的偏斜部分。如此反复,直到钻头在预定位置出土,完成整个导向孔的钻孔作业。当出口位置满足要求时,取下钻头和相关钻具,开始扩孔和回拉。钻机被安装在入土点一侧,从入土点开始,沿着设计好的线路,钻一条从入土点到出土点的曲线,作为预扩孔和回拖管线的引导曲线。

2. 预扩孔

导向孔完成后,必须将钻孔扩大至适合成品管铺设的直径。一般在钻机对面的出口坑将扩孔器连接于钻杆上,再回拉进行回扩,在其后不断地加接钻杆。根据导向孔与适合成品管铺设孔的直径大小和地层情况,扩孔可一次或多次进行。推荐最终扩孔直径按式(5.21)计算。

$$D' = K_1 D \tag{5.21}$$

式中:D'——适合成品管铺设的钻孔直径,mm;K_1——经验系数,一般 K_1 为 1.2~1.5(当地层均质完整时,K_1 取小值,当地层复杂时,K_1 取大值);D——成品管外径,mm。

一般情况下,小型钻机的直径大于 200 mm 时,就要进行预扩孔,大型钻机的产品管线直径大于 350 mm 时,就需进行预扩孔。

3. 回拖管线(拉管)

扩孔完成后,即可拉入需铺设的成品管。管子最好预先全部连接妥当,以利于一次拉入。当地层情况复杂,如钻孔缩径或孔壁垮塌,可能对分段拉管造成困难。拉管时,应将扩孔器接在钻杆上,然后通过单动接头连接到管子的拉头上,单动接头可防止管线与扩孔器一起回转,保证管线能够平滑地回拖成功。

回拖产品管线时,先将扩孔工具和管线连接好,然后开始回拖作业,并由钻机转盘带动钻杆旋转后退,进行扩孔回拖,产品管线在回拖过程中是不旋转的。由于扩好的孔中充满泥浆,产品管线在扩好的孔中处于悬浮状态,管壁四周与孔洞之间由泥浆润滑,这样既减少了回拖阻力,又保护了管线防腐层。经过钻机多次预扩孔,最终成孔直径一般比管子直径大 200 mm,所以不会损伤防腐层。

5.4 气动矛施工

5.4.1 简介与构造

1.简介

气动矛类似于一只卧放的风镐,在压缩空气的驱动下,推动活塞不断打击气动矛的头部,将土排向周边,并将土体压密。同时气动矛不断向前行进,形成先导孔。先导孔完成后,管道便可直接拖入或随后拉入。也可以通过拉扩法将钻孔扩大,以便铺设更大直径的管道。

气动矛可以用于铺设较短距离、较小直径的通信电缆、动力电缆、煤气管及上下水管,具有施工进度快、经济合理的特点。如干管通入建筑物的支管线连接、街道和铁路路堤的横向穿越、煤气管网的入户。气动矛的成孔速度很快,平均速度为 12 m/h。

2.构造

气动矛的构造因厂而异,其基本原理相同,构造上的不同之处主要在气阀的换气方式。一般气动矛前端有一个阶梯状由小到大的头部,受到活塞的冲击后向前推进。活塞后部有一个配气阀和排气孔。整个气动矛向前移动时,都依靠连接在其尾部的软管来供应压缩空气。

气动矛的外径一般为 45～180 mm。活塞冲击频率为 200～570 次/min。压缩空气的压力为 0.6～0.7 MPa。

定向气动矛由压缩空气驱动,并借助标准的导向仪引导方向。传感器置于气动矛前腔室内,给显示器提供倾角及转动信息。地面上的手动定位装置可精确跟踪气动矛的位置和深度。

5.4.2 施工方法与适用范围

1.施工方法

气动矛是不排土的,因此要求覆盖层有一定厚度,一般为管径的 10 倍。不排土施工的问题是成孔后要缩孔,因此要求敷设成品管的管径应比气动矛的外径小 10%～15%,具体尺寸还需要根据土质而定。成品管管径要小的另一个原因是减少送管时的摩擦阻力。

气动矛可施工的长度与口径有关,小口径通常不超过 15 mm,较大口径一般为 30～150 mm。因为施工长度与矛的冲击力、地质条件有关,如果条件对施工有利,施工长度还可以增加。根据不同土壤结构,定向气动矛的最小弯曲半径为 27～30 m。

2. 适用范围

气动矛适用地层一般是可压缩的土层,例如淤泥、淤泥质黏土、软黏土、粉质黏土、黏质粉土、非密实的砂土等。在砂层和淤泥中施工,则要求在气动矛之后直接拖入套管或成品管,这样做不仅用于保护孔壁,而且可提供排气通道。

气动矛适用于管径为 150 mm 及其以下的聚氯乙烯、聚乙烯和钢管。

5.5　夯管锤施工

5.5.1　夯管锤简介与铺管原理

1. 夯管锤简介

夯管锤类似于卧放的气锤,是气动矛的互补机型,都是以压缩空气为动力。所不同的是:夯管锤铺设的管道较气动矛大;夯管锤施工时与气动矛相反,始终处于管道的末端;夯管锤铺管不像气动矛那样对土有挤压,因此管顶覆盖层可以较浅。

夯管锤铺设适用于排水、自来水、电力、通信、油气等管道穿越公路、铁路、建筑物和小型河流的施工,是一种简单、经济、有效的施工技术。

2. 铺管原理

夯管锤是一个低频、大冲击力的气动冲击器,将铺设的钢管沿设计轴线直接夯入地层。夯管锤对管道的冲击和振动作用,能使进入钢管内的土心疏松(干性土)或产生液化(潮湿土),对于绝大部分土层,土心均能随着钢管夯入地层而徐

徐地进入管道内,这样既减小了夯管时的管端阻力,又避免造成地面隆起。同时,振动作用也可减少钢管与地层之间的摩擦力。夯管锤的冲击力还可使比管径小的砾石或块石进入管内,比管径大的砾石或块石被管头击碎。

5.5.2 施工要点与夯管锤

1. 施工要点

夯管锤施工比较简单,只需要在平行的工字钢上正确地校准夯管锤与第一节钢管轴线,使其一致,同时又与设计轴线符合就可以了,不需要牢固的混凝土基础和复杂的导轨。为了避免损坏第一根钢管的管口,并防止变形,可装配上一个外径较大、内径较小的钢质切削管头。这样可以减少土体对钢管内外表面的摩擦,同时也对管道的内外涂层起到保护作用。

夯管锤依靠锤击的力量将钢管夯入土中。当前一节钢管入土后,后一节钢管焊接接长再夯,如此重复直至夯入最后一节钢管。钢管到位后,取下管头,再将管中的土心排出管外。可用高压水枪将土心冲成泥浆后流出管外。

夯管锤铺管长度与土质、锤击力、管径、要求轴线的精度有关,一般为 80 m 左右。如果使用适当,还可增加,最长可达 150 m。

夯管锤铺管效率高,每小时可夯管 10~30 m。施工精度一般可控制在 2% 范围内。

2. 主机——夯管锤

目前,夯管锤锤体直径一般为 95~600 mm,可铺管直径从几厘米到几米不等。夯管锤可水平夯管也可垂直夯管,水平夯管的管径较小,一般为800 mm 或者更小。因此,水平管的夯管锤也较小,锤体在 300 mm 左右,冲击力达3000 kN 即可。夯管锤的撞击频率一般为 280~430 次/min。

5.5.3 配套设备与适用范围

1. 主要配套设备

(1)空压机。

夯管锤动力是空压机,压力为 0.5~0.7 MPa,其排量根据不同型号的夯管锤的耗气量而定。

(2)连接固定系统。

连接固定系统由夯管头、出土器、调节锥套和张紧器组成。夯管头用于防止钢管端部因承受巨大的冲击力而损坏;出土器用于排出在夯管过程中进入钢管内又从钢管的另一端挤出的土体;调节锥套用于调节钢管直径、出土器直径和夯管锤直径间的相配关系。夯管锤通过调节锥套、出土器和夯管头与钢管相连,并用张紧器将它们紧固在一起。

2.适用范围

(1)适用地层。

除岩层和有大量地下水以外的所有地层均可用夯管锤铺管,但在坚硬土层、干砂层和卵石含量超过 50% 的地层中铺管难度较大。

(2)适用管材。

适用的管材为钢管。

(3)适用长度。

适用长度一般不大于 80 m。

第6章　市政给排水管道维护

6.1　给水管网的维护管理

6.1.1　管网的检漏和修复

1.管网的检漏

管网检漏工作是降低管线漏水量、节约水量、降低成本的重要措施。管网漏水量视管网的管材质量、施工情况、维护管理工作、敷设年限以及其他运行情形（如水压、水锤和管网腐蚀）等而定。维护工作做得好，其漏水量可能小于5％的总水量；维护差、管理不善，漏水率可达20％。因此，减少水量的漏损就等于开辟新水源、节省动力，且可减少因漏水而对地下建筑物造成的危害，如我国西北大孔性土壤地区，若有大量漏水，将会影响附近建筑物基础的稳固。

水管漏水的原因很多，如管材质量较差，有砂眼、裂隙、管壁厚薄不均等；施工不良、接口不牢、基础沉陷、支墩不当、埋深不足、防腐不好等；偶然事故如车辆压坏，水锤破坏，其他施工破坏等；维修不善或不及时，管道腐蚀、水压过高、检漏不严等。检漏的方法有以下几种。

（1）实地观察法是从地面上观察管道的漏水迹象，如地面或沟边有清水渗出，检查井中有清水流出，局部地面下沉，局部地面积雪融化，某处草木特别繁茂，地面潮湿较重等，可以直接确定漏水的地点。本方法简单易行，管理费用低。但由于现在城市道路面层越来越硬，越来越厚，不少漏水冒不出路面，形成"暗漏"，用此法难以发现。

（2）听漏法是用听漏棒或电子放大听漏仪、相关检漏仪等仪器，凭经验来确定漏水位置。听漏法不但能巡检明漏，还能发现暗漏，复查漏点。但听漏工作应在夜间进行，以免车辆和其他杂音干扰，而且对检漏工的技术要求高，要求检漏工熟悉所管辖区域的自来水管线位置，能分辨复杂的漏水声音。

听漏棒构造简单,具有携带方便、听音不失真等优点,使用得当时,查漏准确率可达 95%。

电子放大听漏仪是利用电子放大器将漏水声放大传至耳机,检漏效果比用听漏棒好,是一种可以广泛推广、替代听漏棒的仪器。

相关检漏仪依靠漏水声音传播速度来计算出漏水点,计算工作由计算机完成,对漏水声音的强弱要求比较低一些,可白天检漏。但该仪器价格昂贵,操作时需用人员较多,还需出动工程车,管理和维修仪器费用较高。我国目前使用较少,使用经验上还不成熟。

(3)分区检漏是用水表测出漏水地点和漏水量,一般只在允许短期停水的小范围内进行。方法是把整个给水管网分成小区,凡是和其他地区相通的阀门全部关闭,小区内暂停用水,然后开启装有水表的一条进水管上的阀门,使小区进水。如小区内的管网漏水,水表指针将会转动,由此可读出漏水量,水表装在直径为 10~20 mm 旁通管上。查明小区内管网漏水后,可按需要再分成更小的区,用同样方法测定漏水量。这样逐步缩小范围,最后还需要结合听漏法找出漏水的地点。

(4)区域装表法是将供水区划分为若干小区,根据经验,每个小区内以2000~5000 户最为适宜。在进入小区的总管上安装总水表,如果总管经该区后还需供下游的小区用水,则在流入其他小区的水管上再装水表。抄表员在固定日期抄录该区域内的用户水表,加抄少量检漏专用的总水表后,即能计算出该区域是否有大的漏水。此法可缩小听音检漏范围,但投资较大,水表故障或估表会影响漏水的判断,最终确定漏点还需用听漏法。

(5)地表雷达测漏法是利用无线电波对地下管线进行测定,可以精确地绘制出现有路面下管线的横断面图,它亦可根据水管周围的图像判断是否有漏水和漏水情况。它的缺点是一次搜索的范围极小。目前我国很少使用。

2. 管网漏水的修复

(1)水泥压力管的修理。

水泥压力管因裂缝而漏水,可采用环氧砂浆进行修补。修补时,先将裂口凿成宽 15~25 mm,深 10~15 mm,比裂缝长 50~100 mm 的矩形浅槽,刷干净后,用环氧底胶和环氧砂浆填充。对于较大的裂缝,还可用包贴玻璃纤维布和贴钢板的方法堵漏。玻璃纤维布的大小与层数应视裂缝大小而定,一般为 4~6 层。严重损坏的管段,可在损坏部位管外焊制钢套管,内填油麻及石棉水泥。

管段砂眼漏水处理方法与裂缝相同。

如果管道接口漏水,多采用填充封堵的方法。在一般情况下,需要停水操作。

胶圈不严产生的漏水,可将柔性接口改为刚性接口,重新用石棉、水泥打口封堵;若接口缝隙太小,可充填环氧砂浆,然后贴玻璃钢进行封堵;若接口漏水严重,不易修补,可用钢套管将整个接口包住,然后在腔内填自应力水泥砂浆封堵。

如果接口漏水的修复要带水操作,一般采用柔性材料封堵的方法。操作时,先将特制的卡具固定在管身上,然后将柔性填料置于接口处,最后上紧卡具,使填料恰好堵死接口。

(2)铸铁管件的修理。

铸铁管件本身具有一定的抗压强度,裂缝的修复可采用管卡进行。管卡做成比管径略大的半圆管段,彼此用螺栓紧固。发现裂缝,可在裂缝处贴上 3 mm 的橡胶板,然后压上管卡上紧至不漏水即可。

砂眼的修补可采用钻孔、攻丝、用塞头堵孔的方法进行修补。

接口漏水,一般将填料剔除,重新打口即可。

6.1.2 管网水压和流量测定

1. 管网水压的测定

测定管网的水压,应在有代表性的测压点进行。测压点的选定既要能真实反映水压情况,又要均匀合理布局,使每一测压点能代表附近地区的水压情况。测压点以设在大中口径的干管线上为主,不宜设在进户支管上或有大量用水的用户附近。测压时可将压力表安装在消火栓或给水龙头上,定时记录水压,有自动记录压力仪则更好,可以得出 24 h 的水压变化曲线。

常用的压力测量仪表有单圈弹簧管压力表,电阻式、电感式、电容式、应变式、压阻式、压电式、振频式等远传压力表。单圈弹簧管压力表常用于压力的就地显示,远传压力表可通过压力变送器将压力信号远传至显示控制端。

测定水压有助于了解管网的工作情况和薄弱环节。根据测定的水压资料,按 0.5~1.0 m 的水压差,在管网平面图上绘出等水压线,由此反映各条管线的负荷。整个管网的水压线最好均匀分布,如某一地区的水压线过密,表示该处管网的负荷过大,表明所用的管径偏小。水压线的密集程度可作为今后放大管径或增敷管线的依据。

由等水压线标高减去地面标高,得出各点的自由水压,即可绘出等自由水压线图,据此可了解管网内是否存在低水压区。

2. 管网流量的测量

测流工作可测定管段中的流向、流速和流量。管网流量的测量可根据需要进行,测定时将毕托管插入待测水管的测流孔内。毕托管有两个管嘴,一个对着水流,另一个背着水流,由此产生的压差 h 可在 U 形压差计中读出。

根据毕托管管嘴插入水管中的位置,可测定水管断面内任一测点的流速,并按式(6.1)计算流速。

$$v = k \sqrt{\rho_1 - \rho} \sqrt{2gh} \tag{6.1}$$

式中: v ——水管断面内任一测点的流速,m/s; k ——毕托管系数; ρ_1 ——压差计中的液体密度,kg/L,通常用四氯化碳配成密度为 1.224 的溶液; ρ ——水的密度,kg/L; g ——重力加速度,9.81 m/s^2; h ——压差计读数,m。

设 k 值为 0.866,代入式(6.1)得各测点的流速,见式(6.2)。

$$v = 0.866 \sqrt{1.224 - 1} \sqrt{2 \times 9.8} \sqrt{h} (\text{m/s}) \approx 1.81 \sqrt{h} \ (\text{m/s}) \tag{6.2}$$

实测时,需要先测定水管的实际内径,然后将该管径分成上下等距离的 10 个测点(包括圆心共 11 个测点),用毕托管测定各测点的流速。因圆管断面各测点的流速分布不均匀,可取各测点流速的平均值,再乘以水管断面积即得流量。用毕托管测定流量的误差一般为 3%~5%。

除了用毕托管测流量,还可用便携式超声波流量计,可由仪器打印出流量、流速和流向等相应数据。

6.1.3　管道腐蚀和防腐蚀措施

1. 腐蚀现象及危害

金属管道由于接触腐蚀性介质而引起的一种管壁侵蚀破坏现象称为腐蚀。因腐蚀而造成的管网损失相当严重。腐蚀使管道外表色泽发生改变;力学性能下降;穿孔泄漏;管内水质变坏;管壁粗糙,阻力增大;使用年限大大缩短;有时甚至会因管道泄漏而引发重大事故。

2. 腐蚀的类型

根据腐蚀的机理不同,腐蚀可分为以下类型。

（1）化学腐蚀。

单纯化学作用引起的腐蚀称为化学腐蚀。化学腐蚀不产生电流。在金属腐蚀过程中，化学腐蚀多与电化学腐蚀交叉进行。

地下管道发生化学腐蚀的地方多半在工厂区。特别是埋设在化工厂区域的管道，易受化工厂排放的酸性废水的腐蚀。

（2）电化学腐蚀。

当金属与电解质溶液接触时，由于电化学作用而产生的腐蚀称为电化学腐蚀。电化学腐蚀是原电池产生的。

金属管道暴露于潮湿的空气中或埋设于潮湿的地下时，由于金属管道的不均质性和金属表面与水接触形成水膜，水膜与管壁会形成原电池，铁失去电子进入水膜，水膜中的氢离子得到电子形成氢气逸出。该过程为不可逆的电化学过程，最终在金属表面生成大量的铁锈，使管材损坏。

（3）微生物腐蚀。

由铁细菌和硫酸盐还原菌参与的腐蚀过程叫微生物腐蚀。铁细菌是给水系统腐蚀中非常有害的细菌。它是一种特殊的化能营养菌类，它依靠铁盐的氧化，以及清洁水中含量极少的有机物，顺利地利用细菌本身生存过程中产生的能量而生存。这样，铁细菌附着在管壁上后，在生存过程中能吸收亚铁盐和排出氢氧化铁，形成凸起物，造成结瘤，产生"红水"事故。硫酸盐还原菌是一种腐蚀性很强的厌氧细菌，常存在于管内壁上，在没有氧的条件下，能把硫酸盐还原成硫化物，加快管道腐蚀速度。

3. 腐蚀的影响因素

腐蚀的影响因素主要有以下几种。

（1）水的 pH 值。

管道中的铁细菌和硫酸盐还原菌适宜生活在中性和偏酸性介质中，当 pH 值达到 8.0 时，它们的生长就受到抑制，pH 值在 8.4 以上时基本不生长。试验表明，pH 值在 5.96～7.89 时铁细菌生长，pH 值在 5.96～8.35 时，硫酸盐还原菌生长。再者，腐蚀的生成物［主要是 $Fe(OH)_3$］能溶于酸性介质中，不易溶于碱性介质中，因此，pH 值偏低的酸性水能加快腐蚀作用，pH 值偏高能阻止或完全停止腐蚀作用。

（2）侵蚀性二氧化碳的存在。

如无侵蚀性二氧化碳的存在，腐蚀反应首先生成氢氧化亚铁，然后被水中溶解氧氧化生成氢氧化铁,形成钝化保护膜,使管壁腐蚀速度减缓。但侵蚀性二氧化碳的存在使氢氧化亚铁生成后,与二氧化碳作用生成重碳酸亚铁,重碳酸亚铁具有可溶性而流失于水中,被水中溶解氧氧化,生成氢氧化铁,出现"红水",其中部分脱水形成铁锈。因此,侵蚀性二氧化碳的存在将加剧管道的腐蚀。

(3)水的流速。

水的流速增大,氧的补给增多,将加快管道的锈蚀。但当流速进一步加快时,氧的补给量增多,铁管表面由于氧气过剩,趋于钝态化,反而使腐蚀减缓。

4.防腐蚀措施

防腐蚀措施如下。

(1)采用非金属管材。

可以考虑采用预应力钢筋混凝土管、自应力钢筋混凝土管、塑料管等非金属管材。

(2)投加缓蚀剂。

投加缓蚀剂可在金属管道内壁形成保护膜来控制腐蚀。由于缓蚀剂成本较高及对水质的影响,一般限于循环水系统中应用。

(3)水质的稳定性处理。

在水中投加碱性药剂,以提高 pH 值和水的稳定性,工程上一般以石灰为投加剂。投加石灰后可在管内壁形成保护膜,降低水中氢离子浓度和游离 CO_2 浓度,抑制微生物的生长,防止腐蚀的发生。

(4)管道氯化法。

投加氯来抑制铁细菌、硫细菌,杜绝"红水""黑水"事故出现,能有效地控制金属管道腐蚀。该法效果较好、操作简单、价格低廉。应使管网游离余氯至少维持 1.0 mg/L;管网有腐蚀结瘤时,先进行重氯消毒,抑制结瘤细菌,然后连续投氯,使管网保持一定的余氯值,待取得相当的稳定效果后,可改为间歇投氯。

(5)表面处理。

①表面钝化处理:直接在钢铁表面做氧化处理或磷化处理,使钢铁表面性质发生变化,形成难以发生腐蚀的表面保护层,起到防腐作用。

②表面涂层防腐:采用稳定性高的涂料涂在被保护的管材上,使管材表面与周围环境隔离,起到防腐的作用。

防腐涂料种类很多,管道外防腐主要使用石油沥青面漆、环氧煤沥青漆、聚乙烯胶带、聚氨酯等。管道内防腐有水泥砂浆衬里、环氧树脂衬里、喷涂塑料等。

石油沥青面漆是我国一直广泛使用的一种外防腐层。用水泥砂浆做衬里是管道内防腐的常用措施。

③阴极保护法：根据在腐蚀原电池中只有阳极发生腐蚀而阴极得到保护的原理，利用废金属作为阳极，管道作为阴极从而使其得到保护。阴极保护可采用不加电流法和外加电流法。

不加电流法采用铝、镁、锌等材料作为阳极，沿管线每隔一定距离将阳极埋于地下，并用导线与管道连接。这种方法适用于土壤电阻率低、电源使用不便、管道保护涂层良好的情况。

外加电流法采用废铁作为阳极，管道作为阴极。直流电源的正极与废铁相连，负极与管道相连。这种方法适用于土壤电阻率高的情况。

外加电流法与不加电流法相比，前者可用于高电阻率的土壤，保护范围较大，但只适用于有电源的地方，后者一般只用于土壤电阻率低的地方。

阴极保护法可以有效地防止管道腐蚀，但并不能保护管道完全不受腐蚀的侵害。因此，管道防腐往往多种方法并用，以提高管道防腐效果。

6.1.4 刮管涂衬

管道经长时间使用后，内壁因腐蚀和结垢使得管道阻力增加，管道断面缩小，导致管道输水能力下降，电耗增加，使用年限缩短，严重时甚至会造成管壁穿孔爆裂。此外，腐蚀、结垢对水质会造成"二次污染"，使水浊度、色度升高，产生异味，细菌总数增加，有的细菌会严重影响水质、损害人们的身体健康，有的则加剧管道的腐蚀。

为延长管道的使用寿命，减缓管道内壁的腐蚀和结垢，保持应有的输水能力，应定期对管道实施清理和涂保护层，即刮管涂衬。

管道结垢的原因比较复杂，主要原因有：金属内壁的锈蚀；水中碳酸钙物质的沉淀；水中悬浮固体的沉积；铁细菌、藻类等微生物的滋长和繁殖等。不同的结垢物质，应选用不同的刮管方法，涂衬时也应有所侧重。

1. 刮管

（1）水力冲洗。

当结垢表面松软时，可经常用高速水流冲洗，以免日久变成硬垢。冲洗流速可为正常流速的3～5倍，但压力不可超过管道的允许值。冲洗时从水管一处进水，废水从排水口、阀门或消火栓排出。

（2）水-气联合冲洗。

在水力冲洗的同时通入压缩空气，使水气混合，紊流加剧，可以对管壁产生强烈的冲击作用，效果比单纯用水冲洗更好。

（3）高压射流冲洗。

利用 5～30 MPa 的高压水，靠喷水向后射出水所产生向前的反作用力，推动运动。管内结垢脱落、打碎，随水流排掉。该方法对管道内的软垢和沉积物清洗效果比较好，对于附着力很强的硬垢效果较差。此种方法适于中、小管道。

高压射流冲洗可一次清洗的管道长度受高压胶管的长度限制，而高压胶管的长度越长，水头损失越大，一般采用的高压胶管长度为 50～70 m。

（4）气压脉冲清洗。

贮气罐中的高压空气通过脉冲装置、橡胶管、喷嘴送入需清洗的管道中，冲洗下来的锈垢由排水管排出。该方法设备简单、操作方便、成本不高。进气和排水装置可安装在检查井中，因而无须断管或开挖路面。

（5）机械刮管。

若管壁内形成坚硬的结垢，难以用水力冲洗或水-气联合冲洗的方法清除，可考虑采用机械刮管。主要分两种形式：第一种是在连于绞车的钢丝绳上顺序拖挂切削环、刮管环、钢丝刷，使其在管道内多次往复，直至管壁结垢完全清除，适用于中小管径的管道；第二种是将旋转刮刀或键锤安装在电机上，利用电机的动力，带动刮管器前端的刀具转动，用钢丝绳拖动刮管器往复运动，去除结垢，此法适用于大口径管道。

机械刮管一般每次可刮管 100～150 m，对于较长距离的管道需要分成若干个清洗段，分别断开，逐段实施，因而会增加人工开挖工程量和施工停水时间。

（6）弹性清管器清管。

弹性清管器清管主要是使用聚氨酯等材料制成的"炮弹型"清管器。清管器外表装有钢刷或铁钉，在压力水的驱动下，在管道中运行。在移动过程中清管器和管壁的摩擦力把锈垢刮擦下来，另外压力水从清管器和管壁之间的缝隙通过时产生的高速度，把刮擦下来的锈垢冲刷到清管器的前方，从出口流走。这种清管方法对压力水的要求是：小口径管道由于清管器后背受力面积小，推力不足，一般管径为 200 mm 以下的小口径管道在管中压力不足 0.3～5 MPa 时，必须采用高压水泵加压来提高推力；管径为 200 mm 以上的管道，可以使用管网的运行水压。

弹性清管器清管适用于管径为 100 mm 以上的各种管道，一次清管长度可由几十米到几千米不等，只要管道没有变径，可以通过任何角度的弯管和闸门

（除蝶阀外），进行长距离清管。

弹性清管器的最佳运行速度是 2 m/s，清管时施工停水时间短，一般 100 m 的管道，只用一天就可以清洗干净，并恢复供水。

2. 涂衬

新敷设的管道采用防腐衬里，是防止城市给水管网被腐蚀管道不断增加的重要手段。旧管道刮管后进行涂衬是尽量避免管道再次被腐蚀的重要措施，可使旧管道恢复原有输水能力，延长管道的使用寿命。

涂衬方法有以下几种。

（1）水泥砂浆涂衬法。

水泥砂浆衬里靠自身的结合力和管壁支托，结构牢靠，其粗糙系数比金属管壁小，除对管壁起到物理性能保障外，还能起到防腐的作用。

钢管或铸铁管可在内壁喷涂水泥砂浆或聚合物改性水泥砂浆。涂敷水泥砂浆可采用活塞式涂管器，活塞式涂管器一般由钢板与胶皮制成。涂敷时先在导引管道内装入配好的水泥砂浆，两端塞入活塞式涂管器，并将导引管接入待涂敷的管道，将管道密封并通入压缩空气，利用压缩空气产生的推力推动涂管器由管道的一端移动至另一端，将砂浆均匀地抹涂在管壁上，如此往返抹涂两次，可达到要求。这种方法适于中、小直径的管道。

当管道直径在 500 mm 以上时，可采用自动喷涂机进行喷涂。

（2）环氧树脂涂衬法。

环氧树脂具有一定的耐磨性、柔软性、紧密性，使用环氧树脂和硬化剂混合后的反应型树脂，可以形成快速、强劲、耐久的涂膜。

环氧树脂的喷涂方法采用的是高速离心喷射原理，一次喷涂的厚度为0.5～1 mm，便可满足防腐要求。环氧树脂涂衬不影响水质，施工期短，当天即可恢复通水。但该法设备复杂，操作较难。

（3）内衬软管法。

内衬软管法即在旧管内衬套管，有滑衬法、反转衬里法、"袜法"及用弹性清管器拖带聚氨酯薄膜等方法。该法改变了旧管的结构，形成了"管中有管"的防腐形式，防腐效果非常好，但造价比较高。

6.1.5　维持管网水质

维持管网水质也是管理的工作之一。有些地区管网中出现红水、黄水和浑水,水发臭,色度增高等,其原因除了出厂水水质指标不合格,还有水管中的积垢在水流冲击下脱落,管线末端的水流停滞,或管网边缘地区的余氯不足而导致细菌繁殖等。

为保持管网的正常水量或水质,除了提高出厂水水质,还可采取以下措施。

(1)通过给水栓、消火栓和放水管,定期排放管网中的部分"死水",并借此冲洗水管。

(2)长期未用的管线或管线末端,在恢复使用时必须冲洗干净。

(3)管线延伸过长时,应在管网中途加氯,以提高管网边缘地区的剩余氯量,防止细菌繁殖。

(4)尽量采用非金属管道。定期对金属管道清垢、刮管和衬涂水管内壁,以保证管线输水能力不致明显下降。

(5)无论在新敷管线竣工后,还是旧管线检修后,均应冲洗消毒。消毒之前先用高速水流冲洗水管,然后用 $20\sim30$ mg/L 的漂白粉溶液浸泡一昼夜以上,再用清水冲洗,同时连续测定排出水的浊度和细菌,直到合格为止。

(6)定期清洗水塔、水池和屋顶高位水箱。

6.1.6　调度管理

管网调度的目的是安全可靠地将水压、水量、水质符合要求的水送往用户,以最大限度地降低生产成本,取得较好的社会效益和经济效益。

城市管网的调度管理是很复杂的,仅凭人工经验调度已不能符合现代化的管理要求。先进的调度管理应充分利用计算机技术并建成管网图形与信息的计算机管理系统。

大城市的管网往往随着用水量的增长而逐步形成多水源的给水系统。这种系统通常在管网中设有水库和加压泵站。多水源给水系如不采取集中调度的措施,将使各方面的工作得不到协调,从而影响经济而有效地供水,为此调度管理部门需及时了解整个给水系统的生产情况,随时进行调度,采取有效的强化措施。

实行集中调度,各水厂泵站可不必只根据本厂水压的大小来启闭水泵,有可能按照管网控制点的水压确定各厂工作泵的台数。这样既能保证管网所需的水压,且可避免因管网水压过高而浪费能量。调度管理可改善运转效果,降低供水的耗电量。

调度管理部门是整个管网也是整个给水系统的管理中心,不仅要负责日常的运转管理,当管网发生事故时,还要立即采取措施。要做好调度工作,必须熟

悉各水厂和泵站中的设备,掌握管网的特点,了解用户的用水情况,才能发挥应有的作用。

为进行调度,需要有遥控、遥测、遥信的中心调度机构,以便统一调度各水厂的水泵,保持整个系统水量和水压的动态平衡。对管网中有代表性的测压点进行水压遥测,对所有水库和水塔进行水位遥测,对各水厂的出厂管进行流量遥测。对所有泵站和主要阀门进行遥控。对泵站的电压、电流和运转情况进行遥信。根据传示的情况,发出调度指示。

我国许多水厂可在调度室内对各测点的工艺参数集中测量并用数字显示、连续监测和自动记录,还可发现和记录事故情况。采用这种装置后,取得了以下效果:①在调度室内能连续监测各种参数,并合理进行调度;②检测速度很快,几秒钟即可发出警报,以便迅速采取措施,避免发生事故;③能代替值班人员抄表和检查设备,为自动操作创造条件。

我国很多城市的水厂已建立城市供水的数据采集与监视控制系统,在此基础上,通过在线的、离线的数据分析和处理系统,水量预测预报系统等,逐渐朝优化调度的方向迈进。

6.2　排水管网系统的管理和养护

管网系统施工结束,经验收后,交付管理单位使用。管理单位必须经常进行管理、养护和检修,以维护整个系统处在正常的工作状态,充分发挥其功能。

排水管网常见的故障有:污物淤积或堵塞管道;过重负荷压毁;地基不均匀沉陷和污水的侵蚀作用使管道破坏等。排水管网管理和养护的主要工作是:验收排水管网;监督排水管道使用规则的执行;经常检查、冲洗、清通排水管道;修理管道及其构筑物和研究采取保障工人健康安全的措施,预防意外事故发生等。

为了发现问题,合理组织对排水管网的维养工作,保证管网系统的正常运行,必须进行管道系统的定期检查。检查的主要内容包括查看检查井的使用、损坏,井内充满度、流速、沉积等情况;雨水口、溢流井淤积和水流情况;倒虹吸管,过障碍物管运行情况以及工业废水排入城市管网情况等。边检查边记录,以便研究处理办法并及时处理,制订维护管渠系统的工作计划,维护排水管渠的正常运行。

在实际工作中,应根据管道的情况将管道分成若干等级,以便对其中水力条件不利、养护困难的管段予以重点维护。一些城市排水管网的养护经验说明:按管道中沉积物可能性的大小划分等级进行养护,可大大提高养护工作效率。管道的养护等级应随着工作情况改变,定期重新划分。

6.2.1　排水管网系统的清通

管网系统管理养护经常性的和大量的工作是清通排水管网。在排水管网中,往往由于水量不足,坡度较小,污水中污物较多或施工质量不良等而发生沉淀、淤积,淤积过多将影响管网的通水能力,甚至使管网堵塞,因此,必须定期清通。清通主要有水力清通法和机械清通法两种。

1.水力清通法

水力清通是利用管中的污水、城市自来水或附近河湖水对排水管道进行冲洗,清除管内淤积污物。

如用污水冲洗,即将管段上游检查井的出口以充气的球体堵住,使井内水位升高,当水位升到 1 m 左右时,突然放去气球内部分空气,球体缩小并浮于水面,大量污水在上游水头作用下,以较大的流速从气球下流过,在气球和水流的作用下,淤泥被冲入下游检查井中,然后用吸泥车抽走。为了减少运输的污泥容量,可以使用泥水分离的吸泥车,分离的水可作为下段排水管的冲洗用水。

近年来有些城市采用水力冲洗车进行水管道清通。车上附有盛水罐、机动卷管器、高压泵、喷水头、高压胶管和冲洗工具等。它的操作过程由汽车引擎供给动力,驱动高压泵,将水由水罐中升压到 1.1~1.2 kPa,通过胶管和喷头冲洗管道内沉积物,同时推动喷头前进,冲松泥浆随水流入下游检查井内。为了更进一步冲掉管内残存沉积物,可在喷头抵达下游检查井时降低压力,并由卷管器将胶管抽回,在回程中喷头继续喷水以利冲去管内全部污物。下游检查井中的污泥由吸泥车吸走。对于表面锈蚀严重的金属排水管道,可采用在高压水中加入硅砂的喷枪冲洗,喷枪与被冲物的有效距离为 0.3~0.5 m。

水力清通法操作简便,工效高,工人操作条件较好,目前采用较多。根据我国一些城市的经验,水力清通不仅能清除下游管道 250 m 以内的淤泥,而且在 150 m 左右上游管道中的淤泥也能得到相当程度的刷清。当检查井的水位升高到 1.2 m 时,突然松塞放水,不仅可清除污泥,而且可冲刷沉在管道中的碎砖石。但在管网系统相通的地方,若一处用上了气塞,虽然此处的管渠被堵塞了,但是由于上游的污水可以流向别的管段,无法在该管网中积存,气塞也就无法向下游移动,此时只能采用水力冲洗车从别的地方运水来冲洗,消耗的水量较大。

2. 机械清通法

当管内淤积比较严重，淤泥黏结密实，使用水力通管效果较差时，可以采用机械清通法。机械清通法是先以竹片将系有通管工具的钢丝绳通过需冲洗管段拉到另一端检查井中，然后在管段的首尾两井上各设绞车，车上系住钢丝绳，用绞车来回拉动清管工具两三次，管内淤泥即可刮下，清除效果较好。

清除工具甚多，有耙松积泥的骨骼形松土器，有清除树根破布等物的弹簧刀式清通器，还有拉砂筒、钢丝刷、铁畚箕等其他工具。

对于可以在其中通行的大型合流管道或雨水管道，可在冬季（不下雨季节）组织人力，进入管内清除积泥。

污水管道的养护工作必须具有安全措施，因为管道中的污水能析出硫化氢、二氧化碳及沼气等有害气体，某些工业废水能析出石油、汽油或苯等，它们与空气中的氧混合，能形成爆炸气体。煤气管道失修、渗漏也能导致煤气进入排水管道，造成危险，因此在养护管道之前必须采取有效措施排除有害气体。在工人下井之前，必须先将安全灯放入井中：如有有害气体，由于缺乏氧气，灯将熄灭；如有爆炸性气体，灯在熄灭前会闪光。

6.2.2 排水管网的修理

系统地检查管道的淤塞及损坏情况，有计划地安排管道的修理，是养护工作的重要内容之一。根据检查及群众报告，在发现管网系统有损坏时，应及时修理，以防损坏处扩大造成事故。管道的修理有大修和小修之分，应该根据各地的经济条件来划分。

修理的内容如下。

（1）检查井、雨水口顶盖的修理及更换。

（2）检查井内踏步的更换，砖块脱落后的修补。

（3）局部管段损坏后的修补。

（4）由于排水出户管的增加，需要添建检查井及沟道。

（5）由于沟道本身损坏严重及淤塞严重无法清通时，需要整段翻修。

当进行检查井的改建、添建或整段管道翻修时，常常需要断绝污水的流通，应该及时采取措施，安设临时水泵将污水从上游井抽送到下游井，或者将污水引入雨水管道。一般的修理项目应在很短时间内完成，并尽可能在夜间进行。如果需要时间较长，应该设置路障在夜间接红灯，并与有关交通部门取得联系。

下面介绍两种管道翻修技术。

1. 管线穿插更新技术

管线穿插更新技术是一种与众不同的综合性报废管道的修复技术,高密度聚乙烯管插入金属或混凝土管道后形成了一种新的管道结构,使高密度聚乙烯管的防腐性能和原管线的力学性能合二为一,从而大大提高了管道的整体性能,使用寿命可以延长 40～50 年。而且,由于钢筋混凝土管的粗糙系数为 0.014,高密度聚乙烯管的粗糙系数为 0.009,当管径减小一级后,其流通能力并不降低。该施工方法在美国、德国、英国、瑞典等国家均已被采用,该技术在我国尚处于开发、试用阶段。

(1)高密度聚乙烯管具有优良的物理性能。

高密度聚乙烯管的密度约是钢管道的 1/8。由于它质量轻,在运输、储存、装卸、连接及安装等方面可节约大量的资金。高密度聚乙烯管具有良好的可挠性,在不需要加热的情况下,可以管径 20 倍的弯曲半径装设,因此其可挠性能使其理想地应用于管线穿插中。高密度聚乙烯管具有良好的韧性,高密度聚乙烯管不会脆裂,可弯曲,耐冲击,在 −60～60℃ 的温度范围内不会因外力撞击而变形。

高密度聚乙烯的性能呈惰性,它对绝大多数药剂均有优异的耐腐蚀性,可输送化学物质或安装于含化学物质的环境中。土壤中的天然化学物质不会腐蚀管道,也不会使它们产生任何形式的降解。当输送液体中所含的汽油、酒精、苯、四氯化碳、原油、炼油等碳氢化合物液体的浓度达到 5%,这些化合物会渗入管子,造成环向应力降低,但对管子的本质并无明显影响。其内壁光滑,不易结垢,特别适宜于输送易结垢的介质。在同管径的情况下,因阻力小,流量增加。可采用热熔或电熔焊接,形成一个管道整体。爆破试验表明,管道连接处非常牢固。

高密度聚乙烯管具有以上性能,特别适宜于输送腐蚀介质,解决了管道接口及管道本身由于腐蚀而造成的腐蚀介质渗漏问题,从而保护了环境,具有良好的社会效益。

目前国内能够生产承压能力为 0.4 MPa、0.6 MPa、1.0 MPa 的高密度聚乙烯管线,管径为 20～630 mm。

(2)高密度聚乙烯管管径选择。

①管径上限选择。在进行管线穿插时应对高密度聚乙烯管管径进行仔细选择。穿插过程中高密度聚乙烯管遇到的擦伤是确定高密度聚乙烯管径的主要因素;金属管道内壁的毛刺、焊瘤、飞溅以及管道的弯曲都会对高密度聚乙烯管表面造成损坏。高密度聚乙烯管管径越大,穿插越困难,表面损伤也越大。据国外实践经验及资料介绍,高密度聚乙烯管的最大截面可占钢管径的 85%,对于混

凝土管线可以适当放大;美国科罗拉多 Public Service 公司把管径 457 mm 的高密度聚乙烯管插入管径为 508 mm 的铸铁管中,据资料介绍这是当前世界上间隙最小的穿插更新工程。

②管径下限选择。主要考虑冰冻影响,地下水会通过腐蚀孔洞、钢管切割端进入高密度聚乙烯管与钢管之间的环形空间。在地下水位较高的北方地区,如果管径选择偏小,结冻膨胀后的向内、向外的径向压力有时会把高密度聚乙烯管完全挤偏。因此设计时应进行认真核算。对于埋设在冰冻线以下的管线,可以不受此下限的限制。

高密度聚乙烯管是用于管线穿插的理想材料。

(3)管线穿插技术施工步骤。

①施工时首先进行跨线排水,利用跨线方法将实施段前端及支线的排水经泵加压跨线排至实施段的下一座检查井。

②进行清管,利用清管器(机)清除原有管线内的障碍物或污物、淤泥及结垢。这是采用穿插法进行施工的前提,可采用高压水射流的方法对管线进行清洗。

③在插入及穿出端分别挖掘操作坑。

④利用热熔焊接法将高密度聚乙烯管在地面上连接成段,应特别注意焊接质量。

⑤在穿线之后再进行机械或人工拖拉。

⑥施工完毕后,高密度聚乙烯管和钢筋混凝土管线之间的环形空间用防水材料填充。

⑦进行闭水试验。

2. 翻衬技术

其原理是将具有防渗透、耐腐蚀保护膜的复合增强软管作为载体,浸渍骨架基料后,用水作为动力将事先制好的复合软管翻衬进入管内,使管材的内壁衬上一层具有高强刚性和耐腐蚀的内衬材料,固化后在旧管内形成整体性强的、光滑的"管中管"。

翻衬法施工步骤:跨线排水、清管、原有管线修复、翻衬、固化、端口处理、质量验收。

利用管线穿插技术和翻衬技术进行旧管线改造,技术先进、施工方便、速度快、费用低、社会效益好,是旧市政管线改造的有效方法。

第7章 市政给排水管道工程施工现场管理

7.1 质量管理

7.1.1 市政给水管道工程施工质量问题与防治措施

1.管道位置偏移

管道位置偏移的原因是施工放样时测量差错、施工走样和意外地避让原有构筑物,在平面上产生位置偏移,立面上甚至产生倒坡现象。

其预防处理措施如下。

①施工前要认真按照施工测量规范和规程进行交接桩复测与保护。

②施工放样要结合水文地质条件,按照埋置深度和设计要求以及有关规定放样,且必须进行复测检验,其误差符合规范要求后才能交付施工。

③施工时要严格按照样桩进行,沟槽和平基要做好轴线和纵坡测量验收。

④施工过程中如意外遇到构筑物需要避让,应在适当的位置根据现场情况选择相应角度进行调整。

2.管道渗漏水,水压试验不合格

(1)必须确保管道支墩浇筑质量,其预防处理措施如下。

①应在管道接口施工完毕、管道位置固定后浇筑。

②支墩在施工时应紧靠在未扰动的原土上,后背土壤厚度应大于支墩底面至地面高度的三倍,无原状土做后背时,应采取加固措施。

③支墩采用混凝土浇筑,其强度等级不低于 C15 或按设计要求施工,混凝土应振捣密实,做好养护。

④混凝土在初凝再拆模,水压试验应在支墩施工完毕后并达到强度要求后方可进行。

（2）管道基础条件不良将导致管道和基础出现不均匀沉陷，一般会造成局部漏水，表现为水压试验时压力升不上，严重时会出现管道断裂或接口开裂。其预防处理措施如下。

①严格按照设计要求组织施工，确保管道基础的强度和稳定性。当地基地质水文条件不良时，应进行换土改良处治或按设计要求做地基加固处理，以提高沟槽底部土壤的承载力。

②如果槽底土壤被扰动或受水浸泡，应先挖除松软土层后和超挖部分，用杂砂石或碎石填至距槽底标高－20 cm 处，再回填低强度等级混凝土，或铺设20 cm的粒径1～1.5 cm 的砂石回填夯实。

③槽底土为岩石或坚硬土地基时，管身下方宜铺设 20 cm 的砂垫层。

④地下水位以下开挖沟槽时，应采取有效措施做好坑槽底部排水降水工作，确保干槽开挖，必要时可在槽坑底预留 20 cm 厚土层，待后续施工时随挖随清除。施工降排水终止后，降水井及拔除井点管所留的孔洞，应及时用砂石等填实。

（3）管材、配件、附件质量差，存在裂缝或蜂窝麻面，抗渗能力差，容量产生漏水。其预防及处治措施如下。

①所用管材管件应符合国家现行产品标准，并附有产品出厂合格证和卫生许可证、力学试验报告等资料。

②管材外观质量要求表面平整、无裂缝和蜂窝麻面现象。

③管材运输时应垫稳、绑牢，不得相互撞击，接口及防腐层应做好保护措施。

④在下料组对前仔细检查，对发现有管材变形、严重划伤、法兰及阀门密封圈损坏、配件有裂纹或蜂窝麻面等有质量问题的材料应更换并做明显标志，以防下次误用。安装前消除承口内的油污、飞刺及凹凸不平的铸瘤，柔性接口的承口内工作面应修整光滑。

⑤给水管道试压前应先将试压管段所有敞口堵严，如封堵不严密，势必造成渗漏水现象，因此在试压前应逐个检查封堵情况；试压时管道内的气体应排除，升压过程发现弹簧压力计表针摆动、不稳且升压较慢，应重新排气后再升压；试压时应分级升压，每升一级应检查后背、支墩、管身及接口，未见异常现象，再继续升压；管道压力试验应达到设计要求。

（4）管道接口施工质量包括管段与管段接口质量、阀门及给水附件与管道的连接质量、管段与阀门的连接质量，若上述接口质量不能保证，管道在外力作用下会产生破损或接口开裂。其防治措施如下。

①选用质量良好的接口填料，并按试验配合比和合理的施工工艺组织施工。

②采用石棉水泥接口施工时:注意石棉水泥随用随拌,不能使用超过初凝期的石棉水泥,石棉水泥中石棉和水泥的质量配合比为 3∶7,石棉应用 4 级或 5 级石棉绒,占总量的 20%～30%,水泥采用不低于 425 号硅酸盐水泥,再加入总量 10%～20% 的水拌和,拌好的石棉水泥填料应在 1 h 内用完,石棉水泥接口应养护 24 h 以上。石棉水泥接口的填灰深度应为接口深度的 1/2～2/3,打口时,应从下往上填灰,分层填打,每层至少两遍,打好后的接口表面应平整,并应湿养护 1～2 d。

③采用膨胀水泥接口施工时:砂浆随用随拌,使用时间不超过 45 min;膨胀水泥封口的接口,要用稀泥糊口做保水养生,气温低于 −5 ℃ 时不得施工。

④采用球墨铸铁橡胶圈柔性接口施工时:承口内侧、插口外部凹槽应清理干净;将橡胶圈套入插口上的凹槽内,保证橡胶圈在凹槽内受力均匀,没有扭曲翻转的现象;将植物油涂擦在承口内侧和橡胶圈上,在插口上做好安装标记,将插口一次性插入承口内,达到安装标记为止;待安装就位后复核管道的高程和中心线标高并调直。

⑤采用法兰连接部位的螺栓及螺帽应先用黄油浸润后安装。

⑥球墨铸铁管胶圈接口沿曲线安装时,若直径为 75～600 mm,允许转角应控制在 3° 以内;若直径为 700～800 mm,允许转角应控制在 2° 以内;若直径不小于 900 mm,接口允许转角应控制在 1° 以内。

⑦球墨铸铁管管道中心线偏差应控制在 3 cm 以内,管道高程偏差应控制在 2 cm 以内。

3. 阀门井施工质量差

阀门井砌筑必须按标准图施工,砌筑砂浆配合比达到设计要求,铺浆要饱满,上下砌块错缝砌筑,勾缝全面不遗漏,抹面前清洁和湿润表面,抹面时及时压光收浆并养护;遇有地下水时,抹面和勾缝应随砌筑及时完成,不可在回填以后再进行内抹面或内勾缝。

阀门井变形、下沉,井盖质量差的预防处理措施如下。

①按标准图集要求做好井的基层和垫层,确保底部地基承载力,防止井体下沉。

②阀门井砌筑时应控制好井室和井中心位置及收口高度,四面收口时每层收进应不大于 3 cm,偏心收口时每层收进应不大于 5 cm。

③井盖与井座要配套,安装时座浆要饱满,路面与井接顺,无跳车现象。

4.回填土沉陷

回填土沉陷原因:沟槽回填时未分层回填、夯实,管道边缘、阀门井压实不到位,产生较大的沉降。

沟槽回填预防处理措施如下。

①管槽回填时,回填土必须均匀对称回填,不得集中推入,以防止管道失稳、位移。

②管槽回填时,必须根据回填的部位和施工条件选择合适的填料和压(夯)实机械,管道两侧和管顶以上50 cm范围内,应轻夯夯实,管道底部必须填实,不得有空虚现象。

③沟槽较窄时,可采用人工或蛙式打夯机夯填。不同的填料,不同的填筑厚度应选用不同的夯压器具,以取得最经济的压实效果。

④含有淤泥、树根、草皮及其腐生植物的填料既影响压实效果,又会在土中干缩、腐烂形成孔洞,这些材料均不可作为回填填料,以免引起沉陷。清除回填土中的杂物,石块等硬物不得与管道直接接触。

⑤控制填料含水量大于最佳含水率2%左右;遇地下水或雨后施工必须先排干水再分层随填随压密实。

⑥管道在车行道下的沟槽应采用级配砂石回填,并分层夯实。

根据沉降破坏程度采取的措施如下。

①不影响其他构筑物的少量沉降可不做处理或只做表面处理,如沥青路面上可采取局部填补以免积水。

②如造成其他构筑物基础脱空破坏,可采用泵压水泥浆填充。

③如造成结构破坏,应挖除不良填料,换填稳定性能好的材料,经夯压实后再恢复损坏的构筑物。

7.1.2　市政排水管道工程施工质量问题与防治措施

1.发生沟槽滑坡、坍塌事故

(1)产生原因。

在沟槽开挖过程中,由于施工单位违反操作规程或者施工设计图纸要求,盲目进行开挖作业,沟槽坡度未遵循1∶1的设计要求,开挖时产生的弃土,其堆放高度超过堆放限值,或者堆放土体与沟槽边缘的间隔距离远远小于安全距离,导致沟槽槽壁边缘处荷载量增大,沟槽边缘土体极易失稳而发生滑坡或者坍塌事故。除此之外,由于施工单位将工程转包给不具备施工资质的小型施工企业,这些企业为了获取更高的经济效益,往往随意变更施工组织设计,以至于埋下重大的安全隐患。

(2)预防处理措施。

针对沟槽滑坡与坍塌的施工质量通病,施工单位在施工前应当着力做好以下几方面工作。

①认真做好施工现场勘察工作,对施工地的地质结构、土壤类别、土层力学性质等指标进行分析检测,由此确定科学合理的放坡系数。如果施工设计图纸中要求的沟槽深度值较大,施工单位应当采取分层开挖的方法,每一个分层的厚度均应小于 2 m。同时,对沟槽槽帮的位置采取临时加固措施,以避免发生土体滑塌事故。

②开挖施工时,应当遵循从下游至上游的顺序,现场管理人员需要对开挖全过程进行监督管理,并结合施工设计图纸要求,严格控制开挖深度。为了避免超挖现象的发生,在采用机械开挖时,需要预留足够的土方余量,并采用人工挖掘与清理的方式对剩余土方量进行开挖作业。沟槽开挖的允许偏差如表7.1 所示。

表 7.1 沟槽开挖的允许偏差

项次	项 目	允许偏差/mm	检测方法、频率
1	槽底底程	±20	两井间(3 点)
2	垫层高程	0,−15	每 10 m 测 1 点,且不少于 3 点
3	垫层厚度	不小于设计厚度	每 10 m 测 1 点,且不少于 3 点
4	沟槽宽度	不小于设计宽度	两井间每侧(3 点)

③在现场施工时,施工单位应当在距离沟槽 1 m 的区域外设置严禁停放与堆积土体的警示标识,同时规定所有进场车辆应当在距离沟槽 3 m 以外的区域行驶,以此降低沟槽边缘土体的承载力。

④在开挖过程中,如果地下水位较浅,应当及时采取排水措施,利用抽水泵将沟槽内的积水抽出,使沟槽内的水位始终保持在 0.5 m 以下。

2. 管道位置偏移、积水

（1）产生原因。

地下排水管道位置偏移与积水是管道施工过程中一种较为常见的质量问题，主要是工程测量人员在放线测量阶段，中线位置与施工设计图纸出现较大出入，施工人员根据错误的中线进行管道敷设施工，导致管道与原设计内容不符。另外，施工区域的地下构造物较多，施工单位为了保证施工进度，随意确定管道的敷设位置，进而引发管道积水或者渗漏现象。

（2）预防处理措施。

在施工前，测量人员应结合施工设计图纸内容对施工现场的各个点位进行复测，一旦发现点位错误，应当及时予以更改和调整，使其符合施工设计图纸要求。而且测量人员应当接受施工单位组织的专业技术培训，对测量专业知识进行系统学习，以避免人为测量错误的发生。另外，如果在管道敷设施工中，地下管线密集或者构造物数量较多，施工人员应当及时向上级领导或者设计单位进行汇报和沟通，以及时对设计方案进行调整和修改，对无法穿越地下构造物的管道，应当采取绕行的方式，使管道敷设施工能够顺利完成。需要注意的是，如果绕行线路较长，施工人员应在适当的位置增设连接井，保证绕行线路能够直线贯通，其中，连接井的转角不得小于135°。

3. 管道渗漏

（1）产生原因。

敷设方式与施工设计图纸不匹配，受到地下水冲击力的影响，购置的排水管道不合格，管材保管不当，检查井内部构件连接紧密性不好，施工结束后未及时对管道进行封口处理。

（2）预防处理措施。

①如果施工单位选用的管道敷设方式与施工设计图纸不匹配，管道内腔极易出现阻塞现象，这时，随着排水量的不断增加，管道内的压力值也瞬间升高，如果管壁本身无法承受巨大的压力冲击，就会出现管道爆裂的情况，甚至有些管道还会出现回流现象，以至于排水管道丧失了排水功能。针对这种情况，施工单位在敷设管道时，应当认真检查管道的密封情况，并对管道敷设的具体位置重新进行校验，以避免出现地下水回渗现象，使管道得到有效保护。

②受到地下水冲击力的影响，地下土层的承载能力将受到严重影响，在这种

情况下,施工单位可以结合地下土层的强度大小,采取填充水泥砂浆等填充物的方法,来提高土层承受外界荷载的能力。如果在施工过程中,出现地下水回渗现象,施工人员可以在回渗区设立一道坚固的防水层,或者采取水泵抽水的方式,避免地下水回渗。

③施工单位在购置排水管道时,应当指派专业技术人员与质量检验人员对管道材质进行检测,检测项目包括力学性能、型号、规格、防渗性能等,检验合格后方可投入使用。当管材运至施工现场后,首先对管材内部进行检查,如果发现管材内部存在杂物,应当及时进行清理,避免杂物阻塞管道。

④管材运至施工场地后,若施工单位保管措施不当,导致管材受潮,则极易引进管道锈蚀,进而影响管道强度与管壁光滑度。因此,施工单位应当做好管材的保管工作,利用苫布对管材进行苫盖处理,并及时清理管材内部的杂物与锈迹,保证管壁平滑。

⑤管道渗漏与检查井内部构件的连接紧密性有着必然联系,因此,施工单位应当认真做好检查井的维修养护工作,在检查井内壁涂刷一层保温层,并及时对出现裂缝的管壁进行堵漏维修,使检查井的密封性满足标准要求。

⑥管道敷设施工结束后,由于施工单位未及时对管道进行封口处理,导致管道出现渗水漏水事故,针对这种情况,施工人员首先应对管道口进行清理,然后利用混凝土材料对管道四周进行加固处理,如果管道出现松动,应当利用砖块或者木桩等硬质物对管道进行支护处理。需要注意的是,在配制混凝土材料时,应当严格遵照混凝土的标准配合比,以确保混凝土强度满足标准要求,在利用砖块等硬质物进行加固处理时,可以利用防水性能优越的水泥砂浆作为连接介质,如果管道连接缝隙较大,施工人员应当使用防水的材料对管道间的接口进行缠绕处理,以有效防止渗漏的发生。

4. 管道错台、反坡

(1)产生原因。

在管道安装敷设阶段,管道与沟槽底部的接合点不牢固,使管道出现大幅度的摇晃现象,加之在浇筑管座时,选用的水泥砂浆强度等级与管座混凝土强度等级不符,进而影响了管道接合部位的密实度,这时,管道的对口位置就会出现错台现象,导致每一个管道之间的连接位置出现凹凸不平的情况,管道内壁的光滑度也会受到严重影响。另外,由于测量人员的主观失误,在测量旧管线流水面高程时,测量数据误差较大,在这种情况下,管道的局部区域就会出现反坡现象,而

影响管道的排水功能。

（2）预防处理措施。

施工人员首先可以对管道接合部位的高度进行调解，常用的处理方法是利用施工现场的石块作为支垫物，使管节牢固度能够达到标准要求。在浇筑管座时，选用的水泥砂浆强度等级应当等同于管座位置的混凝土强度等级，避免出现同一个浇筑部位存在两种强度等级混凝土的情况。浇筑过程中，为了保证管道两侧与沟槽平基接合部位的三角区域具有足够的密实度，可以采取沿管道两侧同时浇筑的方法，并且保证在回填作业时，其浇筑与回填区域高度差应当控制在30 cm 以下。另外，测量人员在管道敷设安装之前，需要对旧管线的流水面高程进行复测，使旧管线与新管线能够严密接合。

5. 回填土层沉降

（1）产生原因。

在土层回填施工时，由于沟槽底部存有大量的积水或者杂物，当回填土与积水或者杂物接触后，土体在重力作用下就会与积水融合，这时，土体就会出现沉降，给正常的交通通行状况造成严重影响。另外，施工单位在土体回填时，如果选用腐殖土、淤泥土或者有机物含量较高的土体，碾压机械在夯实土体过程中，由于土体强度低、收缩性好，引发土体下沉。

（2）预防处理措施。

在回填施工初始阶段，施工单位可以选用推土机械进行回填施工，当回填土完全覆盖管道外表面后，可以采用人工回填的方式，并选择沟槽开挖工序中产生的回填土进行回填作业。另外，在回填之前，施工人员应对管道内部与沟槽底部进行仔细检查，如果发现杂物或者存在积水，需要及时进行处理，以保证回填效果。

6. 检查井变形、下沉

（1）产生原因。

施工单位在购置井盖时，未对井盖的力学性能以及质量进行检测与检验，导致一些劣质的井盖用于施工中。这些存在质量问题的井盖经过长时间的风吹雨淋，就会产生严重的锈蚀现象，力学性能下降，使井盖变脆，另外，在安装检查井爬梯时，施工人员忽略了爬梯的外在美观度，以至于随意选择安装位置，也会引起检井查变形与下沉。

（2）预防处理措施。

为了避免检查井下沉、变形现象的发生,施工单位应当高度重视检查井的基层与垫层施工,目前,应用广泛的处理方法是破管做流槽法。这种方法对抑制检查井变形与下沉将发挥关键作用。另外,在安装井盖时,首先应当保证井盖与井座相匹配,且型号一致、规格一致、尺寸一致,安装过程中,坐浆要饱满。在安装检查井爬梯时,施工人员应当控制好上、下第一步的安装位置,尽量减小安装误差,以满足管道检查与维护人员的正常攀爬需求。

7.1.3　影响施工质量的因素与提升施工质量的措施

1. 影响市政给排水管道施工质量的因素

市政给排水管道工程在施工过程中出现各类问题,主要影响因素有三方面:现场施工管理因素、施工技术因素以及监理因素。

（1）现场施工管理因素。

给排水管道工程属于规模较大的项目,在施工过程中,部分施工单位为了追求经济利益,可能出现偷工减料的情况,或者其他违背职业道德的行为,比如私自擅改管道路线等,这些行为都会直接影响到管道施工质量。此外,部分施工单位不够重视现场管理监督,导致现场监督的责任不明确,施工质量标准不明确等,这些问题都会影响给排水管道的施工质量。施工管理问题产生的原因主要是施工单位管理人员的责任心不强,工作态度不严谨,无法发挥施工监督和管理的作用,从而无法保证给排水管道的施工质量。

（2）施工技术因素。

市政给排水管道施工工程是一项较为复杂的工程,保证施工技术水平至关重要,所以施工技术因素也是影响管道施工质量的重要因素之一。在管道施工过程中,施工单位应当发挥主体作用,做好施工质量的监督和管理工作。市政给排水管道工程属于市政工程,工艺复杂,部分施工企业施工能力有限,不管是资金还是施工技术水平都比较薄弱,所以在施工中可能出现施工问题,特别是施工技术水平不高。而且,在进行市政给排水管道施工过程中,施工企业之间可能还会出现分包或者转包的行为,这些行为都会影响整体的施工效果。比如,部分分包单位为了获得更多的经济效益,常常会压缩工期,但是压缩工期容易带来一系列的施工问题,对整体的管道工程质量造成不良的影响。而且,分包和转包的现象也会增大给排水管道施工质量控制的难度,使得施工质量更难达到施工要求。

301

（3）监理因素。

监理单位是工程施工的主体，肩负着监督的作用，特别要做好施工现场的监督。但是在实际的监督中，监理的工作可能会受到许多因素的干扰，从而导致工程监理出现不合格的现象。影响给排水管道工程监理质量的因素有两方面：第一是现场监理人员的专业素质不高或者道德素质水平低；第二是施工企业不配合监理单位监理工作的开展，使得监理的作用无法发挥，从而影响给排水管道工程的施工质量监督效果。

2. 提升市政给排水管道施工质量的措施

（1）做好施工准备。

①要根据设计图纸、坐标进行全面对比，确定施工现场是否存在管道交叉现象，对管道进行合理排布。如果准备阶段发现存在问题，需要按照施工现场的实际情况及时修改设计图纸，从而避免问题的出现。在对设计图纸进行审查时，需要对管道测量等关键性数据进行仔细对比和研究，避免设计图纸问题对施工质量和施工进度造成影响。

②要加强对市政给排水管道部件质量的严格管控。在选择管道相关部件时，要对供货商进行比选，要求供货商出具出厂合格证明及合格证书等。要对供货商提供的部件进行严格的检查，不仅要进行外观检查，避免管道部件外观有严重的磕碰等，还要进行相应试验检测，确保管道部件的性能符合施工技术标准要求。

③在正式安装市政给排水管道之前，要针对给排水管道施工图纸做好施工技术交底，应组织相关人员对施工图纸进行仔细的对比和分析，明确施工的重难点，使施工人员能够全面掌握给排水管道施工的要点。

（2）加强施工测量工作。

在施工测量过程中，要拆除地面周围的可见障碍物，同时保护好电线杆、灯杆等公共设施。要严格按照施工图纸，科学、合理地进行放线工作，具体要考虑边坡系数、中线等参数。施工测量工作应由专业的测量人员负责，并且要采用适宜的施工测量设备。在完成施工测量后，要对测量精度进行复核，确保将施工测量精度控制在合理的范围内，进而为管道施工安装奠定良好的基础。如果施工地点距离公共设施较近，需采用钢板桩进行加固，为管道施工创造良好条件。

（3）做好给排水管道开挖。

在进行管道开挖之前，工作人员要全面、仔细分析施工图纸，按照图纸的要求施工。在管道开挖的过程中,要充分考虑土质情况,科学、合理地确定管道开挖模式。如果管道铺设得较深,可以按照梯形模式挖掘。一般情况下,沟槽开挖先采用机械挖掘,再人工挖掘。机械挖掘时,要预先留设保护层,按照规范要求,需要预留 30 cm 左右,挖掘时要观察挖掘区域的情况,避免出现欠挖或超挖的问题。开挖时如遇降水天气或者地下水位较高的情况,则应通过设置排水沟和集水井的方式,科学、合理地排水。对于个别地区,如果不能用排水设施排水,则可以采用抽水机排水。完成管道开挖工作后,还需要自检,确保达到相关的技术标准要求后,再进行下一道工序施工。

(4)强化管道安装技术。

安装市政给排水管道之前,需要做好管道基础施工,以此为管道安装奠定基础。在管道基础施工中,要选择合适的垫层材料,一般情况下,中砂及石屑较为适宜,将垫层材料铺设好,铺设高度要达到施工规范的要求,然后采用振动器进行压实,压实度要达到 90%。

管道安装前,还需要将检验合格的管材连接起来。连接管材主要有两种方法:内拉法和外拉法。管道内拉法是指在已经安装好的管道内设置一个倾斜梁架,在未安装好的管道外接口处设置横梁,然后通过钢丝绳将两个管道连接起来。管道外拉法是分别用钢丝绳连接已经安装完成的管道和没有安装完成的管道,最后进行管道对接。除此之外,还可以用与管道配套的橡胶圈套在一侧管道的管口,然后对另一个管道进行调整,使二者保持在同一轴线,然后对接,将管箍套在连接处。针对上述三种连接方式,要根据实际情况进行选择。

另外,还要注意管道接口、拐角位置的连接处理,需使用配套的橡胶圈做好管道连接处的密封处理,避免给排水管道在使用过程中出现严重的渗水、漏水等问题。完成管道安装后,要加强对管道参数的检查,包括管道标高、轴线等,以符合施工标准,防止管道漂浮等问题出现。

(5)落实给排水管道水压试验。

管道施工完成后,需做管道的闭水试验,以保证管道能够安全、稳定运行。试验之前,要对管道内部进行检查,检查管道中是否存在垃圾。若有,要及时清理,一方面避免垃圾影响管道试验的效果,另一方面避免出现管道堵塞的情况,影响管道的后续运行。在管道闭水试验过程中,主要进行两方面的测试。

①管道的强度试验。强度试验是指向管道施加一定的空气压力,以此检测管道的密实性是否达到规定要求。测试时,需要逐步向管道施加压力,要将压力提升到测试值并保持一定的时间后,再适当增加测试压力。测试过程中要及时

对管道进行观察,检查是否存在渗水、漏水的情况,如果发现存在问题,则应立即进行处理。

②管道的水密性试验。在一定压力和温度条件下将管道灌满水,保持 24 h,在此过程中,观察是否存在渗漏的情况。需要注意的是,由于给排水管道较长,而且不同的地方可能施工情况不同,因此工作人员要根据实际情况,在不同的地点进行试验,尤其是管道的薄弱处,从而确保整个管道工程施工质量。

(6)加强沟槽回填。

完成给排水管道验收后,需要及时进行沟槽回填。沟槽回填主要有两种方式:人工回填和机械回填。现阶段主要采用人工回填和机械回填相结合的方式。一般情况下,机械回填的施工范围是管底至管顶下 0.6 m,完成之后再进行人工回填。在人工回填过程中,常采用分层回填的方式,沿着管道两侧腔体进行,并且要严格控制每层回填的厚度,通常要求在 0.15~0.2 m。回填过程中,应采用合适的回填土,避免使用不良土。在对管顶 0.6 m 范围内进行回填时,可以采用素土或砂土;在对管顶下方进行回填时,可采用粗砂。

(7)提升施工人员专业能力。

市政给排水管道施工效果很大程度上取决于施工人员的专业技术水平,因此需要不断提高施工人员的专业能力。对此,施工单位应通过教育培训的方式,不断丰富施工人员管道安装方面的专业知识,提高施工人员的专业技术能力,使施工人员能够科学、合理地开展相关工作,以此保证市政给排水管道安装的效果。同时,施工人员应提高质量意识,提高责任感,在施工中遵循相关的规范标准,及时发现和解决施工中存在的问题。

7.2　安全管理

7.2.1　市政给排水管道工程施工易发事故与防范措施

1.市政给排水管道工程施工易发事故类型

(1)土方坍塌。

土方坍塌造成的人员伤亡占管道施工事故的 50% 以上,事故主要原因分析如下。

①开挖前未对地质、水文和地下管线(如电缆、电信管、排水管、给水管)做好全面详细的调查和勘查工作,未根据勘查情况明确施工管线位置和注意部位,制定合理的施工方案。

②未根据设计或施工方案进行开挖,放坡不足且未采用有效支护措施。

③沟槽内积水,泡槽未及时排水。

④开挖的土头堆土直接堆压在管沟槽边,安全距离不足,高度超高;工程所需管材等堆放在管沟边,安全距离不足;施工机械设置不合理,管沟边坡负重过载;人员上下管沟未设置爬梯,直接在边坡上掏洞,造成边坡受力平衡破坏等。

⑤开挖前未对挖槽断面、堆土位置、地下设施情况以及施工的安全技术要求进行详细交底。

(2)机械伤害与物体打击。

管道施工一般采用挖掘机开挖管沟、机械吊装管道,施工机械的安全保险装置必须有效,施工机械经年检合格方可投入使用。发生机械伤害的原因包括:未遵守施工机械安全操作规程;违章施工和违章指挥,冒险作业;现场存在交叉施工,施工机械作业时无专人指挥等。土方施工机械驾驶人员与施工吊装的司索指挥人员都是特种作业人员,必须经专业培训考核合格取证,持证上岗。

(3)触电事故。

近年来管道施工的触电事故时有发生,究其原因有电缆线破皮老化,施工用电设备未设置接零接地保护,未设置漏电保护器,地下管线勘测不足导致挖断电线等。要杜绝触电事故,必须严格制定施工临时用电方案,严格接地接零保护,设置漏电保护器,由专业电工操作等。施工电工属特种作业人员,必须培训合格,持证上岗,定期年审。

(4)高处坠落。

现在市政管道管沟开挖深度超过 2 m,管沟边属高处坠落范围,其发生的主要原因如下:临边防护不足,警示措施不足或不明显等。防止高处坠落必须根据施工现场环境制定相应的临边防护措施。

①沟槽两端和交通道口设置明显的安全标志,设立护桩,晚间加挂警示灯、贴反光纸警示;尽可能封闭施工的区域,在危险作业区悬挂"危险"或"禁止通行"的明显标志;加强人员现场巡查。

②水表出户工程针对单个住宅楼用户管道更新与改造,必须在建筑楼外墙悬空施工,具有较大的高处坠落隐患时,必须制定相应的安全施工流程,落实安全管理,尤其是人员上下施工用绳以及保护钢丝绳的合理设置必须详细规定,如

使用施工吊篮,必须严格遵守吊篮使用规程。

(5)气体中毒。

近年来,随着市政污水工程的开展,气体中毒事故时有发生。气体中毒隐蔽性强,极易造成较大的人员伤亡事故,施工人员应当引起高度重视。气体中毒一般发生于新旧污水管道接通部位相对封闭的地下管道,污水管道堵头打通、污水管道清淤、顶(拉)管施工、人工挖孔桩时也会发生气体中毒现象。其主要原因有施工人员对地下施工环境和危害不了解,施工前未对施工点气体进行检测,防护气体中毒措施不足,排气通风措施不足,未严格对施工人员进行安全技术交底等。

(6)交通事故。

管道施工现场基本位于市政道路两侧甚至道路中部,施工对车辆、行人的安全通行的影响也不容忽视,此类安全事故发生的原因如下。

①施工时未根据施工安全方案落实安全围护与警示措施;施工区域未封闭施工,合理围挡,警示标志设置不合理,无专人巡查,施工时外人可进入施工区域;施工管沟开挖过长,管沟未及时回填,围护不全,警示措施不足。

②施工区域位于市政道路车道,未设置足够的安全距离,未提前对经过车辆设置明显醒目的警示标志。

(7)管道爆裂。

给水管道压力实验作为管道工程验收的一环,市政管道的口径越大,管道爆裂的威力和危害也越大。管道压力试验必须严格制订试压方案,避免发生爆管伤人事故。

事故主要原因:排气不完全;压管主墩过小或设置不合理;试验长度过大;管材运输或施工中受损未被发现等。

2. 防范给排水管道工程施工事故的管理措施

(1)人员管理。

①确保人的安全是施工管理的主要目的。施工单位施工前应对新进场和换岗的施工人员进行"三级"安全教育培训,培训合格方可入场施工。施工单位每年应对职工进行有针对性的安全教育。安全教育分为安全技术教育和安全意识教育,使施工人员树立"安全第一"的思想,具有相应的安全防护技术和意识,在施工中做到"三不伤害"。特种作业人员必须经培训合格,并持有相关部门核发的有效证件上岗。

②施工人员应遵守公司有关安全管理制度及劳动纪律。施工人员在施工过程中发生任何隐患或出现异常情况,应立即停止施工,向领导请示,经相关人员排查消除后,方可继续施工。

③施工单位应落实安全管理措施,严格检查,严肃查处不安全行为和安全隐患。施工单位应为施工人员配备必要的劳动防护用品,并规范使用。

(2)施工组织管理。

①施工组织设计制定和审查:项目工程要制定科学合理的施工组织设计,选择技术先进的施工方法,这是工程顺利进行的保证,也是安全施工的保障。在施工组织设计的制定和审查中要严格把关,特别是制定安全技术措施,要从人员、设备、组织、机具、材料、施工环境等方面研究解决存在的问题,采取有效的控制措施。

②编制专项安全施工方案:针对不同的施工项目,如起重吊装工程、工作沉井的制作及现场的临时用电等,要按照法律法规的要求制定专项安全施工方案,如吊装施工方案、临时用电施工方案等,并在施工过程中落实各项安全措施。

③技术交底与图纸会审制度:施工前必须对施工图纸、施工组织设计、专项施工方案等进行相应的审查和交底,明确施工安全的组织和技术措施。

④安全技术交底与验收:施工单位必须对施工组织设计及专项安全施工方案进行逐级交底。工程项目开工之前,项目经理向项目部成员各作业班组长进行防止事故发生的安全技术组织措施的交底,安全员负责监督检查和处理。工程施工前,由施工员、安全员组织班组进行安全技术措施交底,贯彻执行施工组织设计中的安全技术措施,保证施工安全。交底要点如下。

a.各分项工程在施工作业前必须进行安全技术交底。施工员在安排分项工程生产任务的同时,必须向作业人员进行有针对性的安全技术交底。

b.各专业分包单位安全技术交底,由各工程分包单位的施工管理人员向其作业人员进行作业前的安全技术交底。

c.安全技术交底必须履行交底认签手续,由交底人签字,被交底班组的集体签字认可,不准代签、漏签。安全技术交底必须准确填写交底作业部位和交底日期。

d.施工现场安全员必须认真履行检查、监督职责。对于交底的安全技术措施必须进行验收,切实保证安全技术交底工作落实,提高全体作业人员安全生产意识。

（3）机械设备管理。

机械设备在施工中有利于提高施工速度，提升施工效率。在给排水施工行业，触电及机械伤害在安全事故中占很大比例，加强施工设备管理有利于减少甚至避免类似事故的发生。

①建立健全施工设备管理制度和使用规程，建立设备台账，落实设备的日常维护保养。明确设备操作人员和维护保养人员等相关责任人。

②机械设备使用操作人员必须经过相应培训，熟悉机械设备的使用规程和注意事项，严格按章操作，不违章作业，不接受违章指挥。特种设备操作人员需经过特种作业培训，考核合格持证上岗。

③加强现场施工用电管理，避免随意搭接和破坏电缆线，重要设备专人操作看管。落实各级配电箱的日常管理，严格遵守施工用电规范。

（4）环境管理。

给排水管道工程施工基本为线状分布，施工现场的环境场地安全管理和防护必须符合文明施工要求，现场设备、物料的排设也必须合理设置；加强土方车辆管理，围护围挡管理，避免施工扰民。管材可沿管线放置或者集中在空地堆放，严禁超高堆放，并设置木楔等防止管材滑滚，设置警示标志。管线邻近市政道路，应充分考虑周边车辆及居民的来往影响；落实安全围护警示措施，尽可能封闭施工。及时清除施工中的"五头五底"（"五头"：砖头、木头、钢筋头、焊接头、管头；"五底"：砂子底、石子底、水泥底、白灰底、砂浆底），设置工程收尾的坑洞防护；设置施工现场"五牌一图"（"五牌"：工程概况牌、管理人员名单及监督电话牌、消防保卫牌、安全生产牌、文明施工牌；"一图"：施工现场总平面图）、围护警示标志、设置夜间警示灯、反光灯等。

（5）制度管理。

安全生产管理制度是安全管理的依据和准则，给排水管道施工企业必须建立完善的安全管理制度体系，其中主要有以下几个方面。

①安全生产责任制度：安全生产责任制度是企业安全管理的一项基本制度。它明确规定了各级领导、各职能部门和各类人员在生产活动中应负的安全职责，把安全生产从组织领导上统一起来，增强各级管理人员的安全生产责任心，把安全生产工作落到实处。

②安全生产教育制度：安全教育是减少"人的不安全行为"的重要措施，包括两方面内容：一是加强职工安全技术培训；二是加强员工安全意识教育。教育制度明确规定企业应开展多层次、多种形式的安全教育，以全面提高职工的安全生

产意识及自我防护能力,共同提高安全生产的自觉性、积极性和创造性,使各项安全生产规章制度得以更好地贯彻。

③安全生产检查制度:施工企业必须严格贯彻国家安全生产方针、法律、法规,制止违章指挥、违章作业、违法施工,贯彻施工安全检查标准。企业必须建立健全安全生产管理体系,配备相应专业安全管理技术人员。对日常安全生产施工进行有效的安全监管,落实各项安全管理措施,保障施工安全。设置公司、项目、班组三级安全检查管理体系。建立定期安全检查制度,明确检查方式、时间、内容和整改、处罚措施等内容,特别要明确工程安全防范的重点部位和危险岗位的检查方式和方法。

7.2.2　安全管理存在的问题与优化策略

1. 市政给排水管道工程施工安全管理存在的问题

(1)管理缺失不到位。

当前,我国给排水管道工程多为政府工程,施工单位更重视进度,忽略了工程的建设质量,没有从一开始就树立良好的工程管理目标,管理缺失不到位,容易产生安全、质量问题。给排水管道工程缺乏相应管理,施工管理人员并没有严格按照相关标准规范开展施工安全监督检查管理工作。各级单位工作不严谨,施工的安全性得不到保障,存在诸多安全隐患,导致整个给排水管道工程不能高质量完成。

(2)施工技术标准不完善。

现行的给排水管道工程施工技术标准已经不能满足日益增长的建设要求,迫切需要进一步完善。尤其是隐蔽工程,标准规范的缺失极易造成施工不合理、安全性差等现象。

(3)施工工序不合理。

合理的施工工序是保证施工顺利开展的重要前提。但目前,在给排水管道工程施工中,为了简化工作,很多施工人员不遵循既有要求安排工序,而是按照固有的施工习惯进行更改,因而施工质量不能得到保证。不合理的施工工序也为整个工程埋下安全隐患。

(4)施工人员专业素质有待提高。

给排水管道工程体量大,专业技术人员紧缺,施工人员专业素质有待提升。施工人员不了解给排水管道工程施工的关键技术和主要内容,就不能提高警惕、

重点防范,容易造成施工安全质量问题。

(5)管道路线选择不合理。

现阶段,部分给排水管道工程的施工单位出于经济成本控制的考量,在管道线路的选材上过分压缩成本,选用了一些价格低廉、质量较差的管材,不利于工程项目的安全、高质量开展。此外,有的施工单位在施工时未能按照既定方案开展工作,容易产生安全问题,延误工期,增加施工成本,同时,还容易产生施工质量问题。

2. 市政给排水管道工程施工安全管理的优化策略

(1)建立安全管理制度。

新时期城市经济取得了显著的发展成效,对比早期市政给排水管道工程建设,施工选用的材料、工艺、技术等均有了明显的改进。各种形式的给排水管道的推广应用,适应了不同环境下供水、排水的要求。市政给排水管道工程施工安全事故频发,主要原因在于施工单位对安全管理的重视程度较低。安全事故主要包含基坑坍塌事故、突发事件、高空坠落等。在市政给排水管道工程施工过程中,若结构、施工技术选择不符合设计实际运行情况,将产生安全事故,造成人员伤亡,阻碍市政给排水管道工程施工的进度。

针对这一情况,需要施工单位结合实际施工情况,增强施工人员自身的安全意识,并制定安全管理规章制度。施工人员在进行市政给排水管道工程施工时,需要始终按照规定操作进行。市政给排水管道工程施工不仅包括基础施工人员,还包括电器管理人员、机电安装人员、焊接人员等。为了降低安全管理风险,需要市政给排水管道工程施工现场将安全管理制度与安全管理措施落实到位,并对各项施工操作严格把控。

(2)强化施工过程控制。

市政给排水管道工程施工单位要对各个施工环节进行仔细检查,保证市政给排水管道工程施工能够正常进行。施工单位在施工之前应该对所有施工人员、管理人员进行安全教育。施工人员作为安全管理的主体,只有具有较高的安全意识,才可以在一定程度上避免安全事故的发生。各个施工单位在管道挖掘的过程中,需要先将承包单位上报,而承包单位需要基于施工道路设置对道路状况进行统一规划,另外还应该在多个区域挖掘,保证道路可以提前恢复正常通行。施工人员在使用一些电动作业设备时,安全管理人员需要对设备线路进行检查,避免由于线路存在故障或漏电情况影响施工。承包单位的统一规划可以将水管线埋设在冰冻线下方,施工用水管网需要在 10 cm 长度内设置消火栓。

（3）及时上交指导书及图纸。

市政给排水管道工程由专业设计和施工单位组织施工审核。市政给排水管道工程施工单位应该保证施工审批制度能够顺利实施。市政给排水管道工程实际开始前应该将已经编制完成的施工设计方案提交至工程管理及工程监督管理部门进行审查。在收到审查设计图纸后,技术管理人员则应该与相关工作人员一同进行图纸审阅,针对提出的问题进行返修和改正,市政给排水管道工程施工设计图纸在修改无误后才能正式投入使用。

技术交底与设计图纸在合并会审时,设计单位可以指派市政给排水管道工程施工项目的主要设计人员讲解设计图纸的内容。同时各个施工单位都应该积极参与,保证各个施工单位可以在了解设计图纸核心的基础上施工,从而使施工效果与设计图纸一致,获得预期效果。实际会审不但需要市政给排水管道工程部门、计划部门、质量检查部门、设计部门参与,还需要施工单位、施工班组及其他施工人员参与,这些人员按照相关行业设计规定,解决图纸设计过程中出现的问题,避免图纸后续返修影响施工进度,减少安全隐患。

（4）实现合理的工程验收。

市政给排水管道工程施工结束后,相关承包单位应该参与工程后期验收,并在实际验收过程中重点关注金属管道分段的强度,对管道严密性进行检测。若管道严密性不符合规定,则应该重新调整,基于无损探伤检测,对焊接接口的质量做出保证。另外,针对市政给排水管道进行调试测验,各个施工单位需要在其施工区域内设置临时封闭管口。在调试测验时,需要向排水管网中的最高处注水,之后使上部管道水流朝着下游排放,打开分界的管口,与其相邻的排水管网需要全部测试完毕,并保证符合规范才能投入使用。此外,应定期对供水系统及循环系统进行冲洗,使供水系统、循环系统正常运转,二者同步运行。在进行排水管道清洗时,相关人员应该使用镀锌铁皮进行合理防护。而在人工处理阶段,则应该避免施工人员单独进入管道内部,始终按照工程验收步骤进行,为安全管理的高效实现做出保证。

参 考 文 献

[1] 北京城市排水集团有限责任公司,北京市城市排水监测总站有限公司.污水排入城镇下水道水质标准:GB/T 31962—2015[S].北京:中国标准出版社,2016.

[2] 北京市环境保护科学研究院,中国环境科学研究院.城镇污水处理厂污染物排放标准:GB 18918—2002[S].北京:中国环境科学出版社,2002.

[3] 北京市政建设集团有限责任公司.给水排水管道工程施工及验收规范:GB 50268—2008[S].北京:中国建筑工业出版社,2009.

[4] 陈春光.城市给水排水工程[M].成都:西南交通大学出版社,2017.

[5] 陈明辉.浅析市政给排水管道工程施工风险与管理措施[J].中国新技术新产品,2013,253(15):190-191.

[6] 陈小刚.小直径盾构在市政管道工程中的应用[J].住宅与房地产,2019,526(4):89,119.

[7] 陈玉叶.顶管技术在市政给排水管道施工中的运用分析[J].工程建设与设计,2022,485(15):187-189.

[8] 池晏华.市政给水管道工程施工质量通病分析及防治措施[J].城镇供水,2012,164(02):40-42.

[9] 冯萃敏,张炯.给排水管道系统[M].北京:机械工业出版社,2021.

[10] 冯晓峰.市政给排水管道设计及管道修复思路的探讨[J].工程建设与设计,2019,410(12):66-67.

[11] 冯志勇.研究大直径泥水平衡盾构穿越市政管道的防护措施[J].四川水泥,2017,246(2):143,273.

[12] 国家环境保护局.污水综合排放标准:GB 8978—1996[S].北京:中国标准出版社,1998.

[13] 韩高山.供水工程水平定向钻管道铺设施工工艺[J].工程建设与设计,2021,468(22):120-122.

[14] 韩卫国,孙璐.市政排水管道工程施工质量通病的防治对策分析[J].绿色

环保建材,2021,170(4):132-133.

[15] 华东建筑集团股份有限公司.建筑给水排水设计标准:GB 50015—2019 [S].北京:中国计划出版社,2019.

[16] 蒋柱武,黄天寅.给排水管道工程[M].上海:同济大学出版社,2011.

[17] 赖理春.土压盾构近距离下穿市政管道施工技术[J].建筑机械化,2012, 33(6):77-78,88.

[18] 李杨,宋文学,吴瑞,等.市政给排水工程施工[M].北京:中国水利水电出 版社,2010.

[19] 刘大峰.市政给水排水管道不开槽设计及施工技术探索[J].建筑技术开 发,2020,47(1):111-113.

[20] 刘德远.市政给排水工程施工的安全管理实践探析[J].中国设备工程, 2021,470(8):268-269.

[21] 马天友.注浆技术在市政管道维修中的应用[J].住宅与房地产,2019,534 (12):214.

[22] 饶鑫,赵云.市政给排水管道工程[M].上海:上海交通大学出版社,2019.

[23] 上海市住房和城乡建设管理委员会.室外排水设计标准:GB 50014— 2021[S].北京:中国计划出版社,2021.

[24] 尚琳博.市政给水排水管道不开槽设计及施工技术分析[J].居业,2021, 162(7):91-92.

[25] 沈阳市规划设计研究院.城市工程管线综合规划规范:GB 50289—2016 [S].北京:中国建筑工业出版社,2016.

[26] 苏州混凝土水泥制品研究院,北京韩建集团有限公司.混凝土和钢筋混凝 土排水管:GB/T 11836—2009[S].北京:中国标准出版社,2009.

[27] 谭祖勇,曾子,刘晓燕.水平定向钻法管道穿越工程技术在城市复杂综合 管线背景下的应用[J].水电站设计,2023,39(1):82-87,91.

[28] 汪丽峡.市政工程中给排水施工安全管理及分析[J].工程建设与设计, 2021(23):209-211.

[29] 王俊.市政排水管道非开挖修复技术研究及工程应用[J].工程机械与维 修,2022,307(6):244-246.

[30] 王丽娟,李杨,龚宾.给排水管道工程技术[M].北京:中国水利水电出版 社,2017.

市政给排水管道工程设计与施工技术

[31]　王全金.给水排水管道工程[M].北京:中国铁道出版社,2001.

[32]　工雅馨.市政给水管网设计中的要点分析[J].四川水泥,2021,303(11):275-276.

[33]　吴俊奇,曹秀芹,冯萃敏.给水排水工程[M].3版.北京:中国水利水电出版社,2015.

[34]　吴睿.如何提升市政给排水管道施工质量[J].四川水泥,2021,302(10):158-159.

[35]　邢文文.市政排水泵站的设计与生态化试探[J].城市建设理论研究,2023,429(3):137-139.

[36]　徐晓珍.市政给排水工程常见质量问题及处理300例[M].天津:天津大学出版社,2011.

[37]　许彦,王宏伟,朱红莲.市政规划与给排水工程[M].长春:吉林科学技术出版社,2020.

[38]　杨戈,肖雷.市政排水管网维护和管理浅议[J].黑龙江科技信息,2010(16):255.

[39]　叶从祥,刘娟.城镇给排水管道施工安全管理[J].中华建设,2015,120(5):110-111.

[40]　张立勇.给排水科学与工程专业实习导读[M].北京:化学工业出版社,2018.

[41]　张亮.试论现代市政道路给排水管道工程的施工[J].工程建设与设计,2022,489(19):198-200.

[42]　张敏,黄霞.市政给水排水不开槽设计及施工技术探析[J].科学技术创新,2020(25):145-146.

[43]　张思梅,葛军,李敬德.城镇给排水技术[M].北京:中国水利水电出版社,2017.

[44]　张伟.给排水管道工程设计与施工[M].郑州:黄河水利出版社,2020.

[45]　郑鹏君.市政给水管网漏损的原因与应对策略[J].住宅与房地产,2022,648(10):244-246.

[46]　中国疾病预防控制中心环境与健康相关产品安全所.生活饮用水卫生标准:GB 5749—2022[S].北京:中国标准出版社,2022.

[47]　中国疾病预防控制中心职业卫生与中毒控制所,中国疾病预防控制中心

环境与健康相关产品安全所,复旦大学公共卫生学院,等.工业企业设计卫生标准:GBZ 1—2010[S].北京:人民卫生出版社,2010.

[48] 中华人民共和国公安部.建筑设计防火规范(2018 年版):GB 50016—2014[S].北京:中国计划出版社,2014.

[49] 中华人民共和国建设部.城市居民生活用水量标准:GB/T 50331—2002[S].北京:中国建筑工业出版社,2002.

[50] 中华人民共和国水利部.防洪标准:GB 50201—2014[S].北京:中国标准出版社,2015.

[51] 中华人民共和国住房和城乡建设部.城市给水工程规划规范:GB 50282—2016[S].北京:中国计划出版社,2016.

[52] 中华人民共和国住房和城乡建设部.室外给水设计标准:GB 50013—2018[S].北京:中国计划出版社,2019.

[53] 朱国艺.市政给排水管道安装施工质量控制措施[J].工程技术研究,2022,7(6):100-102.

[54] 住房和城乡建设部科技发展促进中心.埋地塑料给水管道工程技术规程:CJJ 101—2016[S].北京:中国建筑工业出版社,2016.

[55] 左刚.市政给排水管道设计及质量通病防治思路[J].工程建设与设计,2019,403(5):119-120,123.

后　　记

　　给排水管道工程是重要的市政基础设施。随着城市居民生活水平的提高，城市建设规模的扩大，特别是大力提倡环境保护和节水节能的今天，建设与完善市政给排水管道工程是直接保障人民身体健康的举措，也是城市现代化程度的标志。

　　随着国民经济的飞速增长和国家建设事业的蓬勃发展，以及对国内外先进技术和设备的引进、吸收和消化，目前我国的市政给排水管道工程取得了长足的进步，同时也面临着新形势和新要求。

　　近年来，市政给排水管道工程施工技术不断地发展和提高，从明挖施工发展到不开槽顶管施工与盾构施工，从采用传统的操作工艺到逐步采用新技术、新设备、新材料，加快了工程进度，提高了工程质量，降低了工程成本，施工管理也更为完善，各方面均开创了一个崭新局面。

　　但我国在市政给排水管道工程设计施工中仍然存在着诸多不足。例如：城市排水系统还不够完善，技术相对落后，建设标准仍很低；城市水环境严重恶化，水涝灾害不断，优质的给水水源得不到保证，供水管网安全设施仍很脆弱；水资源利用率低、浪费严重，严重地影响了城市的可持续发展；整个管网隐患众多，规模明显不够大，有些淘汰的管材仍在使用，一些小管道已成为城市供水系统的瓶颈，日益成为制约城市发展的主要因素，加上未统一规划设计城市管网，以及建设资金的制约，导致有些城市现有配水管网的管径偏小，严重制约了管网的输配水能力。

　　面对上述存在的问题，市政给排水管道工程从业人员应努力提高自身专业技能，积极学习新知识、新理念、新方法，确保市政给排水管道布置具备协调性、系统性、科学性和合理性，保证工程质量，以此提升管道运行能力，更有效地为城市服务，促进城市建设的可持续发展。